백두대간에서 정맥 속으로

백두대간에서 정맥 속으로

금남정맥·금남호남정맥, 호남정맥, 낙동정맥종주기

길 춘 일

秀文出版社

머리글

  이 책에 담겨 있는 내용은 일제 강점기에 왜곡된 우리의 전통지리학을 복원하고자 경제적으로 어려운 IMF상황 속에서도 우여곡절을 겪으며 포기하지 않고 우리의 전통지리학에 의한 산줄기를 밟아 나가며 기록한 내용이다.

  5천년 오랜 역사를 흐르며 우리의 전통 지리학은 단순히 지도제작 수준에서 머문 것이 아니라 총체적인 인문지리학을 중시하며 발전을 거듭하여 이어져 내려왔다. 때문에 그 속에 자연친화적인 우리 국토개발의 올바른 방법과 방향 등 미래까지도 들어 있었던 것이다. 그러나 일제 강점기에 일본에 의해 우리의 전통지리학은 말살되고 왜곡되어 오늘에 이르고 있는 것이다.

  일본은 우리의 오랜 전통지리학을 말살시키고 태백산맥이나 소백산맥, 또는 고개 지명을 붙인 노령·차령산맥 따위의 지명으로 바꾸어 일제 강점기 이전에는 존재하지도 않았던 것들을 만들어 냄으로서 우리의 지리 인식을 흐려 놓았다.

  일본이 만든 산맥 개념은 눈으로 확인할 수 없는 땅속의 지질구조선에 근거하여 만든 것이라 한다. 즉 광물의 개발과 수탈에 목적을 둔 것으로 의심되며 실제 눈으로 보는 지형과는 전혀 다른 것이다. 태백산맥 등은 일정한 방향으로 이어지지 않고 있으며 실제로 중간중간 끊어져 있다는 사실을 정부 관련기관 또는 지리 관련 학자들은 아는지 모르겠다.

당연히 우리의 전통지리학에서는 산줄기 분류를 실제 눈으로 확인이 가능한 있는 그대로 다루고 있다. 물론 현행 산맥개념에 문제가 있지만 필요 없다는 것은 아니다. 우리의 전통지리개념을 바로잡은 후 두 개의 개념을 함께 다루어서 얻을 수 있는 이득을 찾아보는 것이 현명하리라 본다. 일제가 우리의 산줄기 개념을 왜곡시키기 이전 우리의 산줄기 개념은 다음과 같다.

우리의 전통지리학에서는 민족의 영산인 백두산에서 남쪽으로 끊어지지 않고 지리산까지 이어진 조국의 가장 큰 산줄기를 백두대간이라 한다. 백두대간에서 14개의 산줄기가 가지를 이루 듯 뻗어내렸으니 이를 낙동정맥, 호남정맥, 장백정간 등 정맥과 정간으로 분류하고 있다. 이렇듯 우리 선조들은 오랜 세월을 현장 답사와 연구를 통하여 이 땅의 산줄기를 15개의 기본 산줄기로 분류하는 등 현실적이고 체계적인 전통지리학을 발전시켰던 것이다.

그러나 우리는 해방후 반세기가 지난 지금도 우리의 소중한 전통지리 개념은 외면 한 채 일본에 의해 왜곡된 지리 개념을 그대로 교과서에 싣고 있으며 그것을 가르치고 있다. 결국 우리는 자신이 사는 이땅에 대해 문외한 국민이 되고 만 것이다. 이렇듯 그 심각성이 적지않아 선배 산악인들 중 이우형 님, 박용수 님, 조석필 님 등 뜻있는 분들이 우리의 지리개념을 바로 잡고자 노력하고 있다.

나는 뜻있는 여러 선배 산악인들처럼 학문적 섭근에 농잠할 능력이 부족하여 그 실체를 온몸으로 뛰고 파헤치며 알림으로서 조금이나마 보탬이 되고자 한다. 짧은 펜과 맨 주먹으로 이러한 일을 하고자 하니 그 어려움이 이루 말 할 수 없다.

아직은 시작에 불과하나 많은 사람들이 조국의 산줄기를 밟으며 내 나라 내 땅을 이해하고 잃어버린 산줄기를 찾아야 한다는 공감대가 널리 퍼지도록 하는 것이 순서라 생각하여 우선 종주에 필요한 자료 위주로 기록했다. 글이 짧아 일지 내용에 있어 단순히 행위만을 기록하였으며 주변의 경관 등 주변 역사를 다루지 못하고 미사여구를 가까이 할 수 없음이 아쉬움으로 남는다.

또한 경제적 어려움으로 이런 작업을 순조롭게 진행하지 못하고 좌절하기도 하는 등 어려운 상황을 제대로 헤쳐나가지 못하는 내 능력을 안타깝게 생각한다.

이 작업이 어느 시점에서 또다시 멈출지 모르겠다. 그전에 두루 능력을 갖춘 누군가 나타나서 이런 기초적인 일부터 완성시켜 주길 바라며 그 이후에 해야할 일 등을 알고 하루라도 빨리 서둘러 우리의 정신과 자존심 그리고 문화이기도 한 전통지리학의 원상 회복을 앞당겨 주길 기대한다.

새천년 봄   길 춘 일

차례

금남정맥·금남호남정맥

등반내용

대상지 : 금남정맥(충남 부소산 ~ 전북 주화산 도상거리 약 113km)

금남호남정맥(전북 주화산 ~ 전북 영취산 ~ 도상거리

약 64.7km)

(전구간 도상거리 약 177.7km)

기간 : 1996년 10월 3 ~ 10월 21일(19일 - 실제 산행일 18일)

방식 : 금남정맥, 금남호남정맥 연결 단독종주 등반

목적 : 조국의 참모습을 알고 민족정기를 이어가며, 정확한

정의를 내리기에 부족하여 의문 제기의 소지가 있는

금남정맥에 대한 관심을 불러 모으고자 함.

대원 : 길춘일

지도일람표 1:50,000

		하봉			
부여	탄천	월암			
		연산	평촌		
			장선	금산	
			대아		
			신정	진안	
				평장	장수
				신창	번암

금남정맥 종주 운행표

이 운행표는 1:25,000 지도에 기준하였으며 이름 모를 고개들은 인근 지명을 인용하였다. 운행거리는 실제 운행거리가 아닌 금남정맥 능선만을 측정한 도상거리로서 약간의 오차가 있을 수 있다.

년/월 일	등 반 코 스	도상거리 (km)
97/10. 3	충남 부여 부소산-금성산(121.2m)-154.8봉 -184.9봉- 신탑골고개	9.5
4	신탑골고개-가척리 고개-감나무골 고개-152.2봉- 진고개	.
5	진고개-복룡리 고개-산의리 고개-성항산-반송리 고개	9.0
6	반송리 고개-상리고개-기산저수지	4.5
7	기산저수지-상리고개-널티-중장리-325봉-만학골	5.5
8	만학골-464봉-수정봉-관음봉-멘재-엄사리 음절마을	14.5
9	엄사리-천마산-천호봉-황룡재-함박봉(404m)-덕목리	13.5
10	덕목리-363.9봉-427봉-바랑산(555.4m)-548봉- 월성봉(650m)	7.5
11	월성봉-820봉-대둔산(877.7m)-배티재-석막리고개 -459.8봉-오항동	13.0
12	오항동-인대산(666m)-622.7봉-육백고지 전승탑-상역평 저수지	6.5
13	휴식(얼굴지원)	
14	육백고지 전승탑-650봉-713.5봉-787.3봉-봉수대(803m) -싸리재-윗진동	12.0
15	윗진등싸리재-717봉-724.5봉-787봉-675.5봉- 피암목재-운장산-정수암	10.5
16	정수암-연석산-655봉-황조치-675.4봉-보룡고개- 입봉(637.4m)-주화산	10.0
17	주화산-548.2봉-615봉-오룡동 고개-부귀산(806.4m)- 활인동치-마이산	19.0
18	마이산-가림리 고개-옥산고개-709.8봉-성수산 1,059.2봉- 신광치	10.5
19	신광치-1,114봉-오계치-서구이치-팔공산(1,151m)-차고개	13.5
20	차고개-신무산(896.8m)-수분령-사두봉(1,014.8m)-밀목재	10.5
21	밀목재-950봉-947.9봉-장안산(1236.9m)-무령고개 -영취산(1,075.6m)	11.2
총 19일	부소산-주화산-영취산	177.7

16

장비목록

용도	품 명	수 량	비 고
막 영	텐트+후라이 침 낭 침낭커버 헤드렌턴 건전지 AM3 　　　AM4	1 1 1 1 10 5	2인용 여름용이라 추위 중간에 동계용으로 바꾸어 사용 꼭 필요함 꼭 필요함 고개의 휴게소에서 구할 수 있음
취 사	EPI 가스버너 아답터 EPI 가스 코 펠 시에라 컵 숟가락,젓가락 칼	1 1 2 2x1벌 1 1쌍 1	아답터와 함께 사용 일반 부탄가스도 사용할 수 있도록 연결 하는 기구 민가 등에서 부탄가스를 구입하여 아답 터 연결사용 요긴하게 쓰임
의 류	오버트라우저 파일자켓(上) 반팔T 긴팔남방 긴바지 양 말 팬 티 스카프 판 초	1벌 1 1 2 2 3 2 1 1	꼭 필요함 요긴하게 쓰임 야영시 바닥깔개용으로 사용
운 행	등산화 배 낭 지도 1:25,000 손목시계 콤파스 줄 물주머니	1 1 15장 1 2 20m 1	경등산화 75L+10L 7장으로 편집하여 사용 전자시계 파손과 분실에 주의 해야 함(소형포함) 꼭 필요함 물 구하러 갈 때 시에라 컵과 같이 사용
식 량	쌀 분 유 쇠고기스프 야채죽 쇠고기죽 즉석육계장 즉석사골 우거지국 라 면 칼로리바란스	3kg 500g 1봉 2봉 2봉 12봉 7봉 9봉 22	포만감 등 한국인에게 식량으로 최고임 물통에 타서 운행중 마시면 갈증과 배고픔을 해결 할 수 있음 사용 안함 사용 안함 사용 안함 알맹이만 꺼내 가루로 만들어 무게,부피 를 최소화함 요긴하게 쓰임(행동식, 비상식)

장비목록

용도	품 명	수량	비 고
의 약 품	종합영양제 진통제(펜잘) 청심환 구충제 감기약 반창고 비타민 C 솜 소독약 압박붕대 1회용 밴드 핀셋 팩거즈 물파스 타페날신주사약 주사기	90 20 3 3 3일분 40 2 1 1 1	꼭 필요 꼭 필요하나 실제 사용하지 않았음
기 록	자동카메라 필름 운행일지 볼펜 매직펜 카세트라디오	1 4통 1권 2 2 1	 분실주의 젖지 않도록 주의 분실주의 비닐로 씌운 지도 위에 써도 지워지지 않음 일기예보에 꼭 필요. 습기에 주의
기 타	표지기 수건 화장지 소형비상랜턴 소형카라비너 라이터 Sparking Insert 반짇고리 공중전화카드 비상금 담배 강력본드	300 1 1롤 1 2 2 20만원 1보루 1	 다목적으로 사용. 꼭 필요 젖지 않도록 주의 비상용 부싯돌 꼭 필요(실, 바늘,손톱깎기) 꼭 필요. 고개의 휴게소에서 상황 보고할 때 사용 꼭 필요함

백두대간과 금남정맥

백두대간이란 우리 민족의 영산인 백두산으로부터 국토의 남단에 위치한 지리산까지 뻗어 내린 조국의 가장 긴 산줄기를 말하며 정맥은 백두대간에서 가지를 이루 듯 뻗어 내린 13개의 산줄기이다. 금남정맥은 그 13개 정맥 중 하나로서 우리 고유의 전통지리서인 「산경표」와 고산자의 「대동여지도」에 잘 나타나 있다.

전라북도와 경상남도의 도 접경지에 위치한 백두대간상의 영취산 (1,075m)에서 뻗어내려 진안의 마이산을 지나 금남정맥과 호남정맥으로 갈라지는 지점인 전라북도 진안군과 완주군 접경에 위치한 주화산까지를 금남호남정맥이라 하며, 주화산으로부터 운장산(1,126m)을 지나 대둔산(878m), 계룡산(845m)을 거치며 충청남도 부여의 부소산에 이르는 금강 줄기 남쪽에 자리한 산줄기를 금남정맥이라 한다.

금강의 남쪽에 자리한 산줄기라는 뜻의 금남정맥을 강 이름에서 따온 이유는 먼 옛날 험한 산을 오르내리며 산줄기를 조사하기가 어려워 역으로 물줄기를 조사함으로서 산줄기를 파악할 수 있었을 것으로 산악 선배들은 추측하고 있다.

그러나 전통 지리학에 의한 금남정맥은 심각한 문제성을 갖고 있다. 다른 정맥군과 달리 백두대간에서 뻗어내려 바다를 향해 달려가 끝내지 않고 엉뚱하게도 강물로 뛰어들고 있다는 것이다. 물론 힘겹게 마루금을 이으면 바다에 이를 수 있으나 그럴 경우 금남정맥은 우리 문화에 있어 매우 중요한 풍수지리학상 별로 눈길을 끌지 못한 작은 야산과 논밭 등을 지나 겨우 바다에 이르게 되며 풍수지리학에서 중요한 계룡산 등을 외면해야 하는 당시로서는 어느 한쪽을 택하기 매우 어려운 일이었을지도 모른다. 추측하건대 결국 그 당시 풍수사상의 영향력에 의해 외면하기 어려운 계룡산을 지나 강물로 뛰어드는 쪽을 택하지 않았을까?

어찌되었든 금남정맥에 대하여 의구심을 품게끔 기록한 이유에는 전통지리학을 조사하여 연구하고 기록한 선조들 역시 사람이었기에 실수가 있을 수도 있고, 영향력 있고 주장 강한 개인의 사상이 크게 작용하였을 수도 있다. 그 당시 산줄기를 분류할 때 어떤 기준에 근거한 것인지 그 기록이 없기 때문에 체계적인 조사와 연구가 이루어지기 전까지는 함부로 판단할 수 없다는 것이다. 우리는 그런 것에 너무 얽매이기보다는 과감한 투자와 연구를 통해 우리 것을 바로잡아야 할 시기가 되었음을 인식하는 것이 더욱 중요하다고 생각한다.

들어가기 전에

백두대간 무지원 단독 종주를 끝낸 후 몸이 너무 망가져 다시는 산을 오르지 않겠다고 다짐한 적이 있었다. 지금은 많은 산악인들이 백두대간을 종주하여 전구간의 등로가 뚜렷하고 위험한 구간은 우회하는 길도 뚫렸지만 그 당시는 길이 전혀 없는 잡목지대가 많고 위험한 암릉을 지나야 하는 등 자료마저 없어 그 때의 고생은 말과 글로 표현하기가 쉽지 않았다. 당시 후유증으로 몸과 마음이 탈진되어 더 이상 산을 오르고 싶지 않을 만큼 질려 있었다. 그러나 단순한 나는 2년이란 세월이 흐른 지금 그 때의 악몽 같은 기억을 다 지워버리고 또다시 산에 오를 준비를 하고 있다.

그러나 또다시 그 때와 같이 어처구니 없는 방법으로 미련한 짓을 하기 위해 산을 오르지는 않을 것이다. 2년이란 세월이 흐르는 동안 많은 것을 느끼고 배웠기 때문이다. 그래서 계획한 것이 바로 일본제국에 의해 잃어버린 조국의 산줄기를 찾아 나서는 것이다. 그리고 널리 알려서 우리의 산줄기를 다시 찾기 위한 연구를 하는데 조금이나마 도움이 될 수 있다면 얼마나 뜻 있는 일이겠는가. 그 작업을 위하여 또다시 그 험난한 길을 스스로 택했다.

경험이라는 것이 얼마나 대단한 것인지 백두대간 종주때와 같이 걱정이 앞서거나 불안한 마음은 없었다. 그저 덤덤하게 1996년 10월 3일 출발 날짜만을 기다리며 아무 준비도 하지 않았다. 백두대간을 종주한지 꼭 2년이 되었다. 1994년 여름 종주를 시작하여 두 달 후 추석 연휴가 지나 종주를 끝내고, 그 2년 후인 1996년 추석연휴가 끝날 때 금남정맥을 종주하게 되었으니 말이다. 무엇이 필요하고 어떻게 준비 해야 하는지 이미 경험에 의해 너무 잘 아는 만큼 마음에 여유가 생겼 다. 또한 금남정맥을 종주하기 위하여 등반대장에게 많은 신세를 지게 되었다. 어려운 형편 속에서도 민족의 정기를 회복하고자 하는 일에는 아낌없이 나서는 등반대장이 너무나 고마웠다. 물론 모든 산악인들이 그러한 조국애를 품고 있음을 아는 이는 다 아는 사실일 것이다. 덕분 에 평소 나를 아껴주시던 주변의 많은 분들의 격려와 도움으로 별 걱 정 없이 금남정맥을 향하여 출발할 수 있어 몇년 전 대간종주 할 때와 달리 너무 행복하고 그 분들에게 고마움을 어떻게 보답해야 할 지 모 르겠다.

출발 이틀 전 이미 지도는 준비한 상태지만 경험으로 그 외에 아무 준비도 하지 않다가 10월 1일 하루만에 모든 준비를 끝내 버렸다. 10 월 2일 최종점검을 하였고 지원받을 계획은 없었다. 식량이 떨어지면 민가로 내려가 구입하되 그런 여건이 안돼면 전화라도 하여 지원요청 을 할 것이다. 미리 지원계획을 짤 경우 지원 날짜에 얽매이게 되어 마 음의 여유를 잃어버려 산행만을 위한 산행이 되고 의미 또한 매우 약 해질 수 있기 때문이었다. 이번에 금남정맥을 종주하려는 목적 중 큰 의미를 들자면 정맥이 품고 있는 마을 마을마다 우리네 삶을 보고 배 우며 알림으로서 내 조국의 참모습을 아는 계기로 만드는 것이다.

물론 생각 대로 될지는 알 수 없다. 그나저나 1998년 9월 15일 강릉 앞 바다에 북한 잠수함이 좌초한 사건으로 많은 사람들이 죽고 강원도 내 모든 산이 입산금지가 되어 나라 안이 온통 시끄럽다. 그것도 하필 수확 계절인 가을에 그런 일이 발생하여 강원도 경제에 엄청난 타격

이 예상되었다. 하루 빨리 강원도 경제손실이 회복되길 바란다. 나 역
시 금남정맥 종주 중 수상한 놈으로 오인받지 말아야 할텐데 걱정거리
가 하나 더 늘었다.

또 하나의 도전

10월 3일 목요일·비온 후 갬

드디어 금남정맥 종주를 시작했다. 2년 전 백두대간 종주 당시, 다시는 이런 짓을 하지 않겠다던 지난 날의 다짐을 잃어버린 채…. 이제는 설렘과 두려움도 없이 그저 차분한 마음 뿐이다. 오늘은 개천절이기 때문에 직장생활을 하는 동료들이 출근하지 않아 생각 외로 많이 참석해 주었다. 사실 사람들이 많이 참석할 수 있도록 일부러 오늘 출발일로 잡았던 것이다. 어제 저녁 동료들과 저녁식사를 한 후 새벽 2시경에 서울에서 전세버스를 이용하여 백제 문화의 숨결이 살아 숨쉬는 충청남도 부여에 있는 부소산 입구에 도착했다. 원수 같은 동료들이 버스 노래방 기계의 마이크에 매달려 멧돼지를 잡는 바람에 한숨도 못 자고 피곤한 상태로 부여에 도착하니 비가 내리기 꽤 오래된 듯 바닥에 빗물이 흥건하다. 아직 날이 어두워 차안에서 잠시 눈을 붙인 후 날이 밝기를 기다려 근처 해장국집에 모여 애써 걱정을 감추며 태연한 척 이른 아침 식사를 한 후 부소산 매표소가 문을 열 때까지 기다렸다. 부소산은 유적지이기 때문에 입장료를 받았다.

비는 계속 내리고 있었으나 동료들은 그런 일에 관심이 없는 듯 마냥 즐거운 모습들이다. 다만 나와 명진이는 얼굴에 근심이 가득 차 있음을 서로가 읽을 수 있었다. 얼마 후 다행히 빗줄기가 약해져 동료들과 부소산으로 올랐다. 가을비가 내리는 낙화암에서 유유히 흐르는 백마강을 바라볼 때 가슴을 억누르는 그 무엇인가를 느낄 수 있었다.

24

출발에 앞서 동료들과 부소산 입구에서의 기념촬영

부여 부소산성

사적 제 5호   소재지: 충청남도 부여군 부여읍 쌍북리

이 산성은 백제 성왕 16년(538) 공주에서 이곳으로 옮겨 123년간 사용한 사비도성(泗比都城)의 중심산성으로 이중의 성벽을 두른 백제식 산성이다. 성내에는 당시의 군창(軍倉)터로 전해오는 곳에서 탄화(炭化)된 곡식이 나오고 있으며, 사비루, 반월루, 고란사, 궁녀사가 성내에 있고 낙화암(落花巖)이 있어 관광지로 이름나 있는 곳이다.

대장정의 길을 가야 할 종주자만이 느낄 수 있는 그런 것을….

잠시 후 우리는 부소산에서 제일 높은 사비루에 올라 팔각정 앞에서 기념촬영을 했다.

곧 반월대를 지나 백제 군량을 비축해 두었던 창고터로 알려진 군창지를 지나고 영일루, 그리고 다시 매표소까지 오니 또 비가 내리기 시작했다. 할 수 없이 동료들만 서울로 올려보내고 나 혼자 이곳에서 1박한 후 내일 출발해야겠다고 생각하며 동료들과 기념주를 한잔씩 하는 동안 비가 그치는 듯하여 그냥 출발하기로 했다. 날씨 변덕이 정말 개떡같다. 동료들과 일일이 악수를 하려니 또다시 2년 전 생각이 떠오른다. 특히 오늘은 친구 송명진이 출근도 못하고 와주었다. 명진이는 1995년 백두대간 단독 종주자이기에 지금의 내 심정을 그 누구보다 더 잘 알고 있었다. 마지막으로 명진이와 악수를 하려니 서로가 무슨 말을 해야 할지… 서로 얼굴도 쳐다보기 힘들었다.

뛰어난 판단력과 조용한 성격에 산행은 나보다 더 무식하게 하지만 동료들 중 유일하게 지금의 내 심정을 이해할 수 있는 친구다. 결국 대전에 사는 직업군인이며 자상한 성격의 박창문 선배와 대천에 거주하는 신혜용 선배만 남고 동료들의 염려와 걱정을 배낭에 가득 담아 서로 헤어져야 했다.

두 선배와 체육공원으로 조성된 작은 야산을 지나 금성산 팔각정 (121.1m)을 지나며 4번 국도를 건너 잠시 운행한 후 박창문, 신혜용 선배와 헤어졌다. 다시 만날 그날을 약속하며 헤어지려니 가슴을 억누르는 그 무엇이….

여자인 신혜용 선배의 표정은 오히려 나보다 더 안돼 보였다. 가면서 먹으라고 곶감을 주기에 받아보니 손으로 직접 그린 여자 그림도 한 장이 들어 있었다. '웬 장난'. 걱정하지 말라는 말을 남긴 채 마음을 굳게 먹고 내 갈길을 향했다. 일부러 뒤도 안 돌아보고 몇 백 미터를 걸어간 후 헤어짐의 아픔을 도저히 견딜 수 없어 혹시나 하고 뒤돌아보니 아무도 안 보인다. 2년만에 또다시 외로운 산행이 시작되었다.

처음은 길이 잘 나 있었다. 부소 천마산성터를 지나며 영지버섯도

26

금남정맥의 출발점인 부소산 정상에는 전망이 뛰어난 사비루가 버티고 있었다.

사 비 루

문화재자료 제99호   소재지: 충청남도 부여군 부여읍 쌍북리

부소산성에서 가장 높은 이곳에는 달(月)을 구경했다는 송월대(送月臺)가 있
었던 곳으로 1919년 임천면의 관아문(官衙門)이었던 배산루(背山樓)를 옮
겨 세우고 그 이름을 사비루라고 하였다.

건물을 옮겨 세우기 위해 땅을 고를 때 '정지원 위망처(鄭智遠爲亡妻)'란
글씨가 새겨져 있는 백제의 금동석가여래상(보물 제196호)이 발견되어 현재
국립중앙박물관에서 소장하고 있다. 대한제국 말 의천왕 이강(李堈)공(公)이
쓴 사자루라는 현판이 걸려 있다.

가끔 발견되더니 184.9봉부터 길이 전혀 없었다. 이제부터 본격적인
소나무 잡목지대이다. 곧 바로 팔이 긁히고 피가 나기 시작했다.
　잠시후 농로가 나와서 평정말 마을쪽으로 약간 내려서니 물이 흐르

고 있어 물을 건너 계속 강행했다. 길도 없고 도저히 뚫고 가기 힘든 소나무 잡목 숲을 헤치려니 진행이 제대로 될 리가 없다. 나뭇가지가 얼굴을 후려치고 바지에 구멍이 나는 등 첫날부터 이런 소나무 잡목에 갇혀 허우적거리니 보통 죽을 맛이 아니다. 고도가 낮을수록 이런 잡목이 심하다는 것을 누구보다도 더 잘 알고 있었지만 그래도 이건 너무 심한 것 같다.

5시30분쯤 신탑골 콘크리트 포장 고개에 도착하여 길 건너 묘지에 텐트를 친 후 마을에서 물을 길어왔다. 이곳 마을은 고개를 사이에 두고 양쪽 마을이 각각 10여 가구씩 있으며 대부분 한우를 키우고 있었다. 밥을 해먹고 잠시 쉬며 앞으로 이런 구간을 어떻게 헤쳐가야 하나 걱정을 하다 어제 김윤홍 선배와 홍난숙이 준 편지를 뜯어보았다. 신세대보다 더 신세대 같은 김윤홍 선배 편지내용이 횡설수설이다. 나만 이해할 수 있는 거의 연애편지 같은 내용이었고 홍난숙은 순전히 자기 개인적인 내용만 쓴 별로 재미없는 편지였다. 그런데 홍난숙 회원은 이번 산행이 약 20일 이상 걸릴 것으로 예상하고 이런 편지를 하루에 한 장씩 보라고 20여 통이나 써주었으니…. 아이고 지겨워라.

넓은 마음으로 모든 것을 이해할 줄 아는 홍난숙은 2년 전 나의 백두대간 종주보고서 「71일간의 백두대간」를 모두 편집해준 고마운 후배였다. 이제 이 작업이 끝나면 또다시 나때문에 고생을 해야 하는 사실을 아는지 모르는지 열심히 그리고 묵묵히 도와주고 있다. 사실 이런 동료들이 있다는 자체만으로도 큰 위안이 되는데 편지까지 한없이 고맙다.

동료들은 서울로 잘 올라갔는지…? 박창문, 신혜용 선배도 딴 데로 안 빠지고 집으로 곧바로 갔는지 궁금하다.

10월 4일 금요일·맑음

 7시에 일어나 어제 저녁에 한 아침밥을 우리 산악회에서 제일 귀여
운 막내 이재경 후배가 챙겨준 젓갈류와 함께 먹었다. 서울을 떠나기
전에 이미 배낭을 다 꾸린 상태라서 젓갈류 등 밑반찬을 많은 무게 때
문에 부담이 가 빼놓으려 했으나 이쁜 재경이 얼굴에 오리 주둥이가
생길까 봐 그냥 가져 왔는데 맛이 좋다. 절반쯤 남긴 밥은 김윤홍 선배
가 챙겨준 김으로 주먹밥을 만들어 배낭에 넣었다. 점심을 따로 밥 할
필요 없이 주먹 김밥으로 해결하기 위해서다.

 처음 운행할 땐 좁은 농로가 잠시 이어지더니 또다시 엄청난 잡목이
길을 막는다. 어떻게 이런 곳을 헤쳐나가야 하나 걱정이 되지만 그래
도 달리 방법이 없어 무지막지하게 밀고 나갔다. 길도 전혀 없는 임청
난 잡목에 인간 길춘일이가 완전히 망가지고 있다. 그래도 정확한 나
의 독도능력에 그저 쾌재를 부른다. 그러나 신탑골과 가척리를 잇는
희미한 농로를 지나며 가척리 고개가 아닌 가척리 마을로 내려서고 말
았다.

 젠장! 독도에 자신만만하다가 이게 무슨 꼴이람. 가척리는 제법 마
을이 크고 가척분교와 가게 그리고 카드 공중전화도 있으며 한우를 많
이 키운다.

 농로를 따라 가척리 고개까지 올라 곶감을 먹으며 잠시 쉰 후 또다시
잡목과의 전쟁을 시작했다. 빠삭 마른 솔잎이 목을 타고 등으로 들어
가 사정없이 찔러대는 바람에 조금 가다 털어내는 반복된 행동이 나를
지겹게 만든다. 잠시 후 최근에 산불이 났던 흔적이 뚜렷한 봉우리에
서 불에 다 시커먼 삽복을 헤치고 가다보니 완전히 검둥이가 되어 버
렸다. 젠장 상거지가 따로 없다. 무장공비도 함부로 못 덤비겠군….
 곧 감나무골 고개에 도착하여 왼쪽 200미터 아래 10여 가구 되는 민

가 제일 가까운 집에서 물을 길었다. 큰 개가 무섭게 달려들었으나 아주머니가 친절하게 안내해 주니 그저 고마울 뿐이다. 집 주변이 잘 정리되어 있고 한우도 20여 두 기르고 우사에서 풍기는 향기 또한 아주 그윽하다.

다시 고개까지 올라와 주먹밥을 먹고 출발. 그러나 또다시 잡목과 가시덩굴이 이어지더니 152.2봉 전부터 능선 왼쪽으로 밤나무 단지가 시작되었다. 계절의 아름다움이란 바로 이런 것인가.

잘 익은 알밤이 온 세상을 뒤덮으며 풍요로움을 뽐내고 있다. 계절의 변화를 즐기는 동안 어딘지 모를 엉뚱한 곳으로 길을 잃고 헤매어 고생을 죽도록 했다. 그러나 밤나무 단지 중간 중간에 좋은 길이 있어 3시50분 진고개에 도착했다. 아직 시간이 일렀으나 잡목을 헤치느라 팔이 온통 상처투성이로 쓰라리고 아프며 바지도 찢어지는 등 너무 힘들어 오늘은 여기서 운행을 중단하기로 했다.

진고개에 민가 한 채가 있고 길 건너 왼쪽에는 좁은 농로와 작은 계곡이 있어 농로에 텐트를 치고 소형 카세트를 켜고 요즘 뜨고 있는 가수 강산에의 '삐따기'와 '태극기'를 들었다. 정말 죽이는 음악이다. 오늘 너무 힘들다 보니 벌써 동료들이 그리워진다. 2년 전 백두대간 종주 때보다 정신력이 약해진 것 같아 걱정이다. 내일은 더욱 분발해야겠다.

10월5일 토요일·맑음
처음 출발하는 날 비가 온 후 갑자기 추워져 정신무장을 하기 위해 '잡목에 운행이 힘들더라도 더욱 분발해야지' 다짐하며 출발했다. 그러나 운행한지 30분만에 너무 엄청난 소나무 가지에 바지 무릎 부분이 찢어지는 등 완전히 녹초가 되어버렸다.

가척리에서는 여러집에서 한우를 많이 키운다.

도저히 뚫고 가기 힘든 이런 길을 나보다 먼저 지나간 종주대가 있었
다는 사실에 용기를 얻어 안간힘을 다한다. 제일 먼저 금남정맥을 종
주한 팀은 대전 하리산악회 안병설 씨와 김환 씨로 알고 있는데 학생
인 그들의 보고서는 차기 종주자를 위한 자료 위주의 보고서가 아닌
하리산악회의 자체행사에 대한 신고서 성격을 띤 짧고 단순한 일지 형
태라 실제 도움이 안돼 아쉬웠다. 그러나 그들의 일지를 읽고 용기를
낼 수 있어 한없이 고마울 뿐이다.

　또한 안병설 씨는 내가 금남정맥을 종주할 것이라고 전하자 즉각 자
신들이 사용한 지도를 보내주며 언제든 연락만 하면 도와주겠다고 했
지만 이미 지도는 모두 구입하여 마름질 작업이 끝난 상태였다. 그래
서 그들의 지도는 활용을 못했지만 먼저 그 험한 길을 지나간 산꾼이
었음을 아는 것만으로도 정신적으로 큰 도움이 되었다. 나에게 용기를

갖게 해준 하리산악회의 안병설 씨와 김환 씨에게 그 고마움을 깊이 감사드린다.

잠시 후 철탑을 설치하기 위해 능선 위로 뚫은 길을 따라가다 첫째 철탑에서 40번 국도를 내려다보니 지도와 달리 이미 지나쳤어야 할 사비성 휴게소가 바로 밑에 보였다. 지도가 의심스러웠으나 내가 독도를 잘못한 줄 알고 계속 북쪽으로 능선을 따라 가니 133.8봉 삼각점이 나왔다. 이런 젠장. 지도가 잘못되었군. 다시 잡목을 헤치며 되돌아오려니 진짜 열 받는다.

다시 철탑까지 되돌아와 복룡리 고개까지 왔다. 고개 왼쪽에는 수백 마리의 돼지를 키우는 농장이 있어 물을 얻고 길 건너 밤나무 단지 능선을 올라 잠시 운행하다보니 조림지역이 나온다. 그러나 관리를 하지 않아 잡목이 심하고 길이 없어 죽을 맛이다. 도로공사 중인 산의리 고개에 도착하니 완전히 초죽음이 되었다.

너무 힘들어 배낭을 내팽개치고 벌렁누워 똥개처럼 숨을 할딱거렸다. 한참 후 정신을 차려보니 왼쪽 아래 민가 한 채가 보인다. 또한 산의리 고개는 도로공사중이라 여기저기 칡이 뽑혀 있었다. '얼씨구나' 하며 칡을 주워 팔자좋게 물어뜯으며 다시 출발했다.

많은 묘지가 나오더니 또 잡목 그리고 곧 밤나무 단지가 나왔다. 지도상에는 능선 오른쪽에 있는 밤나무 단지가 실제는 능선 왼쪽에 있었다. 뭐 이따위 지도가 다 있지! 밤나무 단지는 운행하기 수월하지만 그곳을 빠져나가면서 곧 엄청난 잡목에 열받게 된다. 곧 비포장 고개가 나오고 4시 20분쯤 성항산 반송리 고개에 도착하니 온통 묘지가 천국을 이루고 있다.

묘지 사이에 배낭을 숨기고 물주머니만 달랑 들고 반송리로 내려가니 다 쓰러져가는 빈집이 하나 있다. '웬 호텔', 횡재였다. 이런 훌륭

32

내가 하룻밤 묵은 쓰러져가는 반송리 호텔(?)

한 호텔을 그냥 지나 칠 수 없어 다시 고개까지 죽을 힘을 다해 올라
가 배낭을 메고 다시 내려와 풀이 무성한 빈집 마당에서 젖은 텐트와
옷 등을 말렸다. 바로 밑에 있는 마을에서 물을 얻어 툇마루 위에서 밥
을 했다. 이 마을은 쌀 농사를 지으며 작은 비닐하우스에 오이도 재배
하고 있다. 빈집 주변은 대나무가 쭉쭉 뻗어 해가 떨어지자 풀벌레가
울어대니 으스스한 분위기가 정말 죽여준다. 텐트도 안치고 툇마루에
서 비박하기로 했다. 일찍 자고 일찍 일어나야지. 날짜만 생각날 뿐 오
늘이 무슨 요일인지 모르겠다.

10월6일 일요일·비

눈을 뜨니 6시가 조금 넘었다. 오늘은 서둘러 조금 일찍 출발하려고
식사를 막 끝내는데 빗방울이 한 두 방울씩 떨어지기 시작했다. 젠장,
비오면 독도를 제대로 할 수 없고 옷이 푹 젖어 불편하기 때문에 산 속

에서 죽도록 고생만 할 것 같아 그냥 이곳에서 하루 쉴까하는 생각이
들었다. 그러나 2년 전 백두대간 종주 때는 장마에 태풍과도 싸웠는데
이 정도쯤이야 하며 용감하게 배낭을 메고 나섰다. 어제 내려온 반송
리 고개에서 공동묘지 사이를 지나 비 내리는 잡목숲을 헤치고 가기
시작했다.

처음엔 쭉쭉 뻗은 소나무 사이로 좋은 길을 따라 갔으나 비가 내리
며 안개가 생기기 시작해 독도를 할 수 없었다. 큰일이다. 이런 숲 속에
서 안개 속에 갇히니 어디가 어딘지 알 수가 없다. 할 수 없이 지도를
펴고 나침반으로 내가 가야 할 방향을 잡아보니 평균 50도 방향이 나
왔다.

다시 지도를 넣고 나침반을 보며 50도 방향으로 운행했다. 조금 가
다 능선이 끝나는 듯하며 엉뚱한 곳으로 내려서는 듯하면 다시 되돌아
오고 또다시 다른 능선으로 가다 주능선이 아닌 듯 하면 다시 되돌아
오는 반복된 운행이 계속되니 완전히 돌아버릴 지경이다. 이젠 방향
감각도 없어지고 아무 생각도 할 수 없을 만큼 지쳐 버렸다. 오직 나침
반 방향 대로만 운행할 뿐이다.

그래도 길은 제대로 찾아가는 느낌이 든다. 수직골 소류지 윗능선쯤
왔다고 느꼈을 때 갑자기 엄청난 잡목이 시작되었다. 도저히 빠져나갈
수 없을 만큼 심한 잡목 밑으로 기어가기 시작했으며, 잡목상태가 조
금 나아진 듯하면 허리를 숙이고 가는 등 얼굴이 긁히고 눈도 찔리며
옷이 찢어지고 팔에서 피가 나는 등 너무나 비참한 꼴이 되었다.

지도를 꺼내 방향과 등고선 굴곡 등으로 산 능선의 흐름을 파악해
더듬어 운행하니 12시쯤 드디어 상리고개 주변마을까지 무사히 도착
했다. 이렇게 비가 내리는데 안개 속에서도 거의 길을 잃지 않고 그 엄
청난 잡목 숲을 헤치고 이곳까지 무사히 온 것이다. 장하다, 역시 대단

한 실력이야!

  상리마을은 바로 오른쪽 옆에 있는데 비가 내려서인지 아무도 보이지 않고 똥개들만 목이 터져라 짖어댄다. 20 가구 쯤 되는 마을에 새로 지은 제각도 있고 집집마다 붉은 감이 주렁주렁 달린 감나무가 있는 정겨운 마을이었다. 또다시 잡목이 이어지며 더 이상 운행을 할 수 없게 엄청난 덩굴 숲이 가로막고 있었다. 도저히 더 이상의 운행은 자신이 없었다. 너무 지친 것이다. 비를 피해 아무 곳이나 빨리 자리를 잡아야겠다는 생각뿐이다.

  왼쪽 아래로 기산 저수지와 아주 낡은 건물 같은 것이 보였다. 다시 상리고개로 되돌아와 밤나무 밭을 지나 저수지까지 내려가 보니 좀전에 능선에서 본 건물은 네 개의 기둥에 양칠지붕을 얹은 작은 해가리개였다. 비를 피할 수만 있어도 다행이다. 온몸이 흠뻑 젖어 있는데 바람까지 불어대니 추워서 혼줄이 난다. 시간도 겨우 1시40분 밖에 안됐는데 이게 무슨 꼴이람. 꼭 저수지에 빠졌다가 겨우 살아 나온 놈의 꼴이 아닌가.

  아침에 출발할 때는 강한 정신력을 앞세워 강행하기로 했는데 비 맞으며 잡목에 호되게 당하고는 완전히 찌그러졌다. 은근히 걱정이 되었다. 예전에 비해 정신력이 너무 약해져 이젠 두렵기까지 하다. 이래서는 안 된다는 생각을 하며 다시 용기를 내려고 마음을 가다듬고 홍난숙 후배의 여러 편지 중 어느 한 편지 내용을 되새겨 본다. 그리고 그 내용처럼 더욱 더 강해지려고 재 다짐을 해본다.

        세상을 두려워하지 말자
        나에게 주어진 삶을 피하려고 하지말자
        이겨나가야 한다.

강하게…강하게…,

강한 인간이 되기를 바라지 않았던가!

내가 추구하는 나의 삶!

내가 원하는 나의 미래

현실이 다소 힘겹더라도

참고 이겨나가자,

강함을 사랑하지 않았던가,

그리고 항상 나름 대로의 길이 있지 않았던가,

울고 싶을 땐 차라리 그냥 울어버리자,

홍난숙

멋진 글이야! 거의 내 수준(?)이군.

테트를 친 후 라디오를 들으니 쓸 데 없는 뉴스만 나온다. 그러나 마지막 소식으로 일기예보를 하는데 지금 전국적으로 내리는 비는 오늘 저녁에 그치고 내일은 날이 갠다는 아주 근사한 일기예보가 나온다. 정말 다행이다.

너무 힘들다보니 만사가 귀찮아서 밥은 안하고 내일까지 행동식을 먹기로 했다. 밤늦게 뉴스를 통하여 오늘이 일요일이란 걸 알았다.

충남 최고의 명산

10월7일 월요일·맑고 흐림

비가 온 후 갑자기 기온이 떨어져 밤새 추워 잠을 제대로 못 잤다. 추위를 잘 타는 체질이라 조금만 추워도 꼼짝을 못하니….

6시 조금 넘어 일어나 보니 비는 그쳤고, 비온 후 물안개가 피어오르는 저수지의 새벽 분위기는 너무니 훌륭했다. '오늘부터 다시 힘을 내야지'. 아침은 행동식으로 하고 다시 출발하다 비에 젖은 숲을 지나기 위해 오버트라우저 바지를 입고 잡목을 헤치며 전진했다. 길을 제대로 못 찾고 이리저리 헤매다 보니 어느결에 늘티 못미처 조금 떨어진 주변까지 오게 되었다. 독도에 실패한 것이다. 잠시 후 늘티 고갯마루에 서니 밤나무단지와 벽돌공장이 있고 길 건너편에서 도로 확장공사가 한창이었다.

바로 앞에 농가가 한 채 있는데 귀여운 돼지 몇마리와 꽁지에 털이 몽땅 빠진 못생긴 닭도 10여 마리 풀어놓았다. 닭과 돼지새끼 사진을 찍으려고 다가가니 자꾸 도망을 가 한참 실랑이한 후에 겨우 몇 점을 건졌다. 돼지우리를 수리하는 주민에게 이곳 등산로 상태를 물으니 전에는 나무하러 다니느라 길이 잘 나 있었는데 지금은 길이 없어졌다고 한다.

농가 왼쪽 길을 따라 가니 밤나무 단지가 나온다. 곧 작은 고개가 나오며 뱀을 잡기 위해 설치한 그물이 보였다. 뱀은 대부분 높은 산에서 민가 가까이 내려왔다가 가을에 다시 산 위로 올라가기 때문에 낮은 지역에 길게는 수 킬로미터씩 그물을 설치하는데 중간중간에 고기 잡는 어항 같은 모양의 뱀통을 설치한다. 뱀은 산 위로 오르다 그물이 가로막으면 옆으로 이동하다 뱀통으로 들어가게 되며 땅꾼은 가끔 한 번씩 뱀통 속에 들어간 뱀을 챙겨 가기만 하면 되는 것이다.

당장 올라야 할 봉우리는 너무 가파르고 높아 보여 걱정이 된다. 몸무게도 줄일 겸 일단 볼 일부터 보고 가기로 했다. 혹시 뱀이 지나가다 엉덩이라도 물까봐 주위를 두리번거리며….

잠시 후 일을 다 보고 출발하니 가파른 비탈과 잡목이 이어진다. 봉우리까지 오르자 능선을 따라 철망이 설치되어 있고 염소똥이 있는 것으로 보아 염소 방목지임을 알 수 있었다. 철망 옆 좋은 길을 따라 잠시 편하게 운행했으나 곧 철망은 능선 왼쪽 아래로 이어지고 또 지겨운 잡목 숲이 이어졌다. 곧 다음 봉우리에 오르니 지도에 표기되어 있지 않은 삼각점이 있었고 멀리 남쪽 아래로 계룡 저수지가 보이며 동남쪽으로는 계룡산이 웅장한 모습으로 버티고 있다. 드디어 계룡산이다. 문득 박창문 선배가 생각났다. 이 지역에서 근무하는 직업군인이기 때문이다. 계룡산 주변에서 서울로 전화하여 동료들에게 내가 이곳까지 왔음을 알려야겠다.

잠시 주변경관 구경을 하다 중장리 방향으로 내려서자마자 길이 전혀 없는 잡목과 너덜지대의 연속이었다. 12시30분, 중장리 고개를 지나 산을 오르니 예전에 산불이 났던 지역으로 억새와 잡목이 무성하게 자랐고 왼쪽 아래는 버려진 듯한 밤나무 단지가 보인다. 잡목을 뚫고 작은 봉우리를 넘으니 관리가 잘된 인공조림지역이라 잠시 운행이 수월했으나 또 잡목…. 325봉에서는 중장리 방향으로 산불이 나서 완전히 폐허 같다. 2시 30분 만학골 고개에 도착하여 운행을 중단하고 갑

생태계와 환경을 망치는 뱀 잡기 위해 설치한 늘티 주변의 그물

사 구경을 하기 위해 포장된 도로를 따라 내려왔다. 매표소 가기 전에
있는 주차장 사무실에 배낭을 맡기고 카메라만 들고 갑사로 갔다. 매
표소에서 1,900원이나 되는 비싼 입장료를 내고 이곳 계룡산과 갑사
에 관한 홍보물이 있느냐고 매표원에게 물으니 없다고 한다. 나원 참
…. 입장료는 비싸게 받으면서 관광홍보물조차 전혀 없이 관광객 유
치 어쩌구 하는 것이 한심스럽기만 하다.

계룡산은 1968년 12월 국립공원으로 지정되었으며 아주 옛날부터
풍수지리에 의해 수없이 많은 신흥종교가 발생한 곳으로 충청남도 최
고의 명산이기도 하다. 그런데 홍보물조차 없다니?

일단 공중전화부터 찾았다. 이경훈 등반대장과 박창문 선배는 전화를 안 받고 산악회 총무며 친구이기도 한 이종숙에게 전화로 담배 한 개피씩 피울 때마다 얼마나 아까운지 마음이 편치 못하다고 하소연을 했다. 사실은 금남정맥 종주 출발 전날 종숙이가 담배 한 보루 사주며 끝날 때까지 이것으로 해결하고 더 이상은 안 된다며 못을 박았기 때문이다. 순진한 나는 동료들이 시키면 시키는 대로하는 약간 멍청한 (?) 구석이 있어 요령 피울 줄 모르기 때문이다. 거의 정말이다. 담배 한 보루는 모자란다고 아무리 하소연을 해도 이 화상은 무조건 자기가 사준 담배 이상은 절대 피우지 말라고 한다.

대천에 사는 신혜용 선배에게 전화하니 춥지 않겠느냐며 걱정을 해준다. 대전 박창문 선배가 근무하는 부대로 전화하여 계룡산 갑사에 왔음을 알리니 퇴근 후 이곳까지 오기가 너무 어려우니 동학사로 넘어와서 저녁식사를 같이 하고 가란다. 세상에, 밥 먹으러 계룡산을 넘어 동학사까지 오라니…. 그럼 내일 이곳까지 넘어와서 다시 만학골 고개까지 올라가란 말인가?

동학사는 신라 선덕여왕 23년(724) 회의화상이 창건한 절로 굉장히 유명해서 꼭 들러 보고 싶기는 했지만 체력소모가 너무 많아 조금이라도 덜 운행하고 싶고 힘들어서 죽을 지경인데 박창문 선배는 내가 지금 슈퍼맨인줄 아나? 아니면 내가 지금 놀러 다니는 줄 아는지 원…. 필요한 것은 없느냐고 묻지만 아무 것도 없으니 대둔산에 도착하면 다시 전화하겠다고 했다. 사실은 힘들어서 동학사까지 가기 싫어서였다. 갑사로 들어가 구석구석을 둘러보았다. 좀 무식해 이해는 어렵지만 우리의 소중한 문화유산이란 것쯤은 알기 때문에 평소에 꼭 둘러보고 싶어서였다.

40

고풍스러운 멋을 풍기는 계룡산 갑사 대웅전

갑사 대웅전(甲寺大雄殿)

유형문화재 제105호 소재지: 충청남도 공주군 계룡면 중장리

석가불(釋迦佛)을 봉안(奉安)한 갑사(甲寺)의 본전(本殿)으로 정유재란(丁酉再亂)때 소실되었던 것을 선조(宣祖) 37년(1604)에 중건하였다. 원래 대웅전은 현재 대적전(大寂殿) 부근에 있었던 것으로 보이며, 중건시 이곳으로 터를 잡은 것으로 추정된다.

정면 3칸, 측면 4칸의 단층 맞배집이며 자연석 주초(柱礎) 위에 두리기둥(圓柱)을 세웠고 처마의 하중을 받고 장식도 겸해 나무쪽을 짜맞춘 포를 여러 개 배치한 다포형식이다. 내부에는 우물천장(井天障)을 두고 판재(板材)로 조각한 닫집(唐家)을 설치하였다. 건축양식으로 보아 조선 중기에 건립한 건물로 추정된다.

갑사(甲寺)

소재지: 충청남도 공주군 계룡면 중장리

　계룡산 서쪽에 위치한 이 절은 백제 구이신왕 원년(420) 아도화상(阿道和尙)이 창건하고 위덕왕(威德王) 3년(556) 혜명대사가 보광명전(普光明殿), 대광명전(大光明殿) 등을 중건하여 사찰로서의 모습을 갖추었다고 전하며 신라의 의상대사에 의해 화엄종 도량이 됨으로써 화엄종 10대 사찰의 하나가 되었다.

　통일신라 진성여왕 원년(887)에는 무염대사가 중창한 기록이 보이며, 조선 임진·정유 두 병란에 모든 건물이 불에 타 폐사된 것을 선조 37년(1604) 대웅전과 진해당을 중건하고, 효종 5년 (1654)에 사우(祠宇)를 개축하는 등 여러 차례 중수가 있었다. 갑사의 원 위치는 지금의 대적전(大寂殿)이 있는 곳으로 대형의 초석들이 정연하게 남아 있어 당시의 규모가 짐작되며, 사명(寺名) 또한 조선초기에는 계룡갑사라 하였으나 후기에 갑사로 바뀐 것 같다.

현존 건조물로는 해탈문, 대웅전, 대적전, 적묵당, 강당, 삼성각, 진해당, 팔상전 등이 있으며 표충원은 임란시 승병장 영규대사의 영정을 봉안한 곳이다. 이외에도 석조보살입상, 철당간 및 지주, 석조부도, 석조약사여래 입상, 동종, 선조 2년간 월인석보판목, 갑사사적비, 공우탑 등이 있어서 천년 고찰의 면모를 더해주고 있다.

　자랑스런 우리의 건축문화와 건축예술이 얼마나 훌륭하고 아름다운지를 알 수 있었지만 머리가 감당하지 못할 만큼 어려운 내용의 무식함을 드러내게 하는 안내판뿐이다. 도대체 누구를 위한 안내판인지 모르겠다.

1급수임을 알리는 가재부부를 만나 내 먹을 물을 길었다.

갑사를 빠져나오며 다시 이경훈 대장에게 전화하니 왜 이제 전화하느냐고 한다. 젠장 그거야 내 맘이지…. 사실 전화가 있어야 하던지 말던지 할 것이 아닌가. 식량이 많이 남아 필요한 것은 없고 침낭이 부실해 새벽에 춥다고 했다. 민가에서 행동식을 구입했더니 식량이 줄지 않아 지원요청을 할 필요가 없었다.

건전지와 간식 등을 사고 다시 만학골 고개까지 올라가 고개 옆 물이 말라버린 작은 계곡의 다리 밑에서 야영을 하기로 했다. 다리 조금 아래 물이 고인 곳을 찾아 돌을 들추니 가재가 있었다. 가재가 있다는 것은 1급수임을 뜻하기 때문에 안심하고 물을 길어 왔다. 이 지역은 밭이 있어서 농약이나 오물 등에 의해 물이 오염되었을지 모르기 때문에 나는 이런 곳에서는 이런 방법으로 물의 급수를 측정하기로 했다. 오늘은 동료들과 공중전화로 얘기를 나누고 나니 흐뭇하기만 하다. 그 여운으로 오늘밤은 즐겁게 잠 잘 수가 있을 것 같다.

갑사 대적전(甲寺大寂殿)

유형문화재 제106호   소재지 : 충청남도 공주군 계룡면 중장리

대적전은 대광명전(大光明殿)또는 대적광전(大寂光殿)이라고도 부른다. 이
전각(殿閣)에 모셔진 비로자나불(毘盧舍那佛)이 광명을 나타내어 유래된 명
칭이다. 큰 사찰의 대적전에는 비로자나불을 중심으로 좌우에 석가불과 노사
나불(盧舍那佛)을 모신다. 비록 비로자나불을 모신 전각이라도 화엄종 사찰
의 주불전일 경우 대적전이란 명칭을 쓰며 주불전(主佛殿)이 아닐 경우는 비
로전(毘盧殿)이라 한다.
주초(柱礎)는 자연석이며 기둥이 놓인 부분을 음각선(陰刻線)으로 표시하였
다. 팔작지붕에 지붕의 하중을 받고 장식도 겸해 나무쪽을 짜맞춘 장식부재인
공포(供包)와 여닫이문을 설치하였다. 건물 내부는 우물천장을 하였으며 불
상 위의 천장을 한단 올려 닫집의 효과를 내었다.

10월8일 화요일·맑음

8시35분, 울긋불긋한 단풍으로 아름답게 치장을 한 계룡산을 오르
기 시작했다. 처음엔 약간의 잡목이 있었지만 곧 넓은 등산로가 이어
졌다. 덕분에 속도를 빨리 하여 금잔디 고개에 도착하니 사람들이 떠
들고 난리다. 시끄러워 빨리 지나쳐 버렸다. 전망이 좋으며 단풍이 아
름다운 암릉을 따라 관음봉에 도착하니 팔각정 모양의 전망대가 있고
사람들도 여러명 있다.

관음봉 삼거리에 내려서니 더 이상은 갈 수 없는 통제구역이다. 그렇지 않아도 군사지역이 있어서 계룡산을 어떻게 지나갈까 고민했었는데 지금 당장 뾰족한 수가 떠오르지 않는다. 게다가 요즘은 강원도 바다에서 북한 잠수함 좌초사건으로 전군이 긴장하고 있는 상황이라 더욱 조심해야 했다. 할 수 없이 신원사로 내려와서 절집 구경을 했다. 신원사 주변은 아름드리 나무들이 무척 많아 좋은 휴식공간을 제공하기도 했다.

신원사를 빠져나와 매표소 지나서 정류장 왼쪽 비포장 길을 따라 군사지역이 끝나는 곳을 찾아 나섰다. 지도를 보며 계룡산 주능선 밑으로 도로를 따라 가며 마을 분들에게 용문사 가는 길을 물으니 용문사가 아니고 용국사라고 일러준다. 지도에 절 이름이 잘못 표기되어 있었던 것이다. 용국사 입구에서 마을을 지나며 마을 어른들에게 계룡산 주능선을 넘어가는 고개인 멘재로 넘어가는 길을 물으니 "예전엔 길이 있었는데 지금은 나무하러 다니는 사람이 없어서 칡덩굴 등이 많이 자라 그곳을 넘어가려면 대단하지". 대단?⋯. 무척 힘들 것이라는 표현을 대단하다고 말씀하신다.

정말 재미있는 표현이다. 그래도 무조건 올라 갈 수밖에 없었다. 한참 헤맨 끝에 겨우 길을 찾아 막상 오르다보니 예상 외로 길이 잘 나 있었고 군사지역이니 이 지역에서 패러글라이딩을 하지 말라는 푯말까지 있었다. 가파른 멘재를 넘어 길을 엄청 헤매며 정확한 고갯마루가 아닌 겨우 엄사리 음절마을 고개주변에 도착하니 웬 도시?

이곳 엄사리 지역은 도시 개발로 인하여 완전히 문명 속의 원시인이 된 기분이었으며 여기저기 공사가 진행되는 곳도 많았다. 왼쪽 아래의 농협 앞에서 공중전화로 홍난숙과, 나이는 노땅이요 마음은 신세대인 한정희 선배, 그리고 이경훈 대장에게 전화했는데 매일 전화하는 기분이 들어 내가 지금 금남정맥 종주를 하는 것인지 실감이 안 난다.

식당에서 삼겹살 2인분을 우아하게 먹고 식당 안에 있는 거울을 보니 영락없는 거지꼴이었다. 아이고 이런 거지같은 놈아⋯. 식당을 나와서 잠자리를 찾아 한참을 배회한 끝에 용화사라는 절에서 200미터 아래에 있는 작은 공원을 발견하여 겨우 한사람이 누울 정도로 좁은 공원 화장실에서 자기로 했다. 잠자는데 혹시 누군가 들어올까봐 종이에 '고장' 이라고 크게 써서 문에 붙이고 안에서 화장실 문을 잠궈 버렸다. 급하면 옆의 여자 화장실을 이용하겠지⋯. 오늘밤은 그윽한 향기와 함께 편안하게 잠을 잘 수 있을 것 같다.

10월 9일 수요일·맑음

정확히 6시에 누군가 화장실 문을 열려고 하여 잠을 깼다. 화장실 문이 안 열리자 되돌아가는 발자국 소리가 나더니 곧 옆의 여자 화장실에서 달그락거리는 소리와 물 뿌리는 소리가 잠시 들리더니 조용해졌다. 문 앞에 고장이라는 안내를 너무 잘한 것 같다. 잠시 후 창밖을 보니 노인 한 분이 공원을 한바퀴 돌고 되돌아간다. 짐을 챙기고 옆 화장실을 보니 청소를 해 놓았다. 부지런한 할아버지시다. 나 때문에 남자 화장실 청소를 못하셨다는 생각이 들어 내가 대신 청소를 해 놓았다. 주변을 돌아다니며 식당을 찾으니 일찍 문을 열지 않아 할 수 없이 아침은 굶기로 하고 철길을 건너고 도로를 건너 천마산을 향했다. 지도에는 이곳을 천마산이라고 표시했으나 이 지역에서는 천호산이라 부른다. 아마 표기가 잘못된 듯 하다.

천마산 주능선은 등산로가 넓고 곳곳에 체육시설 등이 설치되어 있었으며 안내 푯말과 간이의자 시설도 있었다. 잠시 후 팔각정 전망대가 나왔다. 잠깐 주변을 둘러보며 쉬다 다시 출발하였으나 지겨운 잡목이 시작되고 얼마 후 비포장 고개와 불에 탄 폐허가 된 공장이 있으며 주변은 풀이 무성하게 자랐다.

너무 힘들어 잠시 쉬며 성격이 무지 좋은 친구 이상혜가 준 자라 겨드랑이 기름이라는 캡슐형 건강보조식품과 홍난숙이 준 영양제 등을 먹었다. 1994년 백두대간 종주 때처럼 종주산행 중 너무 망가져서 내려오지 말고 하루에 두 번 세 알씩 먹으라며 상혜가 25일분을 챙겨주었는데 옆에서 이경휴 대장이 자기두 달라는 등 남겨오면 자기 달라고 말하자 상혜가 남을 주면 가만있지 않을 것이라며 얼굴을 꼭 자라 같이 찡그리며 흥분하는데, 아! 왜 그리 행복했는지….

홍난숙도 하루 3번 먹는 영양제와 피로회복제 등을 주었는데 영양제와 건강보조식품을 구분해서 꼬박꼬박 먹으려니 복잡하고 신경이 쓰여 보통 성가신 게 아니다. 가뜩이나 머리가 나쁜데 뭐가 이리 복잡한지…. 그러나 덕분에 별로 배고픈 것을 못 느끼고 식량소비가 별로 안 되며 간식도 별로 안 먹게 되어 큰 도움이 되고 있다. 고마운 인간들…. 그런데 약을 너무 많이 먹어서 체하는 것은 아닌지 모르겠다. 그러면 소화제를 또 먹어?

잠시 쉬고 다시 운행하는데 길이 없고 잡목이 심해 팔이 많이 긁혀 잠시 쉬며 바지를 내려다보니, 이런… 징그럽게 피를 빨아먹는 진드기가 붙어 있다. 손가락으로 눌러서는 안 죽기 때문에 손톱으로 눌러 죽였다. 큰일이다. 진드기가 나오기 시작했으니 몸 어느구석에서 밤새 헌혈해야 하는 건 아닌지 모르겠다.

개태사에서 올라오는 고개를 지나 무덤터 만드느라 넓게 뚫은 길을 따라 잠시 운행하니 패러글라이딩 활강장이 나오고 그 이후부터 빽빽한 소나무 숲으로 도저히 정상적으로 운행을 할 수가 없을 정도였다. 거미줄은 왜 그리 많은지 나뭇가지로 휘둘려 거미줄을 걷으며 운행해야 했고 소나무숲 사이로 허리를 낮추고 운행하려니 허리가 끊어질 듯 아파서 죽을 맛이다. 거기다 한술 더 떠 100여 미터 운행하면 목을 타고 등으로 흘러 들어가 등을 쿡쿡 찔러 대는 솔잎과 바지 곳곳에 여러 마리씩 붙어 있는 진드기를 털어 내는 일을 계속 반복하려니 정말 무지 열 받는다. 다행히 대목재를 지나며 모든 상황이 약간 좋아진다.

드디어 황룡재에 도착하니 길 건너 삼천리교육원이 있다. 교육원 입구에서 물을 보충하고 교육원 식당 앞에 있는 동전 공중전화로 이경훈 대장에게 내 위치 등을 보고한 후 가파르지만 잘 다듬어 놓은 계단을 올라 함박봉에 올라서니 산불감시초소가 있다. 주변경치가 좋아서 잠시 쉬며 구경을 하다 4시가 다 되어 방금 내맘 대로정한 오

늘의 목적지인 덕목리까지 가기 위해 출발했다. 양호한 길을따라 약
한 시간 후 깃대봉 393.1봉에 도착하니 삼각점이 나오고 그 이후부
터는 길이 없어 잡목을 뚫고 내려가야 했다. 덕목리 고개에 도착하니
호남고속도로가 나온다.

　덕목리로 들어가니 지도에 없는 저수지가 나와 주변에 있는 무덤
앞 잔디밭에 텐트를 치고, 바로 옆에 있는 계곡물이 지저분해 보였지
만 돌을 들추니 역시 가재가 두 마리나 있다. 안심하고 물을 길어와
밥을 해먹었다. 이재경 후배가 챙겨준 오징어 젓갈 덕에 배가 부르도
록 맛있게 밥을 먹고 누워본다. 오늘은 몹시 지겨운 소나무 잡목을
뚫고 오느라 너무 힘들어서 빨리 끝내고 다시는 이런 짓을 하지 말아
야겠다며 산행을 후회했다. 정말 굉장히 지겹고 힘든 하루였으나 이
렇게 무덤 앞 푹신푹신한 잔디 위에 자리 잡고 든든한 배로 누워있으

니 그 힘들던 기억이 금새 사라지는 듯하다. 단순한 인간인지, 돌대가리인지…. 정말 힘든 하루였다. 일지도 쓰기 힘들다.

10월10일 목요일·맑음

아침에 저수지를 보니 물안개가 피어올라 너무 멋진 풍경에 잠시 취해본다. 마을을 빠져나와 호남고속국도 고갯마루에서 왼쪽 아래 200미터쯤 되는 곳에 굴다리를 통하여 길 건너편으로 넘어들어 인공조림지역을 지나 산을 오르기 시작하니 길이 거의 없다시피 하고 잡목이 심해 완전히 녹초가 되었다. 만약 여름에 이 짓을 한다면 포기하고 집으로 돌아가야 할 판이다. 거의 반쯤 죽었다고 생각될 때 겨우 곰치재에 도착하니 옆으로는 비포장 산판길이다. 다행히 곰치재 주변부터는 길이 좋아서 충분히 휴식을 취한 후 363.9봉에 도착해 아침에 만든 주먹 김밥으로 점심을 때운 후 담배 한 대로 한가롭게 가을 단풍에 맘껏 취해본다.

잠시 후 다시 출발 곧 농로 고개가 나오고 길은 계속 뚜렷하다. 바랑산 주변부터는 길도 뚜렷하지만 경치가 엄청 좋은 암릉이 이어지며 단풍이 아름다워 아무리 위험한 암릉이라도 힘든 줄 모르고 오를 수 있었다. 2시쯤 물을 구하기 위해 왼쪽 영은사 방향으로 10여분 내려가 골짜기 물을 길어와 계속 운행했다. 바랑산 정상에서 지나온 능선을 바라보니 단풍에 어우러진 산의 경치가 정말 최고였다. 이 주변은 주로 오른쪽 즉, 서쪽 지역이 위험한 절벽의 연속이라서 함부로 까불면 골치 아플 것 같다. 계속 암릉을 따라 경치를 즐겨가며 가파른 비탈을 올라 월성봉에 이르니 넓은 헬기장이 나온다. 이제 겨우 5시도 안 되었으나 월성봉에서의 경치가 너무 좋아 더 이상 운행을 할 수 없게 만든다.

그 이유는 북서쪽 멀리 드디어 대둔산이 보이기 시작했기 때문이다.

대둔산 정상의 기념탑이 아주 작게 보이고 평소 작은 산으로만 알았던 대둔산을 이곳에서 바라보니 굉장히 웅장한 바위산으로 보이는 등 멋있는 경관에 더 이상 운행을 중단하고 이곳에서 야영을 하기로 했다. 날이 어두워지니 멀리 민가의 불빛과 저녁노을이 너무나 아름답다. 오늘은 정말 멋진 밤이다. 그리고… 모두가 그립다.

편지를 불쏘시개 삼아

10월 11일 금요일·맑음

　어젯 밤에 추워서 옷을 마구 껴입고 잤는데도 새벽녘으로 얼어죽을
정도였다. 그리고 밤에 추워서 모닥불을 피웠는데 홍난숙이 써준 편지
를 불쏘시개로 사용하고 말았다. '난숙아 정말 미안하다. 불쏘시개로
사용해서. 너의 정성이 이렇게 요긴하게 쓰이다니'. 역시 너는 앞을 내
다 보는 것 같다. 요즘은 낮 기온은 20도를 웃돌았지만 새벽 기온은 약
10도까지 내려가서 기온차가 매우 심해 감기 걸리지 않도록 조심해야
한다. 텐트 밖은 6시밖에 안됐는데도 벌써 날이 훤하게 밝았다. 느긋하
게 대둔산을 바라보다 암릉지대를 지나 식수를 구하기 위해 신고은마
을쪽으로 내려섰다. 고갯길을 따라 약 5분 거리에 물이 있어 쉽게 물을
길어와 잠시 쉬고 계속 운행하였으나 계속 암릉지대가 나와 무척 힘들
다. 이 지역은 대부분 암릉지대여서 무거운 배낭을 메고 가려니 여간
힘든게 아니다. 가벼운 당일 산행용 배낭을 메고 다니면 오히려 암릉이
재미 있을 텐데…. 곧 대둔산(866.7m)정상을 향하여 마지막 힘을 써
본다.
　대둔산은 전라북도와 충청남도의 경계를 이루고 있으며 훌륭한 경관
으로 전라북도에서는 1973년 3월23일에, 1980년 5월 26일 도립공
원으로 지정하였다. 11시쯤 드디어 대둔산 마천대 정상에 섰다. 큰 기
념탑이 있고 주변에는 사람들이 기념촬영을 하고 있다. 나만 큰 배낭을
메고 이런 산에 올라왔으니 주위 사람들이 이상하게 생각할 만하다. 잠

충청남도와 전라북도 경계를 가르는 대둔산 배티재

시 쉬다 약간 내려서니 음료수를 파는 사람이 있어 음료수 한 병을
사 즐기며 계속 운행했다.

능선을 따라 열심히 걷다보니 웬 낙조대?…. 지도를 꺼내보니 이런
젠장. 내가 가야 할 능선을 지나치고 말았네…. 넘어진 김에 쉬어간다
고 이곳 경치도 좋으니 잠시 경치를 구경했다.

잠시 후 다시 되돌아나와 배티재로 이어지는 능선으로 가려했으나
아이고, 이건 길도 없는 엄청난 암릉지대다. 할 수 없이 오른쪽 밑으로
내려가려니 덩굴잡목이 성가시게 붙잡고 가파른 너덜을 내려서려니
죽을 맛이다. 얼마쯤 내려갔을까. 희미한 길 흔적을 따라 다시 능선으
로 올랐으나 엄청난 암릉을 이리저리 헤매다보니 엉뚱한 곳에 내려서
고 말았다. 배티재에서 대둔산 공원입구쪽 아래로 내려선 것이다 원
래 배티재에서 하루 자고 가려했으나 시간이 너무 이르니 대둔산 입구
에 가서 서울로 전화한 후 계속 운행하기로 했다. 이경훈 대장이 이번
주 정기산행이 강원도 방태산이라고 한다.

그러나 강원도 산악지역이 모두 출입이 통제되어 산행계획이 취소되었으니 이번 주 일요일에 만나자고 한다. 지원받을 필요를 못느껴 그냥가려 했지만 기왕 일이 그렇게 된 바에야 일요일 새벽 하루 반나절거리 쯤 되는 역평리 저수지에서 만나자고 했다. 식량은 필요 없고 겨울침낭만 가져오라고 했다. 식당에서 비빔밥을 비벼 넘기고 다시 배티재로 올랐다.

　배티재는 충청남도와 전라북도의 경계를 이루는 고개이며 임진왜란 때 권율장군이 승전한 격전지로 고갯마루에 권율장군 이치 대첩비가 세워져 있다. 그러나 그 주변에는 임시 차량휴게소 등이 있어 지저분하고 옆으로는 임도를 뚫어 큰 공사를 하느라 전망 좋은 이곳 배티재 주변이 크게 훼손되고 있었다. 공사 중인 임도로 들어서자 공사 하는 사람들이 이곳은 아무도 못 지나간다며 돌아가라고 한다. 그 이유를 묻자 머뭇머뭇거리더니 어찌되었든 아무도 이곳을 출입하지 못하게 하라고 위에서 지시를 내렸다고 한다. 젠장 산을 이렇게 훼손시키면서 아무도 못 지나가게 하다니…. 할 수 없이 도로 따라 묵산리 방향으로 우회하여 다시 능선으로 잡목을 뚫고 가파른 비탈을 오르려니 정말 열 받는다. 이 지역 능선은 길이 뚜렷하고 넓어 운행이 수월하다. 얼마 후 봄가리골 윗능선에서 짐승 돌아다니는 소리가 크게 들려 바짝 긴장하고 멈추어 살펴보니 잠시 후 큰 개 두 마리가 다가왔다. 이럴 수가 웬 땡칠이…. 잠시 후 이번에는 흑염소떼가 돌아다닌다. 이럴 수가 이런 산 속에 웬 염소 관광단이람….

　잠시 후 5시가 약간 못되어 석막리와 오항리를 잇는 고개에 도착했다. 지도상에는 비포장 고개였으나 현재는 깨끗이 포장이 되어 있다. 바로 앞 길 건너 시멘트 길을 따라가니 곧 비포장도로가 시작되었으나 시간상으로 운행을 중단해야 할 것 같아 오항리 마을로 내려섰다. 오

54

항리는 마을 입구부터 전형적인 우리네 모습이다. 이곳 마을이 아름다워 잠시 서성거리며 어린시절의 그리운 추억에 젖어 본다. 나도 이런 시골에서 자랐는데 동네에 많은 감나무는 각자 주인이 있었지만 탐스런 감은 내꺼나 다름없었다. 물론 몰래 감을 따다 주인에게 걸려 엄청 혼이 나기도 했다. 주변을 둘러보니 비탈진 밭 사이사이에 드문드문 서있는 감나무에는 빨갛게 익은 감들이 주렁주렁 열려 있고 10여 가구도 채 못되어 보이는 마을에서는 저녁밥을 짓느라 굴뚝마다 연기가 모락모락 피어올라 더욱 어릴적 고향 생각에 흠뻑 빠지게 한다. 그러나 마을에 들어가 주변에 계곡이 좋은 곳이 있는지 알아보려니까 한 아주머니가 상거지 같은 내 모습이 이상했는지 무슨 일로 왔느냐며 무장공비로 신고하려 했다고 해서 웃고 말았다. 아주머니 말에 의하면 이곳 마을에서 조금 더 내려가면 능치갈막에 계곡이 있으며 여름에 사람들이 많이 놀러왔었는데 지금은 광산 개발한다고 파헤쳐 놓기만 하고 철수하여 사람들이 안 온다고 한다.

시간이 있어 마을을 둘러보았다. 어느 집 외양간을 보니 큰 통나무로 만든 구유 대신 큰 타이어를 잘라서 쓰고 있었다. 정말 대단한 아이디어였다. 곧 능치갈막 계곡으로 내려와 큰 바위 위에 텐트를 치고 깨끗치 않은 계곡이지만 할 수 없이 물을 길어다 밥을 지었다. 아직도 쌀이 절반이나 남았다. 정말 웃기는군…. 식량이 이렇게 안 없어지다니, 인스턴트죽 종류와 수프 등은 아예 손도 대지 않고 있으며 즉석찌개는 아무리 소비를 하려해도 뜻대로 안된다. 오래간만에 비상식인 전지분유를 타마시고 여유롭게 담배 한 대 무니 내일 동료들과 만날 장소에 간다는 기쁨에 마냥 즐겁기만 하다.

10월12일 토요일·흐리고 갬

　오늘은 밤새 악몽에 시달렸다. 몇 명의 동료들과 서너 명의 무장공비를 용감하게 추격했다. 민첩한 동작으로 이러저리 뛰어다니며 어떻게 하다보니 상황이 이상하게 바뀌어 여러 명의 무장공비로부터 나 혼자만 쫓기는 묘한 꿈이었다. 젠장 뭐 이따위 꿈이 다 있어…. 꿈자리가 뒤숭숭하니 기분이 별로 안 좋았다. 어찌되었든 복잡한 기분으로 어제 내려왔던 오항리 마을로 올라가려니 되게 힘들었다. 오늘은 역평리까지만 가면 되니까 여유있게 운행해도 될 것 같다. 이곳 역시 길이 뚜렷하여 인대산(666m) 정상에 올라 멋진 경치를 감상하다가 622.7봉에 도착해 삼각점을 보았으나 지도상 삼각점의 위치가 약간 의심스러웠다. 간식을 취한 후 계속 운행하다보니 이상한 곳으로 자꾸 진행하는 것 같아 지도를 보니 이런… 상금리 활골을 향해 이어진 능선으로 곧장 가고 있다. 다시 되돌아가려니 지겹기만 하다.

　겨우겨우 1시간 정도나 되돌아오며 길을 찾았다. 삼각점 위치가 잘못된 건지 내가 독도를 잘못한 건지 모르겠지만 어찌되었던 이럴 땐 정말 지겹다. 이곳 지형은 쭉 뻗은 능선에서 옆으로 그냥 이어지는 것이 아니고 능선 아래서 눈에 안 띄게 슬며시 살아서 이어지는 음흉한 지형이다. 다행히 길을 찾은 후 잠시 앉아서 주먹김밥으로 점심식사를 해결한 후 잠시 운행하여 상개직 고개에서 식수를 보충하기 위해 마을로 내려섰다. 집이 두 채가 있고 주변엔 온통 벌통이 놓여 있었다.

　이곳은 양·한봉(토종벌)으로 주변 경치가 대단해 일부러 민가에 들러 이것저것 물어보며 사진도 찍었다. 싸리 삼태기를 보며 만지작거리자 마음 좋아 보이는 집주인 김동수 씨가 점심식사나 같이 하자고 하며 마루로 올라오라고 했지만 금방 먹고 왔다고 말하고는 집구경만 했다. 주인이 김동수라는 것은 마루바닥에 놓여 있는 우편물을 보고

마음씨 좋은 상개직 마을의 김동수 씨 부부

알았다

이곳에서는 다행히 수상한 놈으로 오해받지 않았다.

잠시 집 주변을 둘러보고 다시 고개로 올랐으나 잡목이 점점 심해 정말 짜증이 났다. 그래도 얼마 안가면 오늘의 목적지에 이른다는 생각에 꾹 참고 운행하여 드디어 역평리 윗고개인 600고지 전승탑에 도착했다. 또한 그 뒤에는 백제시대에 돌로 쌓은 백령성이 있다. 600고지 전승탑은 지도에는 백암리에 표시됐지만 실제는 이곳에 있으니 어떻게 이해를 해야할 지 모르겠다.

600고지 전승탑 앞에는 넓은 주차장과 한쪽구석에 의자와 탁자 등이 있고 동쪽의 역평리쪽으로는 이미 포장이 되어 있으나 반대쪽 암삼리쪽으로는 아직 비포장 상태였다.

때마침 암삼리에서 올라오는 작은 트럭을 세워 운 좋게 화물칸에 앉아 잘 얻어 타고 간다며 좋아했는데 갑자기 차가 서더니 발밑에 자

600고지 전승탑

위치 : 충청남도 금산군 남이면 건천리 산 1번지, 역평리 산 16-2

건립연월일 : 1991년 3월25일

건립자 : 금산군수

모형 : 난공불락의 요새인 산을 상징하는 양쪽 구조물을 웅장하게 세우고 중앙에 영원히 펄럭이는 승리의 깃발을 당당하게 배치하여 두 산과 한 개의 깃발 탑신은 하나로 커다란 조화를 이루어 민, 경, 군이 삼위 일체가 되어 역사적 위업을 이루었다는 뜻을 전체적 조형물로 표현하였으며 세 개의 탑신을 통한 통일감과 중앙 탑신의 세 차례 굴곡은 변화와 고도의 긴장감을 형성화하였음.

건립 개요 : 한국전쟁 직후 5년간 공비 토벌 작전으로 민, 경, 군의 호국용사들이 피흘리며 격전을 벌인 600고지 기슭에 장렬히 전사한 276명에 대한 영령을 추모하고 이 전투에 참여하여 고귀한 승리의 위업을 이룩한 군민의 향토 방위정신 고취와 반공정신의 산 교육장으로 삼고자 전승탑과 충혼비 및 공적비를 건립함.

전 과 : 적 사살 2,287명 , 생포 1,025명으로 금산 치안 확보

피 해 : 전사자 276명 (민간인 72명, 경찰 184명, 군인 20명)

루를 한쪽으로 치우란다. 아무 생각없이 집어 들고보니 아이고….

이들은 땅꾼들이었다. 뱀을 담은 자루였고 뱀잡는 집게도 보였다. 곧 역평리에서 내려 태워줘 고맙다고 인사하고 이 동네에 단 하나밖에 없는 구멍가게를 찾으니 문이 잠겨있고 주인은 밭으로 일나가고 없다. 동전 공중전화도 고장이 나 서울에 전화도 못하고 한참 기다리니 주인

땅꾼들의 필수 장비인 큼직한 뱀잡는 집게

이 일을 끝내고 돌아와 간식 등을 구입했다. 가게 전화로 이경훈 대장과 통화했다. 오늘밤 12시에 이곳으로 내려올 것이라는 말과 후배 백은기가 딸을 출산했다는 기쁜 소식도 들었다. 우리 산악회에 첫 조카가 탄생했다.

빵으로 배를 채우고 저수지에 올라가 시간을 메꾸려니 너무 지루하여 둑의 돌틈에 있는 우렁이를 잡았다. 날이 어두워져 둑 위에 텐트를 치고 가게에서 사온 캔맥주를 마시며 내일 새벽에 만날 동료들을 생각하니 흥분된 마음이 좀처럼 가라앉지 않아 담배만 연거푸 피운다. 과연 오늘밤 잠이 제대로 올까?

빨리 밤이 지나 갔으면 하지만 아무리 엎치락 뒤치락거려도 잠은 오지 않고 시간은 또 왜이리 안 가는시….

백령성(栢嶺城)

기념물 제 83호

소재지: 충청남도 금산군 남이면 역평리

백제시대에 돌로 쌓은 테뫼식 산성이다.

성의 둘레는 약 900m이며, 해발 500m 높이의 산꼭대기에 돌려져 있다. 서쪽을 제외하고는 거의 허물어져 상태를 알 수 없지만 서쪽 바깥벽의 높이는 5.8~6.9m이고 안쪽 벽의 높이는 3m정도이며 성채의 너비는 4m에 이른다. 성내의 산봉우리에는 봉수대가 있어 진악산의 관앙불봉의 봉수대와 교신하였다. 이곳은 백제영역인 금산지방과 신라영역인 영동, 옥천지방을 잇는 교통로로 군사적인 요충지였다.

성내에서는 백제시대 토기편을 비롯하여 기와도 나오고 있어 백제시대에 축성된 것으로 추정된다. 김정호가 만든 청구도(1834)에는 백자령으로 나오지만 대동여지도(1861)에는 탄현으로 기록되어 있다.

10월 13일 · 맑음

새벽 2시쯤 잠이 깨었다. 동료들을 만난다는 설렘에 잠을 제대로 이룰 수 없어 계속 뒤척이다 새벽 4시쯤 이제 동료들이 올 때가 되었을 것이라고 생각하며 가끔 지나가는 차가 지나갈 때 마다 텐트 밖으로 뛰어나가기를 여러 번…. 나중에는 차 소리가 나면 텐트 밖으로 머리만 삐쭉 내밀고 살핀다. 기다리기가 지루하여 렌턴을 켜들고 저수지 주위를 돌며 우렁이를 잡으며 시간을 보냈다. 우렁이는 생각보다 많지 않고 큰 고기들이 가끔 물 위로 펄쩍 뛰며 크게 "첨벙"소리를 내어 놀라기도 했다. 6시가 되어도 동료들이 오지 않자 이젠 걱정이 앞선다.

나를 밤새 기다리게 했던 일행. 지원조인지, 놀이꾼인지?

　일단 날이 밝을 때 까지 기다리기로 하고 새벽공기가 쌀쌀하여 다시 텐트 속으로 들어가 침낭 속에 들어가 누웠다. 너무 외진 마을이라 아주 가끔 차가 지나가면 나도 모르게 텐트 밖으로 머리를 내밀며 살피다 7시쯤 날이 밝아 마을로 내려가 전화를 해봐야겠다고 나서려는 순간 차 소리가 나며 클랙션 소리가 요란하게 울려 동료들이 온것을 알았다.

　급히 텐트 밖으로 뛰어나가니 동료들이 차에서 내려 달려온다. 나는 처음으로 지원이라는 것을 받아 보게 되었다.「71일간의 백두대간」종주 중에도 받아보지 못한 지원을…. 지원조가 늦게 도착한 이유는 밤새 이곳으로 오는 도중 자동차 연료가 떨어져 주유소가 문을 열 때까시 라면을 끓여 먹으며 기다렸단다. 멍청하긴….

　또한 며칠 전 방송사에서 신간안내 프로그램이 신설되어 첫 방송에 8월 말 발간한 「71일간의 백두대간(수문출판사)」을 소개하기 위하여 인터뷰하려고 나를 찾는다고 했다. 그러나 나는 이번 산행이 끝나기 전에는 서울에 갈 수 없으니 등반대장이 알아서 하라고 했다. 중요한 것은 며칠 전 득녀를 하고도 집에서 쫓겨날 각오로 이곳까지 와준 백은기 후배, 직장 일을 빼먹고 달려온 나 외에 백두대간 단독 종주자 송명진, 그리고 올봄 조령산 정기산행 중 다리가 부러져 정기산행의 모든 책임을 맞고 있는 이경훈 등반대장에게 평생을 책임받게 된 박정순씨, 그리고 세월과 나이를 무시한 멋쟁이 한정희, 김윤홍 선배, 그리고 김찬일, 조국의 방패 박창문 선배까지 모두 여덟 명이나 되는 인원이 승용차 두 대에 나눠타고 내려온 것이다. 고마운 인간들….

저수지 둑에 차를 세우고 짐을 풀어 고기를 굽고 소주도 한 잔씩 돌리며 밥을 하는 등 제법 그럴싸하게 분위기가 무르익을 무렵 무엇인가 허전한 느낌이 들어 "그런데… 나한테 줄려고 가져온 것은 어디 있어?" 라고 말하자 "가져오다니?" 라며 서로 얼굴만 쳐다보고 있는 동료들…. "글쎄…, 나한테 줄려고 뭔가 가져온 것 말야, 뭔가 있을 것 아냐." 등반대장 왈 "얌마, 네가 아무 것도 필요 없으니 그냥 오라고 했잖아, 그래서 우리 먹을 고기만 준비해 왔지, 필요한 것 있으면 진작 말해야지 아무 것도 필요 없다고 하니까 당연히 그냥 왔지", "아이고 맙소사" 이런 원수들….

이건 지원조가 아니라 완전히 엿먹이는 원수들…. 식량 등 아무리 필요한 것이 없다고는 했지만 그래도 맛있는 간식 등 입맛을 살릴 만한 무엇인가를 준비해올 줄 알았는데 이런 상식도 없는 인간들이 자기들 먹을 삼겹살만 잔뜩 싸가지고 온 것이다. 거기다 한술 더 떠 "우리는 지원조가 아냐, 그냥 놀러온 거야" 한정희 선배는 더욱 걸작이다. "얼굴 지원 왔잖아. 자, 얼굴." 턱 밑에 두 손을 펼치며…. 젠장 도대체 우리 산악회는 왜 맨날 이 모양인지 모르겠다.

그래도 다행히 든든한 침낭으로 교환할 수 있었기에 이제 편안하고 따뜻하게 잠을 잘 수 있으니 그걸로 만족해야겠다. 고기를 배가 부르도록 먹은 후 가까운 개울에 가서 발을 닦고 세수도 하며 한가로운 시간을 보내니 마을에서 어린아이 둘이 놀러왔다. 원수같은 동료들은 주인공인 나를 뒷전에 팽개치고 동네 애들에게만 먹을 것을 챙겨주며 노느라 정신이 없었다. 도대체 누굴 보러 온 건지 모르겠다. 시간이 갈수록 곧 동료들과 헤어질 일을 생각하니 마음이 착잡하다.

드디어 오후 3시쯤 모든 뒷정리를 끝낸 후 저수지 주변에 널려있는 쓰레기 등 오물을 모두 수거했다. 어제 내려온 600고지 전승탑까지 올라가 기념촬영을 한 후 동료들과 헤어지려니 섭섭한 가슴을 어찌해야 할지 모르겠다. 동료들과 다시 헤어짐이 이렇게 힘들 줄 알았더라면 아예 만나지도 말았어야 할 것을…. 한편으로는 오늘의 만남이 후회스럽기도 하다.

그러나 어쩔 수 없이 동료들은 서울을 향하여 역평리쪽으로 차를 몰고 내려가 나는 동료들이 탄 차를 한없이 내려다보았다. 차가 사라진 후 다시 한번 역평리를 내려본 후 배낭을 만지작거리고 있는데 조용한 산 속에 자동차 엔진소리가 들리는 듯하여 다시 역평리쪽을 내려다보니 콩알 만한 차 두 대가 멀리서 올라오고 있다. 혹시 동료들이 다시 올라오는 것이 아닐까 생각했는데 아니나다를까 동료들이 식수를 많이 준비하여 다시 올라왔다. 능선에서 물이 모자랄까봐 일부러 물을 많이 떠온 것이다.

동료들은 잠시 나의 쓸쓸한 마음을 달랜 후 떠났다. 너무 서글픈 마음에 용기가 꺾일까봐 주변을 돌아다니며 신경을 다른 곳으로 돌리는 등 쓸쓸함을 떨쳐버리려 애를 썼다. 얼마 후 날이 어두워져 600고지 전승탑의 주차장 한쪽에 자리한 탁자와 의자에서 배낭을 풀고 저녁을 해결한 후 동료들이 지원한 든든한 침낭으로 의자에서 비박을 했다. 어두운 밤이 오니 낮에 동료들과의 즐거운 기억이 깊은 산 속에 홀로 남은 나를 더욱 외롭게 만든다.

10월14일 월요일·맑음

좋은 침낭 덕분에 새벽에 너무 더워 잠시 깼다. 그리고 다시 잠들었지만 6시에 일어나 시내버스가 지나가는 것을 본다. 이곳은 버스가 운행하지만 하루에 몇 대 볼 수가 없을 정도다. 배낭을 꾸린 후 600고지 전승기념탑 앞에서 묵념을 한 후 7시30분에 새로운 마음으로 출발했다. 이곳 지역은 길이 뚜렷하여 예상 외로 속도가 빨랐다. 곧 암릉이 나오기 시작하며 주변 경치가 아주 멋있다. 10시20분쯤 713.5봉에 도착하였으나 그 이후로는 길이 희미해지더니 아예 잡목숲에 갇혀버리고 말았다. 젠장 정말 돌아버리겠군….

잠시 휴식을 취하며 아침에 만든 주먹김밥을 먹은 후 잡목과 어우러진 암릉을 지나다 나뭇가지에 걸리며 중심을 잃어 내 키만큼 높이의 바위 밑으로 굴러 떨어졌다. 팔과 다리가 욱신거리고 무거운 배낭에 눌려 죽을 맛이다.

배낭이 무거우니 바위능선 위에서 잡목에 의해 약간의 간섭만 받아도 중심을 잃게 된다. 거의 2시쯤 되어 787.3봉에 도착했으나 삼각점을 발견하지 못한채 잡목이 너무 심해 엉뚱한 곳으로 잘못 진행하다 왼쪽에서 올라오다 끊어진 비포장 임도에 도착했다. 다시 능선으로 오르기 시작하였으나 선명한 능선이 아닌 평지같은 넓은 잡목지대를 무척 고생하며 능선에 올랐다.

803봉을 오르는데도 잡목과 바위 그리고 키를 넘는 조릿대 군락으로 완전히 탈진 상태에 이르러 겨우 803봉에 도착할 수 있었다.

옛날이 통신수단이 기의 원형으로 남아있는 803m 정상의 태평봉수대

803봉 정상에는 돌을 쌓아 만든 커다란 태평봉수대가 있었다

태평봉수대

전라북도 기념물 제 36호,   전라북도 진안군 주천면 대불리

봉수대는 군사상 목적에 의해 세운 것으로 위급할 때 낮에는 연기, 밤에는 불로, 신호하여 위급을 전하는 옛날의 통신수단이었다. 이 봉수대는 해발 803m의 고지 정상에 위치하며 남쪽의 남원 고달산 방면과 동쪽의 나제국경 선 상의 장수 장안산 방면에서 이어 받아 완주 운주 천등산 방면에 연결하는 삼국시대에 군사상 중요한 역할을 한 4m의 방형 축대라고 하였으며 지금도 거의 원형으로 남이 전힌다.

봉수대 위에 올라가 주변 산세를 보며 잠시 휴식을 취한 후 또 다시 잡목을 뚫고 잠시 내려서 작은싸리재 지나 잠시 후 고개가 뚜렷한 큰 싸리재에서 윗진등마을까지 내려왔으나 마을은 없고 염소농장만 있었다. 지나가는 땅꾼을 만나 마을은 어디갔느냐고 묻자 옛날에 모두 이주하고 집도 모두 뜯어 버렸다고 한다. 그러나 주인 잃은 감나무는 빨간 감이 탐스럽게 열려 있었다. 빨갛게 익은 감을 정신없이 따먹은 후 염소 농장 앞에서 말라버린 작은 계곡에 질척이는 고인 물을 발견하여 일단 배낭을 풀고 물을 길고 염소농장 근처 가까운 곳에 텐트를 쳤다. 이곳 염소농장은 사람은 살지 않고 짐승만 있다.

이제 따뜻한 침낭으로 잠을 푹 잘 수 있다는 생각을 하니 흐뭇하기만 하다. 먼저는 여름 침낭을 가져온 바람에 새벽 2시쯤이면 꼭 깨어나 추위에 떨었다. 내일은 길이 잘 나 있으면 좋겠다. 오늘은 처음엔 길이 분명해 좋아했다가 나중에 잡목이 너무 심해 인간 길춘일이 완전히 망가지고 말았다.

잡목숲을 헤치며

10월15일 화요일·맑음

어제 텐트 프라이를 안치고 잤더니 밤새 이슬이 내려서 텐트 지붕에서 물이 뚝뚝 떨어졌다. 배낭을 꾸리는데 이곳 염소농장 주인 부부가 올라왔다. "여기서 잤어요?"라고 아주머니가 묻는다. 웃으며 "네"라고 대답하자, "어이구 우리 염생이(염소)지켜 줬네" 아주머니는 혼자 무섭지 않느냐고 했지만 염소가 옆에 있으니 안 무섭다고 대답했다. 아저씨에게 이곳에 왜 마을이 없어졌냐고 묻자 옛날 박정희 대통령 때 이곳에 무장공비들이 자주 나타나는 바람에 마을을 모두 이주시켜 집이 모두 없어졌다고 한다.

다시 큰싸리재에 올라와 잠시 쉰 후 출발했다. 큰싸리재부터는 길이 뚜렷하여 운행이 수월했다. 724.5봉의 삼각점은 발견하지 못하고 지나가는데 또 암릉이 나오기 시작했다. 이곳 암릉은 경치가 끝내주기도 했지만 큰 배낭을 메고 가기에는 너무 위험하여 정말 죽을 고생을 해야했다. 787봉을 오르니 온통 억새와 싸리 잡목이 자라고 옛 성터도 보였다. 675.5봉에 도착하니 바로 앞에 피암목재가 보인다. 곧 피암목재에 도착하니 도로 포장공사가 진행 중이고 휴게소 건물도 짓고 있었다. 이곳부터는 길이 좋아 안심이 되지만 운장산까지 계속 오르막이라서 힘 깨나 들 것 같다.

금남정맥의 최고봉인 운장산(1,126m)은 옛날에는 구절산이라 불

67

렸는데 조선 초기 한양에서 유배되어 살던 송구봉 선생의 운장이라는 호를 빌려 운장산이라 부르게 되었다고 하며 오성대에서 송구봉 선생이 수학했다고도 한다.

운장산 오르는 도중 운장산을 오른 후 다시 내려오는 여자 한 사람과 남자 두 사람을 만났다. 서로 반갑다며 인사를 한 후 얘기 도중 내가 이쪽 지역은 물이 귀해서 걱정이라고 하자 아주머니가 고생한다며 음료수 하나를 건네준다. 너무 고맙고 미안했지만 당장 아쉬우니 고맙다며 인사하고 받았다. 잠시 후 그들은 하산하고 나는 곧 운장산 서쪽봉우리 오성대에 올랐다.

오성대는 바위 봉우리였으며 연석산 방향으로는 완전히 절벽이었다. 그래도 혹시나 하고 연석산으로 가는 길을 찾아 이리저리 헤매어 다녔지만 결국 이런 절벽에 길이 있을 수 없다고 단정짓고 할 수 없이 정수암 마을쪽으로 우회하여 가기로 했다.

힘들게 10가구쯤 되는 정수암 마을쪽으로 내려와 물을 보충하여 다시 오르려 하니 이미 체력이 다하여 움직이기가 싫어졌다. 4시경 할 수 없이 버려진 묵은 밭에 텐트를 치고 여유가 있어 계곡에 들어가 냄새 고약한 양말을 빨았다. 오늘은 신중저수지 윗능선까지 가려고 했는데 결국 그곳까지 못가고 운행을 중단하고 말았다. 아이고 이렇게 힘들어서 앞으로 남은 구간은 어떡하나⋯. 일지를 보니 제법 여러 날이 지나갔다는 것을 알 수 있었다. 빨리 끝내고 싶다. 너무 피곤하고 힘들다.

10월16일 수요일·맑음(첫서리 내림)

아침에 일어나 보니 첫서리가 내렸다. 텐트 프라이에 얇게 얼음이 붙어 있었다. 걱정이다. 갑자기 추워지면 가을 옷 가지고는 추위를 견디기 힘들텐데. 배낭을 꾸리고 어제 찾지 못한 등산로를 찾기 위해 운장

운장산 서쪽 봉우리로 송구봉 선생이 수학했다는 오성대

산 오성대를 향하여 출발했다. 계곡을 타고 오르다보니 갑자기 넓은 등산로가 나오고 표지기 몇 개가 눈에 띈다. 그렇다면 어제 찾지 못한 등산로가 분명 어딘가에 있다는 증거다. 능선을 오르는 도중 더덕밭을 발견하여 정신없이 캔 후 8시20분쯤 운장산 오성대 바로 밑의 북쪽능선에 올라 능선을 따라 등산로가 뚜렷하고 오성대를 조금 남겨둔 지점으로 연결되는 듯했다. 오성대는 절벽지대라서 정상 조금 못미처에 우회길이 있다.

다시 출발하며 암릉이 잠시 이어졌는데 멋진 소나무 그늘과 아름다운 경관이 또다시 쉬고 가지 않을 수 없게 만든다. 잠시 후 면항치 지나 언석산 정상에 오르니 느디어 멀리 마이산의 두 봉우리가 첩첩이 산군들 사이로 말의 귀 모양을 하고 삐쭉이 올라 있었다. 연석산부터는 약간의 암릉으로 이어졌고 길도 좋았지만 여름엔 잡목에 길이 모두 없어질 것 같아 보였다. 또한 낙엽이 많이 쌓여서 발밑이 미끄러워 계속 넘어지며 운행했다.

699봉 주변에는 잠시 산판길이 이어지더니 곧 길이 없는 잡목숲이다. 그래도 낙엽이 진 후라서 그런 대로 길을 잃지 않고 운행할 수 있었다. 지도에 표기된 황조치는 잡목이 무성하고 바로 앞 보룡고개 표시가 되었는데 675봉 지나 지도상 비포장도로인 보룡고개에 도착했다. 도로포장 공사중이었고 왼쪽 소태정 마을 방향으로 100미터쯤 가니 계곡이 있어 잠시 쉬며 간식을 하고 식수도 보충했다. 보룡고개에서 능선으로 오르는 도중 더덕밭을 발견해 또다시 배낭을 풀고 더덕을 캔 후 능선을 올라 염소를 키우는 철망 울타리가 잠시 이어졌고 길도 분명했다. 입봉 637.4에 올라 보룡고개 방향을 내려다보니 소태정마을은 거의 절반 이상 새집으로 재건축중이다.

주화산을 향하여 뚜렷하지만 복잡한 능선을 따라 올라 3시50분쯤 정상에 섰다. 드디어 오늘로서 금남정맥은 끝난 것이다. 주화산은 호남정맥과 금남정맥이 갈라지는 곳으로 이곳부터 앞으로 가야 할 영취산까지는 금남호남 정맥인 것이다. 또한 이곳에서 호남정맥 종주자들이 붙인 표지기를 한 두 개 볼 수 있다. 오늘은 이것으로 운행을 중단하고 모래재 마을로 내려가 보기로 했다.

주화산에서 잠시 내려오니 비포장고개가 있어서 근처 묘지 주변에 젖은 짐과 텐트 등을 햇볕에 말리기 위해 널어놓고 물주머니와 그 동안 모은 라면 한 봉지 정도 되는 쓰레기를 들고 모래재까지 내려갔다. 모래재에 도착하니 농장과 주유소가 있고 길 건너에 식당과 매점, 그리고 한쪽에는 약수터가 있고 모래재 휴게소 안내판이 있다. 쓰레기장에 쓰레기를 버린 후 서울로 전화를 걸었으나 등반대장이 없어 총무 이종숙에게 상황 설명을 한 후 식당에서 밥을 주문했다. 주인 아주머

연석산 정상에서도 잘 보이는 말의 귀를 닮은 마이산

니가 무척 친절하다.

　매점에서 내일 아침에 먹을 햄버거와 간식 그리고 휴지 등을 구입하고 바로 옆에 있는 약수터에서 물주머니에 물을 받기 위해 줄을 섰다. 관광버스를 타고 온 나이 많은 아줌마 부대가 몰려와 순서를 무시하고 난장판이다. 버스 안에서는 완전히 퍼진 육중한 몸매로 버스 바닥이 꺼져라 뛰고 흔들며 휴지까지 내던지는 등 도저히 제정신으로는 할 수 없는 이상한 행동에 너무 짜증이 났다. 결국 한참을 기다려 겨우 물을 채워 다시 주화산 고개에 올라 가수 김수철의 '황천길' 이라는 테이프 음악을 들었다. 현대음악과 우리의 전통음악이 어울린 멋진 음악이었다.

71

10월17일 목요일·흐림

오늘은 밥을 안하고 모래재 휴게소에서 구입한 햄버거로 아침식사를 대신하여 7시에 출발할 수 있었다. 워낙 게으르다 보니 7시에 출발하면 무척 빠른 편이다. 바로 앞 높은 봉우리에 올라서니 넓은 공터에 산불감시초소가 있다. 진작 알았으면 전망 좋은 이곳에서 잠을 잤을 텐데.

여기서부터는 길이 전혀 없다. 이곳을 오르며 오른쪽으로 우회 길을 보긴 했는데 그냥 올라와 보니 길이 없어져 나침반 방향으로 전진하다 약간 왼쪽으로 잘못 내려섰다. 항상 길을 잃으면 그랬듯이 이번에도 더덕밭이 나왔다. 인간의 출입이 없는 곳에서는 이렇게 많은 더덕이 발견 돼 그냥 지나치지 못하고 또 더덕 캐느라 정신이 없다. 도대체 내가 약초꾼인지 산꾼인지 알 수가 없지?

다시 능선으로 올라 길은 희미하게 나 있으나 잡목이 약간 귀찮을 정도였다. 9시40분쯤 도착한 오룡동 고개는 도로확장 공사중이었고, 고개 지나며 엄청난 잡목이 시작되었다. 한 시간이나 잡목을 헤치고 나가 뚜렷한 길이 나타나면서 속도를 내기 시작했다. 먼 마이산이 더욱 뚜렷이 보이며 가깝게 느껴졌다. 1시가 넘어 무지 가파른 부귀산(806.4m) 정상을 죽을 힘을 다해 올라서니 헬기장이 나왔다. 길은 더욱 뚜렷하였고 활인동치가 가까워지면서 복잡하고 애매하다. 또다시 독도능력을 과시하려다 결국 또 길을 잃고 헤매 3시쯤 활인동치 서쪽에 위치한 활인동 마을 근처로 내려서고 말았다. 너무 급히 걸어 다리가 몹시 피로했다. 오늘은 할인동치까지 밖에 못올줄 알았는데 마이산까지도 가능할 것 같다.

활인동치 주변은 도로확장 공사 중이었고 인공조림을 한 이 지역은 임도를 복잡하게 뚫고 벌목작업이 한창이다. 잡목이 무성하였으나

활인동치 주변에서 나를 놀라게 한 고슴도치

피로함을 무릅쓰고 무조건 밀고 나가며 길을 찾으려 애를 썼다.

잠시 후 갑자기 발밑에 무언가 움직이는 것이 있어서 깜짝 놀라보니 엉뚱하게도 고슴도치 한 마리가 인기척에 놀라 몸을 동그랗게 사리고 있다. 오랫만에 고슴도치를 발견하여 사진을 찍고 주변에 또 한 마리가 있는지 살펴보았으나 찾을 수가 없다. '짜식. 너, 다른 사람들 눈에 띄었으면 끝장날 뻔했다' 며 빨리 숨으라고 타이른 후 계속 잡목을 뚫고 운행했다.

마이산이 가까워질수록 마치 시멘트와 돌을 섞어 만든 듯한 암릉 지대가 시작되며 절벽이 무시무시해 조심스럽게 올라야 했다. 그러나 540봉을 마주보는 봉우리에 애써 오르니 주위가 모두 절벽 지대라 더 이상 진행할 수 없었다. 아무리 내려갈 길을 찾으려 해도 길이 없어 잠시 뒤로 돌아가 사양제 저수지 방향으로 피로한 몸을 이끌고 길도 없는 엄청난 잡목숲을 헤치며 내려왔다⋯. 죽을 맛이다. 자료가 없어서 죽도록 고생만 했다. 일단 저수지 위쪽으로 내려오니 금단사쪽으로 넘어가는 등산로가 뚜렷이 나 있었다.

5시쯤 마이산 주차장으로 내려오니 예전의 야영장터는 주차장으로 변했고 상가도 많이 늘어났으나 아직 야영장 이정표를 그대로 방치하고 있다. 옛 야영터 주변 산기슭에 버려진 원두막 안에 배낭을 놓고 상가지역으로 가서 이경훈 등반대장에게 전화로 마이산에 왔다고 보고했다. 3일 전 월요일 TV인터뷰는 내가 산에 있는 관계로 이경훈 등반대장이 대신했다고 한다.

식당에서 비빔밥을 먹고 간식과 연료를 구입해 갖고 원두막의 배낭을 메고 주차장 한쪽 구석에 긴 의자가 있는 쉼터에서 비박하기로 했다. 오늘은 이곳 마이산까지 못 올 줄 알았는데 정신없이 속도를 내다보니 상상 외로 많이 걸어 이곳까지 왔다. 덕분에 다리가 아프다. 온몸이 피곤하고 나른해 정말 죽을 맛이다. 다시는 이렇게 많이 걷지 말아야겠다. 다리를 위해서⋯.

10월18일 금요일·비

일찍 주차장 화장실에서 오래간만에 머리 감고 이도 닦은 후 서쪽의 암마이산(685m)과 동쪽의 숫마이산(678m)사이에 공사 중인 계단을 지나 은수사에 배낭을 내려놓고 주변을 돌아다녔다. 1/25,000지도에 표기된 산높이와 달리 이곳 안내판에는 암마이봉 673미터와 숫마이봉 667미터로 표시되어 있고 신라 때는 서다산, 고려 때 용출봉, 조선 초기에는 속금산으로 불렸으나 조선 태종 때 진안읍 성묘산에서 제사를 지내다 바라보니 말귀와 꼭 닮았다하여 마이산이라 부르게 되었다고 한다. 또한 마이산은 전라북도 기념물 제66호로 지정되었 으

이갑룡 처사가 25세에 마이산에 들어와 쌓기 시작한 마이산탑

며 1979년 10월에 도립공원으로 지정되었다.

은수사 앞에는 1984년부터 '진안 군민의 날' 의 전야인 10월11
일에 산제를 지내온 터이며 「조선왕조실록」의 기록에 근거하여 1990
년 진안군에 의해 복원되었다는 마이산 제단이 있다. 이곳 주변에는
약수터가 몇 군데 있지만 물이 뿌옇게 보여 별로 마시고 싶지 않다. 탑
사를 구경하려고 조금 아래로 내려오니, 1885년경 이갑룡 처사가 25
세에 마이산에 들어와 솔잎으로 생식을 하며 수도를 하던 중 신의 계
시를 받아 천지 음양 이치와 팔진도법을 적용하여 30여년에 걸쳐 전
국 각지 명산의 자연석을 갖다 수많은 탑을 쌓았단다.

마이산탑이 신비함과 오묘함을 간직한 채 관광객의 관심을 끌고 있
으며 전라북도 기념물 제35호로 지정되어 있기도 하다. 또다시 내가
가야할 길을 찾아 8시 은수사에서 숫마이산 오른쪽으로 돌아 능선에
오르니 길이 뚜렷하다.

그러나 갈림길이 너무 여러 갈래고 낮은 야산지역이라 길을 잘못 들어 30번 국도가 있는 가림리 고개에서 가림초등학교 방향 약 500미터 아래로 내려서고 말았다. 다시 고개로 올라 엄청난 잡목숲을 뚫고 나가도 도저히 진행이 되질 않아 곤혹스럽다. 결국 배낭무게를 줄이기 위해 식수까지 모두 버렸다. 길이 전혀 없고 잡목도 꽉 들어찼으며 조림지역에서도 잡목이 계속 괴롭히더니 지도에 없는 아스팔트로 포장된 좁은 고개가 나왔다. 그리고 바로 조림지역이며 군데군데 잡목이 심하고 갈 수록 나무는 빈 공간을 남겨두지 않는다.

11시가 약간 넘어 어렵게 비포장인 옥산동 고개에 도착하니 오른쪽 아래 남쪽 약 5분 거리에 민가가 있다. 새로 집을 짓는 곳이 있어 그곳에서 물을 얻어 올라오다 발밑에 100원 짜리 동전이 여러 개 보여 모두 주워보니 800원이나 되었다. 정말 신나는 일이라 계속 땅 밑을 두리번거리며 고개로 올라왔다. 온몸에 기운이 쭉 빠져 걱정이다. 잠시 앉아 쉬며 간식을 먹은 후 밭을 지나 새로 만든 묘지를 지나 또 잡목이 심하더니 곧 선명한 길이 열려 12시쯤 709.9봉에 도착했다. 1시쯤 비가 내리기 시작해 큰일이다. 비 맞으며 운행하기는 정말 싫은데. 다행히 얼마 안 내리고 숲만 적시고 그쳤다.

오래되어 잡목에 묻힌 임도를 지날 때 나뭇가지에 바지가 걸려 한 뼘이나 찢어졌다. 2시 조금 넘은 시간에 드디어 성수산 1,059.2봉에 오르니 흐린 날씨에도 굉장히 멋있고 웅장하다. 주변 산봉우리들은 운해와 어울려 장관을 이루고 있다. 또한 바로 밑으로 보이는 상미치 고개 주변은 고랭지 채소밭이 굉장히 넓게 펼쳐졌다

성수산 정상에서 조금 전에 찢어진 바지를 꿰매는데 비온 후라 무척 추웠다. 곧 약초밭이 나오고 고랭지 채소단지가 나왔는데 이곳 약초는 처음보는 생소한 식물이었다. 무성한 약초밭을 지나 봉우리를 한 번

왜 오소리는 죽어야 했는가?

넘으니 비포장고개인 신광치에 먼저보다 더 큰 채소단지가 있었다. 중간에 보온 덮개로 만든 움막이 있어서 그곳에 배낭을 풀었다.이제 겨우 4시 조금 넘었지만 이것으로 오늘 운행은 끝내기로 했다.

이런 움막은 채소밭에서 일하는 사람들의 휴식공간으로 밥도 해먹고 농기구 등을 보관하기도 한다.

와룡리 방향으로 조금 내려가니 민가 두 채가 있었는데 첫번째 집에 들르니 남편은 고추밭에서 일하고 부인은 밥을 짓기 위해 쌀을 씻고 있었다 아주머니에게 물을 얻고 이곳에 많은 약초에 대해 물어보니 서울에서 땅두릅이라고 파는 것으로 봄에 싹이 나오면 두릅과 모양이 똑같고 맛도 거의 같다고 한다. 이곳 채소밭은 모두 버려져 있다. 올해 채소값이 너무 폭락하여 그렇다고 한다. 또 버려진 무밭의 무는 거름도 안되기 때문에 모두 뽑아 버려야 한다고 한다.

왜 우리의 농민들은 늘 이렇게 어려운 삶을 살아야 하는지 가슴이 답답하고 메어지는 듯하다. 다시 움막에 올라오는데 까마귀 두 마리가 "깍깍" 거리며 기분 나쁘게 울어댄다. 무슨 일인가 가까이 가보니 큰 오소리가 길 옆에 죽어있었다. 제법 큰 오소리였는데 왜 죽었는지 알 수 없다. 아주머니가 움막 안에서 밥을 하는데 빗방울이 가끔 날리곤 한다. 주변의 버려진 무밭에서 무를 하나 뽑아 깎아 먹어보니 정말 맛이 있다.

바지는 이번 산행을 위해 새 것을 준비했었는데 여러 군데가 찢어졌다. 정말 아깝다. 이제 쌀은 이틀치 정도 남고 인스턴트 식품인 수프와 죽 등 몇 가지는 그대로 있다. 정말 어이가 없다. 처음 준비한 식량을 결국 끝까지 사용하게 될 것 같다. 밥과 간식 등을 자주 사먹어서 그렇게 됐다. 이제 3일이면 금남정맥 종주가 끝날 것 같다. 이제 이 고생도 끝났구나 하는 생각을 하니 흐뭇하기만 하다. 오늘은 제법 훌륭한 건물에서 잠을 잔다. 우아하게….

금남청맥과의 아쉬운 이별

10월19일 토요일·흐리고 갬

움막을 만나 뜻밖에 포근한 잠을 잤다. 눈을 뜨자 마자, 아! 이제 거의 다 왔구나 하는 생각이 제일 먼저 들었다. 오늘은 처음부터 계속 오르막길이다. 그러나 쉬지 않고 계속 밀고 올라간다. 다행히 길이 뚜렷하여 홍두쾌치전에 있는 첫봉우리까지 1시간만에 도착했다. 오늘은 차고개까지 가야 하기 때문에 조금 서두르기로 했다. 그것이 안될 경우 팔공산 1,151봉까지 가야 할 것 같다. 누군가 잘못 붙인 낡은 표지기 하나를 발견한 덕에 잡목을 헤치며 정신없이 헤매다 보니 지금 내가 어디서 무엇을 하는지 한심해졌다. 엉뚱한 곳에서 길을 잃고 만 것이다. 길을 잃고 더덕밭에서 한참을 더덕 캐느라 정신이 없었다. 또다시 길을 찾아 능선을 오르려니 너무나 엄청난 잡목과 덩굴숲이 진행을 방해한다. 걱정이다. 이러다가 차고개는 커녕 서구이치까지만 가도 다행일 것 같다. 결국 정신없이 잡목을 헤치고 길을 찾아 12시쯤 1,114봉에 도착했다.

1,114봉은 경치가 기막히고 전망도 좋아 간식을 먹으며 잠시 쉰 후 오계치로 내려가니 작은 고랭지 채소밭이 나왔다. 대부분 버린 밭이었기에 무를 하나 뽑아 먹으며 배를 채웠다. 너무 고생을 해서 그런지 다리에 이상이 생긴 것 같다. 무릎이 아프며 왼쪽 발목이 시큰거린다. 다리에게 무척 미안한 생각이 든다. 그래도 어쩔 수 없으니 오계치부터

시작되는 억새와 싸리밭을 힘들게 밀며 올라갔다. 능선 대부분이 싸리 잡목과 억새밭으로 도저히 정상적인 운행을 할 수 없을 정도였으나 아래를 살피면 그나마 다행히 잡목 밑으로 길 흔적이 뚜렷했다.

2시 넘어 서구이치에 도착하니 송천리에서 서구이치 고개마루까지 도로가 나 있고 포장도 되었으며 고중대 마을쪽으로는 소로가 이어졌다. 다행히 도로공사를 하면서 절벽이 된 능선 밑에 터진 수맥으로 물이 나와서 보충하였다. 다시 공사가 시작되면 없어질 샘이었다. 이제 물이 충분하니 마음에 여유가 생긴다. 또한 운행속도가 다시 빨라져서 차고개까지 해떨어지기 전에 도착할 수 있을 것 같다. 멀리서 볼 때는 높게만 보이던 팔공산 (1,151m)이 가깝게 느껴진다. 출발하자마자 억새능선에서 둥굴레를 캐는 사람들을 만났다. 요즘은 둥굴레로 차를 끓여마시는 사람들이 많아 이렇게 농가 소득을 올릴 수 있으니 올해처럼 배추 파동이 심할 때는 다소 도움이 될 것 같다. 계속된 싸리 억새 잡목을 헤치고 가려니 정말 무지 열 받는다.

3시35분 팔공산 헬기장에 도착하니 등산객 다섯 사람이 고기와 술을 마시며 나를 옆에 앉으라 하며 같이 들자고 한다. 옆에는 송신소가 있으며 전망이 매우 좋다. 배낭을 내리고 그들과 삼겹살에 술을 한잔씩 했다. 이들은 장수고등학교 서무과 직원들로 퇴근하자마자 이곳으로 왔단다.

그들은 남은 고기를 모두 나에게 준다. 약 한 시간씩이나 놀다보니 4시30분이 넘어가고 있다. 그들과 헤어져 송신소를 지나 내려가려니 송신소에서 겁대가리 없는 발바리가 목이 터져라 짖어대며 달려온다. 한참 내려와 5시쯤 합미성에 닿았다.

합미성은 후백제시대의 석성으로, 할미성이라고도 하며 합미성이란 명칭은 군량을 이곳에 모았다하여 붙여진 것이라 한다. 또한 군사들이 이용할 물을 지하로 급수하였다는 수도관 시설이 지금도 남아 있으며 3킬로미터 떨어진 신무산에 허수아비로 군사를 만들어 적군을 유인하여 무찌르기도 했다고 한다. 하지만 지금 눈에 보이는 것은 잡목 덮인 성터 뿐이었다.

잡목을 헤치고 잠시 내려가니 드디어 포장된 차고개가 나와서 물을 찾아 왼쪽 아래 용계리 방향으로 15분쯤 내려가니 계곡이 나왔다. 주변엔 야영할 만한 터가 있어 텐트를 치고 팔공산에서 얻은 고기를 구워 냄새를 피우니 배가 불러 결국 밥은 못했다. 내일은 라면만 후딱 끓여먹고 빨리 수분령 휴게소에 가서 매식을 하고 간식을 구입 해야겠다. 결국 산행이 끝날 때까지 쌀이 남겠다.

오늘 오후에 운행 속도를 빨리 한 탓에 다리가 무척 아프나. 미안하지만 이틀만 더 버티어다오!

10월20일 일요일·맑음

아, 이제 내일이면 금남정맥 종주가 끝난다. 이제 다 끝났다. 마지막 힘을 내자. 라면을 끓여 먹고 8시에 차고개로 올라와 땅만 보고 무조건 걷다보니 이상한 곳으로 빠지고 말았다. 결국 능선에서 식천리 방향 비포장도로로 내려서서 식수를 다시 보충하고 능선을 향해 다시 올라가기 시작했다. 겨우 능선에 오르니 철망 울타리가 쳐져 있고 잡목이 심해 운행에 어려움이 많고 철망 안은 목장이라 길이 좋다. 그러나 철망 안쪽 가까이 고압철선이 있어 넘지않고 잡목을 헤치며 가려니 정말 열 받는다. 결국 무척 열 받은 상태에서 철망을 뛰어넘어 고압선을 주심해 피하며 신무산을 향했다.

9시30분. 드디어 신무산 896.8에 오르니 사방이 억새와 싸리 잡목으로 길도 전혀 없다. 그러나 삼각점 위로 긴 나무막대와 깃발을 설치하여 삼각점은 쉽게 찾을 수 있었다. 그러나 앞으로 나가야 할 길이 없고 억새 싸리 잡목뿐이니 걱정이 앞선다. 용감하게 억새밭을 마구 밀고 나가려니 힘들다. 다음 봉우리는 묘지가 있어 잠시 쉬고 벌목한 열린 지역을 지나 조림지역으로 들어가려니 또다시 괴롭힌다.

힘들게 잡목을 헤치고 10시30분쯤 수분령에 도착하니 동촌약수터와 길 건너 주유소, 식당, 매점 등이 있다. 일단 만두로 속을 채우고 음료수와 행동식으로 초콜릿 등을 사서 배낭에 넣은 후 서울에 연락해봐야 일요일이라서 모두 산에 가고 없을 테지만 혹시나 하고 전화를 했다. 반갑게도 홍난숙이 전화를 받는다. 컴퓨터를 쓸 일이 있어서 산악회에 나와 있단다.

나는 내일 종주가 끝나니 영취산 밑에 있는 무령고개에 모래 화요일 새벽에 동료들이 도착할 수 있도록 부탁한 후 임도를 따라 다시 산으로 올랐다. 이곳은 능선 따라 길이 선명하지만 부분적으로 잡목이 많다. 이제 급할 것이 없었기에 여유를 부리며 천천히 운행하여 2시25분 사두봉(1,014.8m)에 오르니 옛 봉수대 흔적이 있고 멀리 동쪽으로 봉화산(919.8m)과 월경산 (980.4m), 영취산(1075.6m)을 지나며 덕유산까지 백두대간이 한눈에 들어온다. 잠시 쉰 후 좋은 길을 따라 3시50분 포장도로인 밀목재에 도착해 이것으로 오늘 운행을 마치기로 했다.

밀목재에는 장안산 군립공원 매표소가 있지만 컨테이너에 사람은 없고 바로 근처에 넓은 공터와 작은 물웅덩이가 있다. 그곳에 텐트를 치고 시간이 일러 오전 운행 중 이슬에 젖은 장비를 말렸다. 일찍 운행을 마치니 너무 여유롭다. 드디어 내일이면 심신이 고달픈 이번 장기 산행도 끝이 난다는 생각을 하자 절로 웃음이 나왔다. 이곳까지 오기는 무척 힘들었지만 지금은 막 지리산 종주를 한 것 같은 기분이다.

장안산 군립공원의 밀목재에는 컨테이너매표소와 통제소가 있다

10월21일 월요일·맑음

(종주 마지막날)

　오늘은 드디어 금남정맥 종주 마지막날이다.

　지금껏 느껴보지 못한 여유로운 마음으로 느긋하게 출발했다. 운행
또한 세월이 가거나 말거나 내가 좋아하는 낙엽 밟는 소리를 들으며
가을산행을 즐기고 있다. 길은 뚜렷하지만 잡목이 심한 부분이 계속
나온다. 그러나 이러한 잡목이 더 이상 나를 괴롭히는 존재가 되질 못
했다. 아니 내가 그렇게 느끼기엔 너무나 여유있는, 무엇이든 포용할
수 있는 넓은 마음이 생겼기 때문이다. 가을산행은 너무나 운치가 있
다. 바람에 우수수 떨어지는 낙엽, 앙상한 가지만이 보이는 나무 위로
파란 하늘이 보이고 커다란 나무둥치 밑으로 낙엽이 수북히 쌓인 부드
러운 능선, 가을색 낙엽은 소리를 내며 힘없이 바람이 미는 데로 굴러
간다. 낙엽 밟는 소리를 듣고 싶어 낙엽이 수북한 곳으로만 걸으려는

이 마음은 아마도 가을과 함께 금남정맥과 이별할 이 시간을 무척이나 아쉬워하고 있는지도 모르겠다.

947.9봉에 오르니 덕유산이 더욱 또렷이 보인다. 지난 추석 연휴에 동료들과 왔던 곳, 벌써 한달 전이라니…. 1시 넘어 드디어 금남호남정맥의 최고봉인 장안산(1,236.9m)에 도착하니 헬기장과 장안산임을 알리는 낡은 표지판이 나를 반긴다. 바로 앞에 영취산이 보인다. 그 밑으로 무령고개가 빨리 내려오라 손짓하는 듯해 이리저리 휘어져 내려가고 있다. 긴장이 풀려서일까 온몸엔 기운이 없고 걷는 것이 귀찮아 진다. 그러나 천천히 천천히 발걸음을 옮긴다. 넓고 좋은 길을 따라 무령고개에 도착하여 잠시 쉰 후 가파른 비탈을 올라 드디어 종착지이며 백두대간과 만나는 영취산 정상 1,075.6미터에 올랐다.

이상기온으로 가장 무더웠던 1994년 여름 외로움을 견디며 지났던 곳. 그때는 잡목이 무성하였는데 지금은 길이 좋다. 그동안 많은 백두대간 종주자들이 지나갔다는 증거일 것이다. 또한 정상에는 거인산악회에서 설치한 백두대간의 영취산이며 금남호남정맥으로 갈라지는 지점임을 알리는 표지목이 서있다. 이 표지목을 보니 거인산악회의 이구 등반대장이 생각났다. 평소 산행답사를 같이 다니기도 하며 나에게 많은 것을 가르쳐 주기도 했던 좋은 선배였기 때문이다.

이제 더 이상 움직일 수 없을 만큼 지쳤으나 다시 무령고개로 내려와 지지리 방향으로 200미터쯤 내려가다 물줄기가 발견되어 물을 길었다. 무령으로 인해 잘려진 능선 끝에 산불감시초소가 있어 그곳에서 배낭을 풀고 기운이 없어 잠시 쪼그리고 앉았다. 긴장이 풀리며 그 동안 쌓인 피로가 한꺼번에 몰려와 자신의 몸을 제대로 움직일 수 없을 만큼 지쳐버려 이런 경우가 발생하기도 한다. 평소 청심환의 효력이 궁금했던 터라 청심환 한 알을 먹은 후 웅크려 누웠다. 잠시 후 약기운

드디어 종착지인 영취산에 도착

때문인지 아니면 잠시 누워 쉰 덕인지 정신을 차려 마지막 한줌의 쌀
로 밥을 짓고 누워서 산불감시초소의 유리창 밖으로 별과 달을 보며
그리운 동료들을 생각한다.

새벽에 동료들이 올 수 있을까. 전화가 없으니 답답하기만 하다. 어
찌되었든 이것으로 잃어버린 조국의 산줄기를 찾아 민족정기를 회복
하려는 첫번째 산행을 무사히 끝냈다. 첫날부터 지독한 잡목에 옷이
찢어지고 살이 찢기는 등 무척 힘들고 외로웠지만 조국의 자존심을 회
복하며 민족정기를 이어가고자 노력했다. 그러나 여유로운 마음으로
우리의 참모습을 보고 배우며 알리려 했던 처음의 계획과는 달리 너무
힘든 나머지 가능하년 이렇게 힘든 산행을 빨리 끝내려 했으며 여유로
움 보다는 늘 조급함이 앞섰던 것이 못내 아쉽다. 이렇게 아쉬움을 남
길 것 같았으면 좀더 여유로운 마음으로 금남정맥 종주에 임하였을 것

을…. 아직은 산꾼으로서의 경력이 짧은 탓도 있으리라. 앞으로 내가 추구하는 산행방법과 목적이 원하는 대로 이루어지도록 노력해야겠다. 이번 일은 나 개인의 과제가 아니며 나 혼자만의 힘으로 해낸 것이 아닌 우리 모두의 과제이며 주변의 모든 분들의 격려와 아낌없는 도움으로 가능했었다. 그 모든 분들에게 진심으로 깊이 감사드린다. 오늘 밤은 반달인데도 무척 밝다.

10월 22일(종주를 마치고)

22일 새벽에 자동차소리에 눈이 뜨여 무령고개를 내려다보니 승용차 한 대가 올라와 클락슨을 크게 울리고는 다시 내려갔다. 나는 랜턴을 꺼내 자동차를 향해 비추니 그들은 불빛을 보았는지 다시 올라온다. 분명 김윤홍 선배의 차라고 생각하고 짐을 꾸리기 시작했다. 그런데 동료들은 춥다는 이유로 차창 밖으로 내려오라 소리만 지를 뿐이다. 우선 차 있는 곳으로 내려가 동료들과 만났다. 역시 김윤홍 선배가 차를 몰고 왔고 이경훈 등반대장과 후배 정종휘, 그리고 허선미 씨도 내려왔다. 아직 해도 뜨지 않은 상태라서 새벽공기가 쌀쌀하고 바람이 세차게 불어 30분이면 다녀올 영취산 정상에서 기념촬영을 하자고 해도 모두 춥고 피곤하다며 차안에서 죽치고 있을 뿐이다. 할 수 없이 무령고개에서 기념촬영을 한 후 동료들은 운전석을 비우며 "우리는 이곳까지 내려오느라 피곤하니까 이제부터는 네가 운전해", "이런 원수들…"

결국 서울까지 내가 운전하며 올라왔으니…. 그럼 뭐하러 내려왔냐고 핀잔을 주어도 모두 낄낄대며 잠 자는 척 하는 동료들…. 어찌되었던 나는 이런 동료들이 너무 좋다. 그리고 너무 고맙다.

86

호남정맥

등반내용

대상지 : 호남정맥<전라남도 광양 백운산(1,217.8m)−전라북도 진
      안 주화산>, 도상거리 약 400.8km

기간 : 1998년 4월 25∼9월 24일 (39일)

방식 : 호남정맥 구간 단독종주

대원 : 길춘일

일러두기: 호남정맥은 특별히 내세울 만한 유명한 산이 예상 외로 많
      지 않으며 대부분 길도 없는 잡목숲이다보니 보고서 내용
      또한 늘 같은 내용의 반복이 될 수밖에 없어 지루한 감을 느
      끼게된다. 하지만 호남정맥 종주를 계획하는 산악인들에게
      는 큰 도움이 될 현지 상황을 많이 넣었다. 지루한 내용을
      조금이나마 줄이기 위해, 차기 종주자로서 굳이 필요하지
      않은 부분과 운행시간 등을 상당량 삭제했다. 운행시간은
      매우 중요하지만 길도 없는 잡목숲에서는 정상적인 운행을
      할 수 없어 별 의미가 없을 것이다. 또한 최근 호남정맥 종주
      를 시작한 산악단체가 많아 곧 훌륭한 보고서가 나올 것으
      로 예상된다.

호남정맥 : 호남정맥이란 금남정맥과 금남호남정맥이 만나는 전라북
      도 진안 주화산으로부터, 호남지역을 가르며 전라남도 광양
      백운산에 이르는 호남지역의 가장 큰 산줄기를 말한다.
      호남지역은 국내 최대의 곡창지대로서 주로 평야 지역이라
      는 필자의 막연한 상식을 완전히 무너뜨리고, 그동안 우리
      땅에 대해 너무 무지했었다는 생각을 새롭게 하게 되었다.

호남땅에도 엄청난 산간지역이 많다는 것을 알 수 있었으며 산간오지 마을도 많고 아직은 어느 고장보다도 때묻지 않은 소중한 우리의 인심이 많이 남아 있음을 보았다.

지도일람표

	전주	진안	
정읍	갈담	임실	
담양	순창		
광주	독산	구례	하동
청풍	복내	순천	
장흥	회천		

※광주는 마루금이 지나가지 않으나 꼭 필요한 지도이다.

호남정맥 종주 운행표

이 운행표는 1:50,000 지도에 기준하였으며 이름 모를 고개들은 인근 지명을 인용하였다. 운행거리는 실제 운행 거리가 아닌 호남정맥 능선만을 측정한 도상거리로서 약간의 오차가 있을 수 있다.

날 짜	등 반 코 스	도상거리(km)
98/4.25	백운산(1,217.8m)-한재-도솔봉(1,120m)-1,123.4봉-형제봉(861.3m)-월출재	11
26	월출재-859.9봉-미사치-갓꼬리봉(689m)-508.2봉-봉암산(476.2m)-송치(솔재휴게소)	16
27	송치(솔재휴게소)-바랑산(619.6m)-문유산(688m)-노고치-413.2봉-닭재고개	14
28	닭재고개-유치산(530.2m)-오성산(606.2m)-접치육교-조계산(884.3m)-장막골	9.5
29	장막골-굴목치-705.7봉-고동산(709.4m)-고동치-510.5봉-빈계재	10.5
5. 07	빈계재-백이산(584.3m)-석거리재-485.5봉-주랫재-존제산(703.8m)-모암고개	13.5
08	모임고개-571.1봉-부남이재-주월산(558)-배거리재-이드리재-방장산(535.9.m)-335.5봉-오도치	11.7
09	오도치-346봉-314.6봉-그럭재-417봉-봉화산(47-411.1봉-봇재	15.5
21	봇재-활성산-222봉-413-일림산(626.8m)- 664.2봉 골치-561.7봉-사자산 안부	13
22	사자산 안부-사자산(666m)-곰재-제암산(778.5봉)-682봉-시목치(감나무재)	8.5
23	시목치-338.6봉-305봉-용두산(551m)-금장재-513봉-피재	12.2
24	피재-가지산(509.9m)-장고목재-삼계산(503.9m)-깃대봉(448m)-국사봉(499.1m)-웅치	12
25	웅치-봉이산(505.8m)-숫개봉(496m)-군치산(412m)-큰덕골재	9
26	큰덕골재-397.4봉-고비산-가위재-추동재-봉화산(465.3m)-예재	8
27	예재-523봉-계당산(580.2m)-개기재	9
6.11	개기재-468.6봉-두봉산(630.5봉)-촛대봉(522.4m)-성재봉(519m)-노인봉(529.9m)	10.5
6.12	노인봉-태악산(530m)-돗재-천운산(601.6m)-서밧재	10

날 짜	등 반 코 스	도상거리 (km)
98. 6.13	서밧재-구봉산-천왕산(424.2m)-주라치-385.8봉-묘치고개	7
14	묘치고개-593.6봉-오산(687m)-어림고개-어림고개	6
15	-622.8봉-둔병재-안양산(853m)-장불재-무등산(1186.8m)-북산-백남정재-447.7봉-유둔재	16
17	노가리재-468.3봉-국수봉(557.6m)-수양산(591m)-450.9봉-만덕산(575.1m)-방아재	11
7. 9	방아재-연산(505.4m)-과치재-무이산(304.5m)-쾌일산-서흥고개	10.7
14	서흥고개-서암산(450m)-봉이산(235.5m)-88올림픽 고속도로-314.5봉-88올림픽 고속도로-방축고개	9.5
15	방축고개-덕진봉-262.9봉-산성산-571.7봉-강천사 갈림길 공터	8
16	공터-북문-광덕산(583.7m)-510봉-오정자재	7.5
8 .18	오정자재-508.4봉-용추봉-532.7봉-천치재	10.1
19	천치재-390.6봉-710.1봉-추월산-밀재	9.1
20	밀재-520봉-금방동	2.7
10	금방동-도장봉(459m)-대각산(528.1m)-곡두재	10
9 .11	곡두재-백암산-내장산(763.2m)-장군봉-추령	12.5
12	추령-434.9봉-두들재-개운치	8
13	개운치-고당산(639.7m)-굴재-능교리	8
14	능교리-구절재-왕자산(444.4m)-방성골	11
15	방성골-성옥산(388.5m)-묵방산(538m)-초당골	9
16	초당골-293.4봉-오봉산(513.2m)-365	7.2
22	365-520-작은불재-불재-경각산(659.6m)-옥녀봉(578.7m)-쑥재	14
23	쑥재-갈미봉(539.9m)-슬치-박이뫼산(315.8m)-416.2봉-마치윗봉우리	20.2
24	마치윗봉우리-만덕산(761.8m)-조두치-곰치재-모래재-주화산	9.5
총 39일	백 운 산 - 주 화 산	400.8

장비목록

※ 각 구간마다 약간의 변동이 있었음

구 분	품 명	수 량	비 고
막 영	텐트+프라이 침낭 침낭커버 헤드랜턴 건전지 판 초	1조 1 1 1 AM3×4EA AM4×2EA 1	2인용 겨울용, 계절이 바뀌며 여름용으로 교체
취 사	소형가스버너 아답터 EPI 가스 코 펠 시에라 컵 수저 칼	1 1 2~3 2×1벌 1 1조 1	부탄가스도 사용 할 수 있도록 연결하는 기구
의 류	오버트라우저 파일자켓(上) 긴팔 셔츠 반팔 T 긴바지 양말 팬티	1벌 1 1 1 2 3 2	계절에 관계없이 꼭 필요함 계절이 바뀌며 사용 안함 얇은 여름용은 잡목에 잘 찢어짐 얇은 여름용은 잡목에 잘 찢어짐 계절에 관계없이 겨울용 모양말 착용
운 영 구	등산화 배낭 지도1:50.000 시계 콤파스 줄 물주머니 물통	1 1(75ℓ) 16장 1 2 20m 1 2	경등산화, 종주도중 새로 교환함 종주 도중 새로 교환함 7장으로 편집하여 사용 종주 도중 새로 교환함 소형 포함 종주 도중 새로 교환함

구분	품 명	수 량	비 고
기 록	자동카메라 필름 일지 볼펜 매직펜 쌀 즉석찌개	1 2 1 2 2 2~3kg 6~9	 구 간별 상황에 따라 양을 조절함 〃
식 량	육포 김 젓갈 쌈장 미숫가루 기타간식	 500g	 첫구간만 이용 첫구간만 이용 2차 구간부터 이용
의 약 품	종합영양제 1회용 밴드 진통제 청심환 반창고 솜 소독약	20알 10 2	
기 타	핀셋 표지기 수건 스카프 화장지 소형비상랜턴 소형카라비나 가스라이터 반짇고리 공중전화카드	1 200~300 1 1 1롤 1 2 2 1	

들어가기 전에

 유난히 눈 많고 추웠던 지난 겨울. 낙동정맥 종주를 끝으로 현실을 극
복하지 못해 모든 것을 포기했었다.내가 세상을 등지고 왜 이런 일을 해
야 하는지 회의를 느끼며 이제 산을 떠나려 했었다. 그러나 알 수 없는
힘에 의해 또 다시 산으로 던져지고 있다. 집요하게 따라 붙는 알 수 없
는 힘. 어차피 되찾아야 할 산줄기라지만 누가 하긴 할텐데….

 내가 아니라도 누군가 하게 될텐데 왜 그 힘은 집요하게 나를 따라
다니는지 모르겠디. 이미도 나에게 그 일을 요구하고 있는 늣하다.
알 수 없는 힘에 이끌려 다시 한번 민족정기를 회복하기 위해 산으로
돌아왔지만 늘 그렇듯 형편이 현실을 따라주지 않았다.

 나를 다시 산으로 끌어온 정체불명의 그 힘은 끌어들이기만 할뿐
도와주지는 않아 현실을 스스로 극복하기 위해 방법을 찾아야 했다.
고민 끝에 1997년 10월 고산자산악회(현 서울 대간산악회)를 발족
하게 되었다.

 그러나 곧 IMF한파가 몰아쳤고 모든 계획이 불투명하게 되었다. 어
쩌면 또다시 포기해야 할지도 모른다. 알 수 없는 그 힘은 모든 어려운
시련을 요구하고 있는 듯하다. 그것을 모두 겪어야 할 필요가 있는 것
인지 아니면 그 것으로부터 단련되어 다른 세상에서 해야할 일이 있는
지도 모르겠다. 만약 그렇다면 그 일은 무엇인지…

 어찌 되었든 이제 되돌릴 수 없는 멀고도 험한 길을 나서야 한다. 이
제 와서 되돌리기엔 내 가슴 속에 눌러 놓았던 열정이, 그 지독한 열정
이 다시 커져 버렸기 때문이다.

떨치지 못한 미련

4월 25일 토요일·비온 후 갬

　낙동정맥 종주를 먼저 끝낸 지 1년여 만에 벼르던 호남정맥 종주를 떠나게 되었다. 그동안 여러 가지로 형편이 어려워 포기할 수밖에 없었던 정맥 종주. 그러나 '다시는 안하겠다'고 다짐했던 정맥 종주에 대한 미련을 떨치지 못했다. 결국 산악회를 발족하는 등 우여곡절 끝에 드디어 다시 산을 오르게 된 것이다.

　호남정맥 종주를 하기 위하여 전라남도 광양으로 내려왔다. 아침에 광양에 도착해 터미널 주변에서 아침식사를 한 후 9시40분 쯤 동곡리행 버스를 타고 10시10분에 백운사 입구에 내렸다. 지도에는 백운사까지 포장이 된 것으로 표기되어 있었지만 실제는 부분적으로 시멘트 포장이 되어 있었다.

　새벽에 내린 소나기로 백운산(1217.8m)은 짙은 안개에 휩싸여 주변 경치를 제대로 볼 수 없었다. 10시55분, 도로가 끝나는 곳에서 등산로를 따라 10분쯤 오르니 하백운암이 나오고 40분 가량 더 올라가서 상백운암에 도착한다. 큰절일 것으로 생각했던 백운사는 마치 깊은 산 속의 민가와 비슷하다.

　잠시 후 능선에 오르니 헬기장이 나오고 안개 사이로 왼쪽에 백운산 정상이 보인다. 주변에 얼레지꽃이 많이 피어 있어 발걸음을 자주 멈추게 한다. 12시17분, 드디어 호남정맥의 출발지점인 백운산에 도착했다. 정상은 암봉이며 표지석이 서 있다. 안개로 인해 주변 경치를 제

백운산 정상에서 호남정맥 첫출발을 기념하며

대로 볼 수 없는 것이 아쉽다.

　백운산 정상에서 기념사진을 찍고 간식을 먹으며 잠시 쉰 후 뚜렷한 능선의 등로를 따라 1시15분에 비포장 고개인 한재에 도착했다. 주변에는 고사리를 뜯는 사람들이 숲 속을 뒤지고 있고 승용차도 지나가고 있었다. 한재에서 왼쪽 동곡리 방향으로 잠시 내려와 간식을 먹으며 한참을 쉬고 나서 다시 한재로 올랐다.

　한재에서 도솔봉(1,120m)으로 오르는 길은 무척 가파르고 힘겹다. 일반 등산안내 지도에는 따리봉 또는 또아리봉(1,127m)으로 표기되어 있으나 1:50,000지도에는 도솔봉(1,120m)으로 기록 되어 있다. 25분만에 도솔봉에 올랐다. 암봉으로 옆에 헬기장이 있고 남쪽의 동곡리 방향으로 마을이 안개 속에 언뜻 보인다.

　헬기장이 있는 참샘이재를 지나 바로 앞 봉우리에 오르니 다시 헬기장이 나왔다. 가파르고 힘겨운 오르막을 올라 3시 30분, 1,123봉에 오르니 헬기장이 있다. 얼레지꽃을 보며 계속 걸었다.

일반 지도에는 이곳이 도솔봉으로 표기되어 있으나 1:50,000지도에는 높이만 표시되어 있다. '무슨 지도를 이따위로 만들었지!' 조금 더 운행하니 헬기장 주변에 두릅이 군락을 이루고 있었다. 마침 잘됐다. 이럴 줄 알고 쌈장도 준비해 왔는데. 두릅을 먹을 만큼만 따서 챙기고 계속 운행했다. 4시45분, 형제봉(861m)에 도착하니 역시 암봉으로 이루어져 있다. 날씨만 좋으면 주변 경관이 끝내줄텐데 아쉽다. 남쪽 아래 성불골에서 바람 타고 올라오는 안개가 멋지다.

한참 구경하다 조금 더 가니 정상은 저 뒤에 있는데 삼각점이 보인다. 형제봉부터 등로가 희미하더니 거의 등로가 없어졌다. 주변에 있는 고로쇠나무에서 고로쇠 수액 채취 흔적이 보인다. 고로쇠 수액을 채취하고 뒷정리를 하지 않아 주변에 비닐과 호스 등이 버려져 있다. 법으로라도 고로쇠 수액 채취를 못하게 해야지 이러다가 주변 산 속이 온통 비닐과 호스조각으로 뒤덮일 것 같다.

차츰 등로가 뚜렷해지더니 6시쯤 드디어 월출재에 도착했다. 월출재는 비포장이지만 승용차가 다닌 흔적이 분명하다. 아직 날이 밝아 바로 앞 768봉까지 갔다올까 하고 길 건너 숲으로 들어가니 비석 하나가 쓰러져 있었다. 비석에는 1970년 박정희 대통령 때 산업발전과 군 작전을 목적으로 길을 뚫었다고 작은 글씨로 음각되어 있다.

빗방울이 떨어지기 시작했다. 다시 월출재에서 남쪽 아래 봉강면 방향으로 10분쯤 도로를 따라 내려오니 작은 물줄기를 발견할 수 있었다. 주변에 텐트를 치고 아까 채취한 두릅을 끓는 물에 살짝 데쳐서 쌈장과 함께 먹으니 일미였다. '초고추장을 찍어 먹어야 제 맛인데…' 조금 아쉽기도 했다.

주변은 안개로 더욱 자욱하다. 오늘은 몸 상태가 좋아 생각보다 잘 왔는데…. 내일의 등로 상태가 걱정된다. 내일은 송치까지 가야겠다. 호남정맥 종주 첫날이라 그런지 별로 실감이 나지 않는다. 정기산행을 자주 해서 그런가 보다. 주변에 작은 짐승들이 많은지 자주 바스락거리는 소리가 들리고 주변 또한 고요하니 물 흐르는 소리마저 크게 들리고 있다.

4월26일 일요일·맑음

밤새 짙은 안개가 자욱하더니 오늘 아침엔 이슬에 젖은 나뭇잎에서 떨어지는 물방울 소리가 마치 비오는 듯 "후두둑" 떨어진다. 밥을 넉넉히 하여 아침을 먹고 남은 밥으로 김밥을 둘둘 말았다. 8시10분, 짐을 꾸려 어제 내려온 월출재로 올랐다. 길 건너 비석을 지나 768봉에 오르니 헬기장이 있고 더 이상 등로가 없다. 왼쪽으로 지도를 보며 잡목을 뚫고 내려섰다.

다시 아까 올라왔던 월출재 도로와 만났으나 지형이 애매하여 한참을 오르내리며 헤맸다. 할 수 없이 어제 야영했던 곳으로 도로 따라 내려가니 9시30분이나 되었다. '젠장 길 찾느라 1시간 이상이나 헤매는군'. 야영했던 곳에서 바로 아래 임도가 나와 따라 올라가니 헬기장과 묘가 나왔다. 이곳이 호남정맥 주능선이었다.

이미 숲이 우거져서 지형을 파악하기는 힘들지만 호남정맥 주능선은 월출재에 도착하기 전에서 이곳으로 이어지는 듯하다. 뚜렷이 난 등로를 따라 작은 공터인 859.9봉에 도착하였다. 실제 삼각점은 정상에 있었으나 지도에는 정상 조금 지나 있는 것으로 표시되어 있다.

미사치 방향으로 길을 재촉하는데 왼쪽으로 뚜렷하게 능선이 나있다. 독도에 주의해야 했다. 비교적 등로가 선명한 길을 따라갔다. 미사치에 도착하기 전에 고사리 뜯으러온 사람들을 만났고 곧이어 철탑과 헬기장이 나왔다.

11시쯤 미사치에 도착했다. 이곳은 오래된 임도였으나 지금은 잡목으로 뒤덮여 있어 사람만 겨우 걸어다닐 수 있다. 배가 고파 건빵으로 배를 채운 다음 708봉을 올랐다. 등로가 없어 숲 속을 헤치며 가파른 경사를 오르려니 정말 죽을 맛이다. 얼마 후 경치 좋은 암봉에서 잠시 쉬며 주변 경치를 감상한 후 또다시 희미한 등로를 따라 갓꼬리봉(689m)에 도착하니 산불감시초소가 있다.

왼쪽으로 조금 더 높은 곳을 찾아가니 바위 절벽이 나오는데 경치가 대단하다. 우선 목이 말라 죽정치에서 물을 구하기로 하고 남은 물을 실컷 마셨다. 곧 산불감시초소 앞으로 와서 텐트와 젖은 짐을 말리며 아침에 만든 김밥으로 배를 채운 후 짐을 정리하여 다시 출발했다. 계속 능선 왼쪽으로 바위 절벽이 이어지고 경치도 황홀하다.

마당재를 지나 508봉으로 가는 길은 평지에 가깝고 잡목이 심했다. 2시40분, 508봉에 오르니 왼쪽 수리봉 사이 안부에 임도가 뚫려 있고 길쪽으로 굵은 동아줄이 걸려 있다. 508봉 정상에는 등산로라는 이정표가 있는데 508봉이 갈매봉으로 표시되어 있다. 남쪽 아래 승주청소년 수련원에서 설치한 것 같아 보인다.

이곳부터 등로는 일반 등산로 수준으로 잘 나 있어 잠깐만에 죽정치에 도착했다. 지도에는 표기가 안되어 있었지만 죽정치는 승용차도 다닐 만한 비포장 고개로 아까 508과 수리봉 사이의 임도가 이곳과 연결된 것이다.

좀전에 물을 마구 마셨는데 근처에서 물을 구하려면 멀리 가야 할 것 같고 힘도 쭉 빠져 그냥 정맥을 따라 다시 가파른 능선을 올랐다. 이곳에도 청소년 수련원에서 설치한 동아줄이 걸려 있었다. 길이 너무

100

뚜렷하고 평지로 이루어진 봉우리가 너무 넓어 호남정맥 주능선으로 갈라지는 지점을 찾느라 이리저리 헤맸다.

결국 호남정맥 주능선을 찾았으나 이곳부터는 등로가 전혀 없고 잡목이 심해 정신을 바짝 차려야 할 것 같다. 올 가을부터 거인산악회 이구 등반대장이 호남정맥 종주를 할 예정이라 이렇게 길도 없고 잡목이 심한 곳에는 표지기를 많이 붙이며 진행했다.

문득 바지를 내려다보니 진드기가 수없이 붙어 있다. '이런 젠장, 이놈의 진드기 드디어 나타나기 시작했군.' 진행하며 계속 진드기를 털어 내려니 짜증이 난다. 잡목을 헤치며 진행하다보니 묘가 나오고 곧 농암산(476m) 정상에 섰다. 이곳부터 등로는 뚜렷한 편이다.

능선 주변에는 고로쇠 수액을 채취했던 흔적이 많이 보인다. 이곳역시 여기저기 비닐과 호수 등이 버려져 있다. 정말 한심한 인간들이다. 이렇게 온산을 다 훼손만 하다가 더 이상 고로쇠 수액을 채취할 수 없을 만큼 산이 훼손되면 자신의 잘못은 인정하지 않고 무조건 남들만 탓하는 인간들이 이렇게 뒷마무리를 하지 않고 쓰레기를 버린다. 그런 인간들은 고로쇠나무로 비오는 날 먼지 나도록 두들겨 맞아야 정신을 차릴 것이다.

잠시 더 운행하여 병풍산으로 갈라지는 지점에서 주변을 둘러보니 헬기장과 삼각점이 있고 송치 일부가 보이기 시작했다. 이곳에 오기전 전국도로 안내 책자를 보았는데 송치에는 휴게소가 있는 것으로 표시되어 있었다. 오늘은 송치에서 휴게소 신세를 지며 제대로 된 밥을 사먹어야겠다. 특히 음료수를 실컷 사먹어야지.

너무도 뚜렷이 난 훌륭한 등로를 따라 내려오다 비포장 도로와 만났다. 이 도로를 따라 10분 정도 운행하여 솔재휴게소에 도착했다. 휴게소 앞에는 차량이나 사람이 많아야 하는데 아무 것도 없이 썰렁하다.

지도에는 송치로 표시되어 있었는데 휴게소에는 솔재로 나와 있고 사람도 없다. 휴게소 문을 열려고 하니 커다란 세퍼드가 휴게소 안에서 밥값 하느라 마구 짖어 댄다.

문을 열려는 순간 나는 돌아버릴 뻔했다. 휴게소 문이 잠긴 것이다. 이럴 수가. 계속 짖어 대는 커다란 개를 향해 나는 주먹 쥔 손으로 휘두르는 흉내를 내며 "시끄러워 임마! 까불고 있어"하고 소리를 질렀다. 도로 건너 또 한사람이 차를 점검하는 것을 보고 혹시 고개 밑으로 터널이 생기지 않았느냐고 묻자 얼마 전에 터널이 생겼다고 한다. 아뿔사….

고개 밑에 터널이 뚫려 이곳으로 차가 별로 지나다니지 않아 결국 휴게소가 폐업하게 된 것이다. 공중전화조차 없었지만 다행히 수돗물은 잘 나오고 화장실도 열려 있었다. 이곳에서 음료수와 밥을 사먹으려고 큰 기대를 품고 왔는데 이게 뭐람.

실망하여 한참을 서성거리다 핸드폰으로 산악회에 전화하여 솔재 휴게소에 도착하였으며 내일부터는 너무 힘들어서 천천히 운행한다는 등 이곳 상황을 전하고 내일 아침 다시 통화하기로 했다. 핸드폰 배터리를 아끼려고 평소에는 꺼놓고 있으며 하루에 한 번씩 소식을 알려 종주 산행 중 실종사고 등이 발생할 경우를 대비하기로 했다. 호남정맥은 등로가 없는 경우가 많고 잡목이 심해 사고가 날 경우 너무 막막하기 때문이다.

이곳의 수도는 오랫동안 사용을 안해서 그런지 물을 실컷 마시고 나니 속이 느글거렸다. 매운맛이 나는 라면을 끓여 먹고 나니 좀 나아졌다. 역시 한국인은 매운 맛이 최고야….

날이 어두워지자 휴게소 안에 불이 켜졌다. 사람이 있었나보다. 50대쯤 보이는 한 남자가 밖으로 나오자 다가가서 인사하며 휴게소 신세

지려고 왔다가 낭패를 보았다며 음료 자판기라도 켜놓지 그랬냐고 하자 휴게소 안에서 음료수를 구입할 수 있게 해주었다. 아직 식료품이 약간 남아 있다. 다음주부터 야외 식당으로 다시 운영한단다. 콜라 등을 구입하자 남자는 차를 끌고 마을로 내려가고 나는 휴게소 앞에서 비박을 했다. 다행히 휴게소 앞에 불을 켜놓고 가서 주위가 밝으니 일지 쓰기가 좋다.

오늘은 너무 무리하게 운행한 것 같다. 내일부터는 천천히 운행하며 무리하지 말아야겠다. 저놈의 개는 돌아다니며 유리병이 담긴 박스를 넘어뜨려 병을 깨는 등 말썽만 피운다. "짜식. 그래가지고 복날 무사히 넘기겠다, 임마". 아이고 몸이 뻐근하다. 이제 자야겠다.

4월 27일 월요일·맑음

밤새 더워서 혼났다. 침낭이라고는 겨울침낭 하나뿐이어서 어쩔 수 없이 가지고 다니는데 날이 좀더 더워지면 여름용 침낭을 빌려서라도 가지고 다녀야 될 것 같다. 10년 이상 산행 경력에 이렇게 장비가 없는 놈은 아마 나밖에 없을 것이다. 두 개의 배낭도 모두 얻은 것이고 침낭 하나도 그렇고 옷 등…. 텐트는 이미 7, 8년이나 사용한 낡은 것을 백두대간 종주 이후 지금까지 계속 쓰고 있으니 장비업체 사장이 나를 보면 아마 가만두지 않을 것 같다.

주변은 조용하여 분위기가 괜찮았다. 산악회 총무인 허선미와 간단히 통화한 후 8시 30분 길 건너 소각장 앞을 지나 능선을 올랐다. 묘가 계속 나오며 바로 앞 봉우리까지 가파른 오르막에 동아줄이 걸려 있다. 곧 작은 봉우리에서 묘지와 군 참호가 있고 헬기장도 있다. 잠시 후 철탑이 나오고부터 얼레지 군락이 주변을 뒤덮고 있으나 꽃은 이미 지고 열매만 매달렸다. 계속 등로는 뚜렷했다. 바랑산(619m)에 오르니 참호와 산불감시초소가 있고 문은 잠겨 있다. 주변경관이 너무 훌륭하다. 멀리 호남고속도로 일부가 보인다.

한참동안 주변경관을 감상한 후 능선 따라 내려가자 잠시 후 묘지와 낡은 헬기장이 나오고 그 때부터 등로는 최악의 상태가 되고 말았다. 아예 길도 없고 지겨운 잡목이 진행을 방해했으며 나뭇가지 등이 배낭을 잡아당겨 힘이 쭉 빠진다. 또한 송화가루같은 꽃가루 등이 온몸을 뒤덮어 내 꼴이 완전히 노란 분칠을 했다. 배낭도 꽃가루 덕에 노랗게 변했고 땀을 닦으면 꽃가루가 묻어 나왔다. 꽃가루 때문에 숨도 제대로 쉴 수가 없다. '어찌 된 것이 산 속의 공기가 서울시내 공기보다 더 나쁘냐!'

10시 조금 넘어 북쪽 군장마을과 남쪽의 월내마을을 잇는 지도에 없는 넓은 비포장 고개로 나왔다. 차량이 다닌 흔적이 보인다. 오른쪽에서 도로는 삼거리가 되어 내가 가야할 호남정맥 주능선 아래를 따라가고 있다. 잠시 후 다시 만날 것 같다.

한참을 쉰 후 길 건너 능선을 오르기 시작했다. 바로 앞 묘지까지는 길이 뚜렷했지만 묘지를 지나면서부터 길이 끊어졌고 잡목이 심해 죽을 맛이다. 독도는 별 문제가 없지만 잡목이 심해 숲을 헤칠 때마다 꽃가루가 너무 날려 숨도 쉬기 힘들다. 게다가 잡목숲을 지나며 풀독이 오르기 시작하니 정말 지긋지긋하다.

11시15분쯤 또 다시 아까 그 임도와 만났다. 잠시 쉬고 길 건너 문유산(688m)까지 계속 지겨운 잡목에 시달려야 했다. 너무 힘이 들어 온몸이 쑤셨다. '과연 이런 상태로 호남정맥을 종주 할 수 있을까?' 하는 의문이 생기기도 했다. 문유산 정상 직전 작은 봉우리에서 잡목과 억새에 뒤덮인 헬기장을 한바퀴 돌며 길을 찾아 진행하는데 길이 없어서 무척 애매한 곳이다. 호남정맥은 문유산 정상을 왼쪽으로 두고 헬

노고치 목장. 목장 뒤 초지를 따라 노고치로 내려선다.

기장에서 오른쪽 능선으로 잡목 속에 이어지며 잠시 후 묘지를 지나니 작은 봉우리가 나온다. 봉우리에서 내리막길은 철쭉 군락으로 길이 전혀 없었으며 누군가 철쭉나무를 밟고 지나간 흔적만 겨우 찾을 수 있었다. 정말 돌아버릴 지경이다. 이곳은 남쪽지방이라 이미 철쭉이 피었지만 그 아름다움이 나에게는 느껴지지 않는다.

철쭉나무 군락을 헤치며 이리저리 헤매다가 어느 정도 내려오니 또다시 애매한 지형이다. 곧 묘지가 나오는 곳에서 왼쪽으로 진행하여 주능선을 찾아 나아가니 멀리 노고치가 보이기 시작한다. 그러나 노고치에 내려서는 능선은 길이 전혀 없고 지겨운 잡목숲이라 엄청 고생하며 내려오다 보니 목장 초지가 나와 잠시 쉬며 간식으로 고픈 배를 달랬다. 1시50분쯤 목초지를 지나 목장으로 내려오니 큰 개가 여러 마리 매어져 있는데 밥값 하느라고 열심히 짖어 댄다. '짜식 살이 통통하군….'

목장 아주머니에게 물을 얻어 마시고 이곳에도 등산 다니는 사람들이 있는지 여쭈어 보니 가끔 학생들이 지나간다고 했다. '가끔 다니는 산꾼이 있는데 등로는 왜 그 모양이지?' 목장 앞 노고치는 포장된 도로로 왼쪽에는 버스정류소도 있었다. 노고치에서 길 건너 호남정맥 주능선 양쪽으로 길이 있는데 오른쪽 길 입구에서 묘지와 함께 등로가 뚜렷하게 있다.

길 건너 능선을 따라 바로 앞 작은 봉우리 넘어 안부에서 능선 오른쪽 10미터 아래로 작은 계곡이 흘렀다. 등로는 계곡 따라 이어지고 웬 표지기가 계곡길 따라 붙어 있어서 혹시나 하고 따라가니 누군가 표지기를 잘못 붙인 것이다. 뭐하는 표지기인지 모르겠다. 다시 되돌아와 무조건 주능선으로 오르니 길도 전혀 없고 빽빽한 잡목숲이 완전히 돌아버리게 만든다. 쉬엄쉬엄 힘겹게 봉우리에 올라서니 멀리 앞으로 가야 할 봉우리와 그 오른쪽으로 희아산(763m) 등이 시커멓게 버티고 있다. 그리고 왼쪽 멀리 내일 오를 오성산(606m)과 조계산(884m)이 보인다.

잠시 후 잡목을 뚫고 내려서 묘지 앞을 통과해 거의 잡목에 휩싸인 버틀재를 지나 능선을 오르니 바로 앞 봉우리 전에 무지막지한 암릉이 나왔다. 이 놈의 암릉은 완전 절벽으로 무거운 배낭을 메고 릿지 등반을 해야 되는데 정말 죽을 맛이다. 암릉지역 한 군데를 지나면 또 암릉 절벽이 나오고 또 통과하면 또 나오고 완전 초죽음이 되어서야 희아산과 갈라지는 넓은 헬기장으로 된 봉우리에 올랐다.

넓은 헬기장에서 바라보는 주변의 경치가 정말 장관이다. 내일 가야 할 조계산이 더욱 또렷이 보인다. 주변 경치를 감상하다 문득 생각나서 산악회로 전화하니 산악회 내에서 주변 사람들을 잘 챙겨주기로 소문난 한관희 씨가 인수봉에서 암벽등반중 부상당했다는 소식과 어느

106

회사에서 지리산 등반을 안내해 달라는 소식이 있었다. 그리고 거인 산악회 이구 등반대장은 낙동정맥 답사를 떠났다고 했다.

곧 한관희 씨에게 전화를 하여 사고내용을 물으니 선등자 확보를 보다가 선등자가 5~7미터 추락하는통에 너무 충격이 커 손가락이 부러졌으며 추락한 선등자는 다행히 다치지 않았다고 한다. 침착한 성격이 사람 살렸다고 말하며 그래도 그만 하길 다행이라고 하자, 한관희 씨는 그래도 자기가 철저하지 못해 다친 것이라고 말한다. 어찌 되었든 전화 통화하며 쉬다보니 어느덧 1시간이나 보내고 말았다. 벌써 6시다. 이런 맙소사.

최소한 닭재까지 가야 물 구하기가 쉬울 것 같은데 날이 어두워지기 전까지 시간이 허락할지 모르겠다. 서둘러 내려서는데 이곳 역시 완전 절벽에 길도 전혀 없는 잡목이 또 다시 돌아버리게 만든다. 조심하여 절벽을 내려서고 잡목을 헤치며 진행했다. 실수하면 벼랑으로 추락이다. 절벽지대를 지나서부터는 마구 잡목 속을 뛰어 드디어 6시 13분 닭재에 도착했다. 생각보다 무척 빨리 왔다. 길도 없고 위험해서 30분 이상 걸릴 것으로 예상했는데….

고개 양쪽 마을 모두 같은 지명인 유치마을인 관계로 내가 내려간 북쪽의 유치마을은 행정구역 명을 붙여서 목사동면 죽정리 유치마을이라 해야 될 것 같다.

5분쯤 부지런히 내려서니 계곡이 나왔다. 근처에서 야영을 하는데 밤새 이상한 새소리와 바람소리, 물 흐르는 소리 그리고 짐승소리 등이 시끄럽다. 오늘은 무리하지 않게 운행하려 했는데 길이 너무 엉망이라 고생이 많았다.

내일은 조계산까지만 가서 자야겠다. 도립공원인 조계산은 유명한 곳이니까 등로가 뚜렷할 것이고 고생도 덜 하겠지….

4월 28일 화요일·맑음

　느긋하게 출발준비를 하고 닭재에 오르니 8시30분이다. 능선 초입부터 온통 잡목이 가로막고 있다. 걱정이 태산이지만 어쩌랴. 잡목을 헤치며 유치산에 올라 한방이재를 지나 이리저리 헤매며 길을 찾는다. 동쪽 두월리와 서쪽 갈마리를 넘는 고개 전 조림지역에서 작은 두 능선이 갈라지는데 실수로 왼쪽 능선으로 내려섰다. 그러나 다행히 호남정맥 주능선과의 사이에 작은 물줄기가 흐르는 곳에 내려서 곧바로 호남정맥 주능선에 도착했는데 주변 골짜기에서 멧돼지가 "꽥꽥" 거린다. 덫에 걸렸나?

　등로는 계속 잡목으로 메워지고 노란 꽃가루가 날리는 잡목숲을 꽃가루를 뒤집어쓰며 진행하려니 숨이 막히고 체력이 따라주질 않아 미칠 지경이다. 금방 지치고 온몸에 기운이 쭉 빠져서야 두월리와 행정리를 잇는 지도에 표시가 안된 경운기나 겨우 넘어갈 수 있을 것 같아 보이는 농로가 나왔다. 힘들고 배가 고파 배낭을 내리고 한참을 쉬며 건빵을 먹었다. 걱정이다. 이렇게 길도 없고 잡목이 빽빽해 도저히 힘들어 갈 수가 없다. 게다가 덩굴이 배낭을 마구 잡아당겨 더욱 힘이 빠진다.

　11시 오성산(606.2m)을 향해 오르는데 갈수록 잡목이 심하고 길이 전혀 없다. 가파르기는 왜 그리 가파른지 거의 초죽음이다. 가다 쉬고 가다 쉬고 더 이상은 움직일 힘이 없다. 잡목과 조릿대가 빽빽하고 너무 가파르니 이젠 개 거품이 나올 지경이다. 다 올랐다 싶으면 눈앞에 또 봉우리가 기다리고 이번엔 정말 정상이겠지 하면 또 하나의 봉우리가 나타나기를 여러 번.

　12시 30분, 드디어 오성산 정상에 오르니 산불감시초소가 있다. 안을 들여다보니 산불감시원이 이상기온으로 더위에 지친 듯 상의를 풀

선암사와 송광사를 품고 있는 조계산 정상에서의 필자

어혜친 채 낮잠을 자고 있다. 단잠을 자는데 나 때문에 깨울까봐 옆에
서 조용히 잠시 쉬고 바로 앞 헬기장과 묘지를 지나 내려섰다. 처음에
는 길이 뚜렷했으나 호남정맥은 좋은 길을 버리고 또다시 잡목숲으로
들어갔다.

잡목 숲 속을 헤치고 한참을 지루하게 가다보니 1시20분쯤 묘가 나
오고 곧 호남고속도로와 22번 국도가 넘어가는 접치에 도착했다. 지
도와 실제 도로 상황이 너무 달랐다. 지도에 나오는 22번 국도는 호남
고속도로 위를 육교로 건너며 동쪽인 승주읍으로 가고 있지만 실제는
호남고속도로 건너기 전에 삼거리가 있으며 동쪽은 승주읍으로 가고
호남고속도로를 육교로 넘어간 도로는 서쪽 주암면의 접치마을로 향
하고 있다. 또한 동쪽 승주읍 방향의 호남고속도로는 터널로 들어가고
있지만 지도에는 터널표시가 없다. 정말 정신없는 곳이다.

도로 따라 접치 육교를 건너 주변을 살피며 접치마을 쪽으로 300미
터 쯤 걸어가니 길 건너 숲 속에 작은 계곡이 나오고 뚜렷한 등산로가

나왔다. 시간도 그렇고 하여 배낭을 내리고 계곡 물로 라면을 끓여 먹고 주변을 둘러보는데 다리도 풀리고 온몸에 힘이 빠져 주저앉을 것 같았다. 너무 힘들다. 저 놈의 오성산을 넘어 오느라 인간 길춘일 완전히 파김치가 됐다. 특히 올해는 이상기온으로 예년보다 봄이 한 달이나 빠르다고 한다. 요새는 봄이고 뭐고 없이 곧바로 여름이 온다…. 어찌되었든 벌써부터 한여름 더위를 겪어야 하다니 정말 억세게 운이 없는 놈이다.

힘들다보니 쉬는 시간이 길어져 2시50분이 되어서야 계곡 옆 등로 따라 능선으로 오르기 시작했다. 철탑이 나올 때까지 일반등산로처럼 길이 아주 좋았다. 그러나 철탑 지나며 약간 잡목이 나오더니 얼마 후 조릿대 숲이 능선을 뒤덮어 버린다. 이놈의 조릿대는 결국 조계산 주능선까지 빽빽하게 밀집되어 자라고 있다. 4시50분쯤 드디어 조계산 주능선에 오르니 바로 앞에 정상이 보이고 멀리 고동산이 보인다. 조계산 정상 전 안부에서 너무 배가 고파 건빵을 먹으며 한참을 쉬고 5시 30분 드디어 조계산(884.3m) 정상에 올랐다.

조계산은 1979년 12월 도립공원으로 지정되었다. 동쪽으로 백제 성왕 7년(529) 아도화상이 창건한 선암사와, 서쪽은 신라 말 혜린선사가 창건하였다는 송광사를 품에 안은 산으로 많은 사람들이 즐겨 찾는다. 그러나 산세보다는 선암사와 송광사의 유명세 덕으로 더욱 알려지지 않았나 하는 생각이 드는 산이다. 정상에서 보는 경치와 주변 전망이 빼어나지 못했기 때문이다.

조계산 정상에는 표지석과 등산로 안내판이 있다. 정상에서 기념촬영을 한 후 평소 버릇처럼 주변 경치를 조용히 바라보았다. 6시쯤 배바위 지나 조금 내려선 안부에서 고개가 나왔는데 선암사 갈림길이었다. 서쪽 장막골 쪽으로 가까운 물줄기를 찾아 3분 정도 내려서니 훌륭한 계곡이 나왔다. 일단, 한참 쉰 후 계곡 옆에 텐트를 치고 밥도 실컷 먹고 나니 좀 살 것 같다.

내일만 운행하면 이번 구간을 끝내고 집으로 간다는 것이 유일한 희망일 만큼 오늘은 처음부터 잡목과 꽃가루 공격 속에 완전히 찌그러졌다. 계곡 물에 목욕을 하고 싶었으나 희망사항일 뿐 물이 너무 차서 발만 얼른 담궈보고 그냥 잔다. '날은 더운데 이놈의 계곡 물은 왜이리 찬 거야!'

4월 29일 수요일·흐리고 갬

아침 일찍 깼으나 피곤해서 한참을 그냥 누워 있었다. 천천히 출발 준비를 하여 능선에 오르니 8시였다. "오~늘~도~오ー 걷는다 마~는 정처어 없는 이 바아알길…. 젠장!"

굴목치까지는 10분 거리로 길이 아주 훌륭하다. 굴목치에는 이정표가 있고 간이의자도 여러 개 나 있다. 하지만 굴목치부터는 능선에 잡목이 심하고 능선 왼쪽 동쪽 사면으로는 잣나무 조림지역이다. 이 숲으로 이동하니 훨씬 수월하다. 잠시 후 지도에 표시가 안된 승용차도 통행 가능한 비포장 임도가 나온다.

705.7봉에서 산불감시초소가 나왔다. 등로는 계속 잡목이고 특히 싸리잡목이 무척 짜증나게 하고 길도 전혀 없다. 곧 능선 왼쪽으로 잡목에 뒤덮힌 낡은 임도가 보인다. 등로는 계속 잡목에 시달리는 곳이었고 697봉 주변에서 아까 보았던 낡은 임도와 만나 잠시 길을 따라가다 곧 헤어지며 잣나무 조림지역이다. 중간중간 잡목 지대와 낡은 헬기장이 나오고 또다시 지독한 덩굴 잡목이 진행을 방해한다. 잡목을 건드릴 때마다 송화가루 등 꽃가루가 너무 많이 날려 숨을 제대로 쉴 수 없을 정도였다.

10시 40분 고동산(709.4m) 전에 있는 작은 봉우리에 오르니 SK텔레콤 기지국이 있었다. 앞으로 보이는 고동산까지 이어진 능선은 마치 소백산 주능선과 비슷한, 초원 같은 완만한 능선으로 철쭉이 기가 막히게 피어 있다. 소백산 철쭉을 모두 이곳에 옮겨 놓은 듯하다.

고동산 정상에는 안테나와 산불감시초소가 보이고 완만한 능선으로 차량이 다닌 흔적이 보이며 능선 오른쪽 아래로는 시멘트 포장도로가 능선을 따라가고 있다. 고동산 주변의 경치는 정말 오래간만에 보는 기가 막힌 경치였다. 고동산 정상을 향하다 중간에 있는 헬기장에서 건빵으로 고픈 배를 달래며 주변 경관을 카메라에 담았다. 얼마 후 고동산 정상에 오르니 태양열 자가발전 안테나와 문이 굳게 잠긴 산불감시초소가 있는데 초소 안에는 이불과 취사도구들이 있었다.

초소 앞에서 라면을 간단히 끓여 먹고 다시 내 갈 길을 간다. 가야할 능선은 완만하며 차량이 다닌 흔적이 뚜렷하다. 주변에 철쭉이 가득하다. 오른쪽인 서쪽 아래로 목장 건물인 듯한 슬라브 건물이 보였다. 잠시 후 비포장 도로인 고동치에 도착하니 아까 보았던 시멘트 포장도로와 연결된 도로였다.

고개의 도로는 왼쪽으로 넘어갔으며 또 하나의 비포장 도로가 다시 바로 앞 봉우리 뒤로 넘어갔다. 등로는 계속 철쭉밭으로 이어져 헤치고 나아가기가 지겨울 정도였다. 작은 봉우리 넘어 조금 전에 보았던 비포장 도로와 만났다. 잠시 쉰 후 계속 진행하기 시작했다. 등로 상태가 조금 좋아지는가 싶더니 510.5봉이다. 봉우리에 오르니 시간은 12시 30분.

510.5봉에서 우리 산악회와 거인산악회 이구 등반 대장님께 전화하여 오늘로 산행을 끝내고 서울로 올라 갈 것이며 등로 상태는 완전 개판이라 죽을 맛이라고 했다. 등반대장께 이런 등로 상황을 전할 때

고동산, 마치 소백산 주능선을 보는듯 하다.

마다 미안한 생각이 든다. 곧 뒤따라올 예정인데 너무 겁주는 것 아닌
지. 하지만 사실이 그런데. 한참을 쉬고 보니 1시20분이나 되었다. 다
시 자리 털고 일어나 잡목을 뚫고 진행했다. 묘를 하나 지나고부터 더
욱 잡목이 심하다. 빈계재 전 봉우리로 오르는 능선에는 설치한지 얼
마 안돼 보이는 높은 철망 울타리가 있다. 철망 오른쪽으로 주변의 나
무들을 모두 베어 놓아 마치 군부대 경계 철조망 같다. 약간 위험하지
만 좋은 길로 가기 위해 엄청 높은 철망을 무거운 배낭을 멘 채로 조심
스럽고 능숙하게 넘어 갔다. '예전에 과수원으로 서리하러 다닌 실력
을 이제 와서 이렇게 요긴하게 써먹다니. 역시 어릴 땐 과일서리를 많
이 해 봐야 된다니까….'

바로 앞 봉우리에서 철망울타리를 따라 왼쪽으로 진행해야 하는데
임도가 곧장 있어 아무생각 없이 그 길을 따라갔다. 이상하다는 느낌

이 들어 지도와 나침반을 대보니 역시 잘못가고 있었다. 다시 길을 바꿔 철망울타리를 따라 진행했다. 잠시 후 빈계재를 넘어 다니는 자동차 소리가 가까이 들리는 곳에서 다시 철망을 넘었다. 조림지역 속의 잡목을 지나 3시 쯤 포장된 빈계재에 도착했다. 고개 오른쪽 외서면 방향에 서니 길 건너로 민가가 보였다. 집 못미처 길 건너 능선 오른쪽으로 몇십 미터 들어가니 묘지가 있고 그 옆으로 작은 물줄기가 흐른다.

석거리재까지 가려던 계획을 바꿔 오늘은 여기서 산행을 마치고 서울로 올라가기로 했다. 우선 땀과 때와 꽃가루에 범벅이 된 내 몰골을 가지고 차를 탈 수 없으니 묘지 옆 작은 물줄기에서 코펠로 물을 떠 간단히 목욕을 했다. 계곡 물이 무척 차다. "젠장 고추 얼겠네…." 그래도 차 안에서 남에게 피해를 주지 않으려면 목욕을 하고 옷을 갈아입어야 하기 때문에 할 수 없다. 목욕 후 새옷으로 갈아입고 배낭을 복날 개 패듯 마구 두들겨 패서 꽃가루와 찌든 먼지 등을 털어 냈다. 고생했다. 나의 고생 보따리, 나의 배낭아!

지뢰매설 지역

5월7일 목요일·비

  밤 기차로 순천에 오니 새벽 5시40분이다. 밤새 비가 내려 세상이 온통 빗물 투성이다. 길 건너 해장국집에서 해장국 한 그릇을 뚝딱 해치우고 다시 역 앞에서 자판기 커피를 뽑아 마신 후 바로 앞 버스 정류소에서 63번 내면행 버스에 몸과 고생보따리를 싣는다.

  지난번 내려왔던 빈계재에 내리니 비가 와 주변에 안개가 온통 짙게 끼어 있다. '큰일이군 고생 좀 하겠다. 모든 숲이 젖어 있으니 온몸이 모두 젖을 것이고 안개가 짙게 끼어 독도도 안될텐데….'

  호남정맥 능선을 오르기 전 초입에 있는 묘지에서 다시 낡은 옷으로 갈아입었다. 배낭커버가 없어 배낭을 판초로 뒤집어씌운 후 7시 40분, 백이산을 향해 출발했다. 묘하게도 지난 주 이곳에 내려왔을 때 학생이냐고 묻던 아주머니를 오늘 또 같은 자리에서 만났다. 묘한 인연이다. 이런 날씨에 고사리를 뜯고 계신 아주머니는 나를 알아보고는 저번에 왔던 그 학생 아니냐고 묻는다. 학생은 아니지만 그때 그 사람이 맞다고 반갑게 인사를 나눈 후 내 갈 길을 간다. '이 나이에 학생으로 보이다니… 헤헤 역시 물 좋고 산 좋은 곳에 사는 아주머니는 사람 볼줄 알아. 50이 가까워 보이는 나이에도 시력이 여전하시군….'

  잠시 올라가니 만든지 얼마 안돼 보이는 묘가 여러 기 있다. 곧 무지막시한 잡복이 진행을 가로막는다. 빗물에 흠뻑 젖은 잡목숲을 헤치며 짙은 안개 속을 힘겹게 오르니 갑자기 억새능선이 나왔다. 능선 전체가 온통 억새 천지다. 짙은 안개 속의 억새능선, 그리고 죽은 소나무들이 마치 오래된 고목처럼 서 있어 더욱 운치를 살린다. 예전에 산불이 크게 났었나보다. 죽은 소나무들이 불에 타 죽었기 때문이다. 안개 속에 억새능선을 걷는 맛이 일품이다. 날이 밝으면 주변경관이 너무 멋있을 것 같다.

8시25분 드디어 백이산(584.3m) 정상에 도착하니 정상은 넓은 공터로 묘와 삼각점이 있으나 짙은 안개로 주변 경치는 볼 수가 없어 무척 아쉬웠다. 한참 쉬고 남쪽 능선을 따라 진행하다 이상한 느낌이 들어 지도를 꺼내 나침반 방향을 확인한 후에야 서쪽인 우측으로 내려서야 한다는 사실을 깨달았다. 다시 백이산 정상으로 되돌아가려니 힘들어 돌아가시겠다.

백이산 정상에서 다시 좀더 쉬고 서쪽 능선을 잡았다. 능선은 날이 좋으면 빤히 보이는 곳인데 안개 속에 전혀 능선이 없는 것처럼 보이는 지형이다. 정상에서 갑자기 가파른 내리막을 내려서다 능선이 이어지며 곧 잡목과 씨름해야 하는 곳으로 불에 타 시커먼 나무들이 그대로 잡목을 이룬 지역이 나왔다. 주위는 계속 짙은 안개가 시야를 가리고 능선은 온통 비에 젖은 잡목숲이라서 온몸이 빗물에 흠뻑 젖어 버려 내 꼴이 완전히 망가져 버렸다. 첫날부터 혹독하게 당한다.

시야가 좁으니 계속 길을 잃고 다시 되돌아 와서 길을 찾고 또 길을 잃으면 또다시 되돌아오기를 수없이 반복하려니 정말 무지 열받는다. 얼마 후 석거리재 못미처 중간쯤에 있는 임도에 닿았다. 길 주변은 넓은 평지를 이룬 지형이라 헤매고 말았다. 겨우 능선을 바로 잡아 진행하다 얼마 못가 결국 완전히 길을 잃고 석거리재 도로 북쪽 마을로 내려서고 말았다. '정말 못할 짓이로군!' 결국 도로 따라 석거리재에 오르니 웬 주유소?

석거리재에는 생각지도 못한 주유소와 매점 그리고 기사식당 등이

석거리재. 예상치 못한 휴게소가 나를 기쁘게 해 주었다.

들어서있다. 다행히 이곳은 안개가 별로 없어서 석거리재의 전경을 찍으려고 자동카메라를 조작하다 실수로 필름 되감기를 눌러 몇 방 찍지도 않은 필름이 모두 감겨 버렸다. 필름 한 통이 더 있었지만 혹시 나중에 모자랄까봐 매점에서 한 통을 더 구입해 고개 전경을 카메라에 담았다.

주유소 우측 능선으로 올랐다. 초입에 능선 오른쪽으로 과수원이 있으며 또다시 지겨운 잡목숲이 이어지는데 길도 전혀 없는 곳이다. 또다시 계속 길을 잃으며 헤매려니 정말 지겹다. 그래도 다행히 비온 후라 기온이 낮아 쉽게 지치지는 않았다. 길을 잃고 되돌아오기를 여러 번 대전마을 윗능선 쪽에서 갑자기 능선 오른쪽으로 벌목지역이 나왔다. 잠시 이 지역을 빠져 또다시 빽빽한 잡목 숲에서 계속 길을 잃고 헤맨다.

그래도 계속 되돌아오며 호남정맥을 잘도 이어가는 인간 길춘일! 정말 장한 놈인지 미친 짓만 하는 또라이인지 판단이 서지 않는다. 너무 지겨울 때면 도대체 내가 왜 이런 잡목 숲속에 파묻혀 미친 짓을 하는지 스스로 한심하게 느껴지기도 한다. 곧 고랭지 채소밭이 나오고 채소밭을 지나니 이번에는 가시덩굴까지 합세한 지독한 잡목숲이 나온다. 잡목 숲속을 뚫고 가려니 정말 죽을 맛이다. 한참동안 길을 찾아 헤매다가 485.5봉 주변에서 오른쪽 아래로 잘못 내려서고 말았다.

그런데 웬 경운기 길이 발견되어 이 길을 따라 다시 호남정맥 주능선에 오를 수 있었다. 주능선 주변에서 길은 잡목에 메워져 사람만 겨우 다닐 수 있을 정도였다. 이 고개부터 능선으로 길이 뚜렷하여 곧 묘가 나올 것이라 예상했다. 묘가 있으면 그 주변은 등로가 뚜렷하기 때문이다. 잠시 후 역시 예상 대로 잘 생긴 묘 두기가 보인다. 그리고 그 뒤로 또다시 지겨운 잡목이 이어졌다.

1시 45분, 겨우 어렵게 주랫재에 도착하니 도로가 하나 나왔다. 지도에는 비포장으로 표기돼 있었는데 실제는 포장이 되어 있었다. 그리고 길 건너 큰 공터와 그 왼쪽으로 능선 따라 비포장 길이 있었는데 입구에 송신소임을 알리는 팻말과 군사지역임을 알리는 팻말, 그리고 지뢰 매설 지역이라는 안내문이 세워져 있었다. '젠장, 돌아가시겠군!' 이곳을 어떻게 지나가나 고민하다 일단 들어가 보기로 했다. 도로 따라 오르다보니 또다시 지뢰매설 경고문이 세워져 있다.

주능선을 오르니 길도 없고 송신소 건물과 군부대 시설물이 있어 할 수 없이 다시 주랫재로 내려가야 했다. 어찌해야 좋을지 고민하다 핸드폰으로 서울에 전화하여 우리 산악회와 거인 산악회 이구 등반대장님에게 현재 상황을 알린 후 잠시 서성거리는데 마침 부대에서 차량 한 대가 내려온다. 다가가서 이 지역에 대해 물어보니 무조건 민간인은 들어 갈 수 없고 등산로 역시 전혀 없다고 한다. 준법정신이 강한

118

(?) 인간 길춘일, 할 수 없이 마을로 우회하기 위해 깨끗한 옷으로 갈아입고 오른쪽 아래 보성군 가척면으로 걸어 내려갔다. 한참 후 용암 마을에서 주민들에게 물으니 주랫재부터 존제산 전구간이 군부대 지뢰 매설 지역이라 주민들조차 가까이 가지 않는다고 한다. 아이고 맙소사, 전 구간 군부대라니….

마을을 좀 더 내려와 계속 알아봐도 똑같은 대답이다. 비에 젖은 숲을 헤매느라 푹 젖어버린 신발을 신고 도로 위를 걸으니 발이 퉁퉁 불어서 발바닥이 무척 따갑고 아프다. 잠시 후 구멍가게 앞에 앉아 쉬는데 존제산을 뒤덮은 안개가 바람에 잠시 걷히며 존제산 주능선을 따라 설치된 군부대 구조물들이 아주 작게 보였다. 결국 산 전 구간이 군부대인 것을 확인하고 할 수 없이 존제산 넘어 보성군의 기척면 모암마을과 벌교읍 천치리를 연결하는 비포장 고개까지 우회하기로 했다.

하루에 몇 대 다니지 않는다는 버스를 타고 가척리로 나가서 존제산 뒤 모암고개까지 걸어갔다. 길은 계속 시멘트 포장이 되어 있었고 깊은 산골인데도 버스가 하루에 몇 대 들어온다고 한다. 그러나 운이 없는 나는 마을 끝까지 몇 시간을 걸어도 버스는 커녕 지나가는 일반 차량조차 한 대도 만나지 못했다. 젖은 신발을 질퍽질퍽 거리며 길 따라 걸으니 발바닥은 아파왔다. 아픈 발을 이끌고 마지막 마을인 선암리 모암마을에 도착했다. 모암마을에는 군내버스가 차를 돌리는 넓은 공터가 있다. 점점 아파오는 발바닥 때문에 발가락에 힘을 주어 모으며 힘겹게 걸어 모암고갯마루 바로 직전 계곡이 흐르는 길 옆에 배낭을 풀고 쉬었다. 작은 계곡 물도 있으니 그냥 이곳에서 야영하기로 했다. 물집이 생길까봐 걱정하며 신발을 벗고 확인하니 역시 예상 대로 오른쪽 발바닥에 물집이 생기고 말았다. 젠장 내일부터 물집 생긴 발로 산행할 것을 생각하니 끔찍하다.

존제산이 온통 군부대인줄 알았으면 이런 일도 없었을 텐데…. 젖은 잡목숲을 헤치느라 완전 걸레가 다된 옷을 계곡에서 대충 빨아 주변에 널었다. 내일은 날씨가 맑았으면 좋겠다. 그리고 잡목도 그만 나오고 빨래와 신발도 빨리 마르길….

이놈의 산 속엔 벌써 모기가 극성을 부린다. 텐트 안에서 수건을 휘둘러 모기를 잡느라 한참 수선을 떨었다. 날이 어두워지니 고요한 산 속에 작은 계곡 물 흐르는 소리와 잠도 없는 개구리 울음소리만 시끄럽게 들린다.

5월 8일 금요일·흐리고 갬

아침을 먹고 나니 갤로퍼 한 대가 지나간다. 천천히 준비하여 짐을 꾸리고 8시 30분 모암고개로 잠시 올라갔다. 내가 가야할 정맥은 키 작은 잡목지역이라 마치 목장 초지 같아 보인다. 큰 나무도 거의 없는 미끈한 능선이 멀리 펼쳐진다. 고갯마루에서는 정맥능선 오른쪽 약간 아래로 임도가 따라가고 있다. 남쪽으로는 멀리 남해도 보인다. 남쪽 지방으로 갈 때까지 갔다는 증거다.

잠시 경치 구경하고 능선을 오르는데 길이 없다. 곧 임도와 만나고 길은 계속 없지만 그래도 누군가 지나간 희미한 흔적을 찾아 나아간다. 다행히 잡목이 허리 이상 자라지 않아 헤치고 가기가 쉽다.

571봉을 주변쯤에서 뒤를 돌아보니 존제산 정상이 가깝게 보였다.주변에 군 시설물들도 보였으며 군인들의 힘찬소리가 자주 들린다. 존제산 뒤로 어제의 송신소까지 보였다. '젠장, 어제 일을 생각하면….'

571봉을 지나면 능선에는 철쭉과 싸리잡목이 빽빽하게 이어져있었고 가끔은 철늦게 핀 몇몇의 철쭉꽃만이 드문드문 버티고 있다. 주변 경치가 정말 죽인다. 멀리 바다도 보이고…. 613봉에서 진행 방향의

120

초암산(576m)과 호남정맥의 무남이재 갈림길이 있다. 여기서 무남
이재로 내려서는 초입을 찾기가 쉽지 않았다.

지도를 보고 잡목을 헤치며 겨우 갈림길 초입을 찾은 후 뒤에 올 또
다른 종주자를 위해 눈에 잘 띄게 표지기를 달았다. 이곳부터는 무지
막지한 잡목과의 전쟁이 시작되는 곳이기 때문이다.

죽어 쓰러진 나무에 무릎 밑 정강이를 여러 차례 세차게 부딪혔다.
'아파 죽겠네…' 한참 잡목 속을 헤매며 내려오다가 얼마 전에 이장
하느라 파낸 무덤을 지나자 곧 오른쪽으로 뚜렷한 등로가 능선을 따라
이어졌다.

10시15분, 무남이재에 도착하니 비포상 고개로 바람이 무척 사납
게 불어 댄다. '추워죽겠군….' 고개 오른쪽 겸백면 방향으로 몇 십
미터 내려오니 사거리가 있다. 그 옆에 가냘픈 물줄기도 있으나 물을

121

별로 많이 먹지 않아 그냥 지나쳐 다시 고개로 올라왔다. 바람이 세게 부는 고개에서 배낭을 세우고 바람을 피해 그 뒤에 쪼그리고 앉아 담배를 피는데 1톤 트럭이 지나가며 운전수가 수상한 놈 보듯 쳐다본다. 혹시 마을로 내려가서 간첩신고 하는 거 아냐?

잘하면 승용차도 이곳까지 올라올 수 있을 것 같다. 다시 능선으로 올랐으나 길이 전혀 없고 사람 다닌 흔적조차 찾기 힘들었다. 또한 능선 따라 녹슨 철조망이 계속 이어지고 중간중간 임도와 마주쳤다. 주월산 정상이 보이고 아까 보았던 임도와 다시 만났다. 길은 능선을 따라가다 주월산 정상 오른쪽 아래로 돌아갔다.

11시50분, 주월산 정상에 도착하니 표지석이 서 있고 멀리 남으로 고흥 앞바다가 보인다. 날이 맑지 않아서 바다는 선명하게 보이지 않는다. 산 아래로 마을도 보이고 바둑판 같은 논과 밭이 넓게 펼쳐지며 가끔 기차 지나가는 것도 시야에 들어온다. 작게 보이니까 마치 뱀이 기어가는 것 같다. 젖은 옷을 꺼내 말리며 정강이가 너무 아파 바지를 걷어보니 정강이 앞이 퉁퉁 부었고 온통 검붉게 멍이 들어 징그럽게 보일 정도다. 너무 많이 부풀어올라 혹시 뱀에 물린 것 아닐까 하는 두려운 생각이 든다.

지독한 잡목에 계속 부딪치니 감각이 둔해져 뱀이 물어도 못 느낄 것 같았기 때문이다. '될 대로 되라….' 잠시 등로가 뚜렷하더니 서서히 잡목이 심해지고 이드리재 주변에서는 엄청난 잡목 속에서 빠져 나오느라 정말 돌아가실 뻔했다. 묘지는 왜 그리 많은지 계속 나오지만 묘지로 이어진 길이 전혀 도움이 되지 않고 어제 생긴 발바닥의 물집이 계속 신경 쓰이게 한다.

2시30분, 방장산(535.9m)에 도착하니 삼각점과 묘 세기가 폼잡고 있다. 햇볕이 너무 따갑고 날씨도 덥다. 핸드폰으로 거인 산악회 대장게 현재 위치를 알리고 잠시 쉰 후 출발했다. 그러나 헬기장과 묘가 나오며 잡목 속에 묻힌 길을 놓치고 헤매는 등 계속 지독한 잡목숲을 뚫고 진행해야 했다. 정말 미치겠다. 엄청난 잡목을 마구 헤치며 파정치를 지난 후 뚜렷하고 넓은 고개가 나오며 다행히 바로 목장초지가 나와 잠시 편하게 갔다.

잠시 후 335.5봉 전 안부에 묘가 나타나 능선 오른쪽으로 임도가 있는 곳부터 또다시 지겨운 잡목이 이어진다. 또 다시 힘겹게 335.5봉에 오르니 정상의 삼각점은 잡초에 덮여지기 직전이고 큰 구덩이가 있으며 주변은 온통 나무가 무성해 산세를 살필 수가 없다. 이 곳에서 진행 방향의 오른쪽인 북쪽으로 90도 쯤 꺾어 잡목숲을 뚫고 진행하다 결국 길을 잃고 엄청난 잡목숲에 갇혀 무척 고생을 했다. 배낭을 사이에 두고 잡목과 서로 잡아당기는 힘겨운 싸움…. 결국 죽을 힘을 다해 잡목을 헤치고 빠져나와 5시10분 오계치에 도착하니 차들이 쌩쌩 달리고 고개 오른쪽으로는 논과 밭이 가까이 있다. 물집 생긴 발바닥이 너무 아파 절뚝거리며 고개 오른쪽 겸백면 방향으로 100미터 쯤 걸어가니 길 건너 길이 산으로 올라가고 그 주변에서 물 흐르는 소리가 들린다.

물을 충분히 길어 길을 따라 능선에 올랐다. 능선 주변은 온통 묘지 투성이로 길은 묘지를 만들기 위해 만들었던 것 같다. 어찌 되었든 묘지 앞에 텐트를 치고 야영하기로 했다. 세상이 어두워지자 커피 한 잔을 앞에 두고 멀리 민가의 불빛을 감상한다. 그리고 담배 한 대에 코를 찌르는 땀 냄새를 느낀다.

5월9일 토요일·흐리고 비

아침부터 날이 흐리다. 8시30분, 짐을 꾸리고 초반부터 잡목숲으로 들어간다. 심한 잡목을 헤치고 가다 오래된 농로가 나오는데 지금은 사람만 다닐 수 있을 정도로 좁아졌으나 오른쪽은 경운기도 올라올 수 있을 것 같아 보인다. 그 이후 길이 좋았으나 346봉 오르기 전부터 서서히 잡목이 성가시며 묘가 자주 나온다.

10시05분, 346봉에 오르니 온통 잡초와 잡목이 무성하고 정맥 따라 잡목을 헤치며 더듬어 진행하는데 갑자기 TV안테나가 나타났다. 왼쪽 아래에 있는 삼정리 심송마을에서 난청 해소를 위해 설치한 것 같다.

계속 잡목을 헤치며 진행하자 대륙산(440m)과 호남정맥의 그럭재로 가는 갈림길 산 속에서 엉뚱하게 감나무 몇 그루를 만났다. '호남정맥 종주를 가을에 해야 덕을 좀 볼텐데 아쉬움만 쌓이는군…' 이곳은 정맥 주변의 묘지로 가는 길만 뚜렷해 주의해야 한다. 계속 지독한 잡목에 시달리며 진행하다보면 묘가 자주 나온다. 주로 산밑에서 묘지로 곧장 길이 나 있다. 젠장 능선으로 나 있지 않고….

314.6봉의 삼각점은 잡목숲에 거의 묻혀지고 있으며 그럭재를 지나다니는 자동차 소리가 들린다. 다행이다. 담배와 식수도 얼마 안 남았는데 그럭재에서 식수도 구하고 혹시 휴게소가 있으면 담배도 사야겠다. 314.6봉에서 무작정 잡목을 뚫고 내려서니 곧 능선 오른쪽으로 조성한지 얼마 안돼 보이는 감나무밭이 나온다. 과수원 끝나는 지점에서 바로 앞 작은 봉우리까지 엄청난 잡목과 가시 넝쿨을 헤치고 올라가니 그럭재 전경이 한눈에 보인다.

그럭재 전경을 카메라에 담고 또 한번 엄청난 잡목을 헤치고 진행하다 완전히 파김치 되었다. 다시 과수원 방향으로 돌아서 12시30분쯤 민가에 내려섰다. 길을 건너려면 민가 주변의 농로를 따라 도로 밑으로 난 굴다리를 지나야 했다. 이놈의 고개는 휴게소도 없다. 고개 오른

봇재 주변 전경. 호남정맥을 경계로 남쪽은 보성 녹차 재배지였다.

쪽 보성읍 방향으로는 거의 평지로 이루어진 아주 썰렁한 고개다. 그
나마 다행으로 1톤 트럭에서 칡즙을 파는 아저씨가 있어 썰렁한 이곳
분위기를 조금은 달래주었다. 칡즙을 짜내기 위한 기계소리가 너무 커
서 서로 대화 나누기가 힘들었다. 1,000원이나 하는 칡즙 한 컵을 사
서 마시고 식수를 얻어 잠시 쉰 후 다시 능선으로 올랐다.

처음엔 임도가 이어지더니 곧 뚜렷한 등로가 이어졌다. 얼마 후 무
인 송신소가 나오고 305봉 정상은 작은 안테나 시설이 있다. 그곳부터
임도가 능선을 따라 가고 305봉 우측 아래는 좀 더 큰 안테나 시설이
있다. 임도 따라 잠시 운행하니 비포장 고개가 나오고 큰 돌기둥이 있
는데 왜 이런 돌을 세워 놓았는지 알 수 없다. 아마도 곧 이 돌에다 글
씨를 새겨 넣으려나 보다.

한참을 쉬며 건빵을 먹고 다시 출발했다. 처음엔 등로가 뚜렷하더니 서서히 잡목과 전에 산불로 쓰러진 소나무가 진행을 방해한다. 417봉 지나서도 등로가 엉망이더니 잠시 후 낡은 방화선을 지나며 등로 상태가 좋아졌다.

얼마 후 헬기장이 나오고 오른쪽에서 임도가 올라와 바로 앞 봉화산 (475m) 정상까지 이어졌다.

3시10분, 봉화산 정상은 넓은 공터 한쪽으로 옛날에 사용했던 것으로 보이는 낡은 봉수대 흔적이 남아있 고 공터에는 차량바퀴 자국이 있으며 멀리 남해와 섬도 보였다. 앞으로 이어진 정맥 주능선 멀리 송신소인 듯한 시설물들이 보인다. 제발 군부대만 아니길 빈다. 또다시 우회하느라 고생할까봐 걱정이 앞선다. 지도를 펴고 주변 산세를 살피는데 갑자기 비가 내려 서둘러 출발했다.

중간에 잠시 길이 뚜렷한 것 외에는 온통 지독한 잡목 속에서 헤매야 했고 비도 계속 오락가락 한다. 드디어 411.4봉에 도착하니 산불감시초소가 있고 앞으로 017 신세기통신 기지국이 보인다. 그 앞으로 능선 따라 시멘트 포장도로가 이어졌다. 산불감시초소는 온통 쓰레기 천지다. 잠시 쉬고 시멘트 도로를 따라 내려서니 곧 011 한국이동통신 기지국도 나온다. 고개가 나오는 곳에서 도로는 우측 아래로 내려가고 있다.

오늘은 이곳까지 운행하기로 하고 하산을 시작했다. 도로 따라 기계소리가 나는 우측으로 10분쯤 내려오니 산비탈에서 공사가 한창이다. 호화분묘 공사로 포크레인을 동원하여 대리석 계단을 설치하는 등 완전 난장판이다. '재수 없게 못 볼걸 보게되는군. IMF시대에 나라 형편도 어려운데 저렇게 산을 마구 훼손해가며 호화스런 묘를 만들다니…, 돈 쓸 데가 그렇게 없나. 차라리 나 같은 놈이나 도와

주면 잃어버린 산줄기를 찾는데 요긴하게 쓸텐데…'

결국 멀리 떨어져 야영하기 위해 할 수 없이 다시 고개로 올라와 봇재까지 강행하기로 했다. 처음엔 잠시 임도가 이어지고 묘를 지나며 뚜렷한 등로가 이어지더니 갑자기 잡목이 우거져, 진행하는데 무지막지하게 괴롭혔다.

이곳 역시 야산 같은 지형으로 봇재 못미처 오른쪽 아래는 과수원이 있고 작은 조립식 건물이 보였다. 계속 잡목을 헤치고 가니 얼마 후 능선 옆으로 임도를 만날 수 있었다. 지도상에는 봇재까지 능선을 따라 임도가 나 있어 그냥 임도를 따라 진행하기로 했다. 6시10분, 드디어 봇재에 도착했다.

봇재에는 생각지도 않은 주유소와 긴이매점 그리고 엉뚱하게 가요주점까지 있으나 모두 영업을 아직 하지 않고 있다. '담배가 다 떨어졌는데 이게 뭐람.' 잠긴 문을 두드려 주인에게 담배 한 갑 있으면 달라고 하여 다행히 담배문제는 해결했다. 이곳은 한 두 달 후에나 영업을 할거라고 한다. 바로 앞에는 작은 공원과 탑이 있고 길 건너 비탈은 온통 녹차 재배지역이며 웬 건물이 번듯하게 서있다. 오른쪽 보성읍 방향으로 내려와 민가 주변 작은 물줄기를 찾아 찬물로 목욕을 한 후 옷을 갈아입고 집으로 간다. 오늘밤부터 많은 비가 올 거라는 소식을 들었기 때문이다.

찢기고 피흘리며

　보성읍에서 군내버스를 타고 봇재에 내리니 8시 5분이다. 광주에서 보성까지 온통 안개 속이라 은근히 걱정했는데 신기하게도 봇재 주변은 안개가 없어 다행이다. 지난번에는 잡목이 심해 고생 좀 했는데 이번엔 어떨지 걱정이다.

　오른쪽 녹차 재배지에 있는 건물로 가서 식수를 얻으려다 집주인한테 이곳에서 재배한 녹차를 물통에 가득 얻었다. 덕분에 물 대신 몸에 좋은 녹차를 마시게 됐다. 이 건물은 이곳 녹차 재배지 관리실 겸 주택으로 사용한다고 한다. 고맙다고 인사를 하고 잠시 능선에 올라 더욱 비옥한 옥토를 만들어주기 위해 주변 숲 속에 잠시 앉아서 자선사업(?)을 했다.

　8시 50분쯤 능선에 오르니 등로는 어느 정도 뚜렷했으나 곧 임도가 나오고부터 서서히 잡목이 나오기 시작한다. 다행히 신경 쓸 정도는 아니어서 계속 이 정도만 유지해주길 바랐지만 활성산(465.2m) 정상부터는 잡목이 심하다. 지도 확인도 안하고 아무 생각 없이 능선을 따라 진행하다 이상한 생각이 들어 지도를 꺼내 들고 나무 위로 올라가 살펴보니 반대방향으로 가고 있다. 할 수 없이 다시 활성산으로 되돌아가 길을 찾았다. 정상을 지나 좌측으로 이어져야 하는데 실수하여 북쪽을 향해 곧장 갔던 것이다. 다시 초입을 잡아 잡목을 헤치며 가는데 바지 가랑이에 진드기가 붙기 시작했다. '정말 돌아버리겠

128

군' 진드기가 나오기 시작하면 계속 털어 내며 진행해야 되는데 꽤나 신경이 쓰인다.

얼마 후 벌목지역과 함께 임도가 이어진다. 한동안 길을 따르다 삼수마을에 내려서니 지형이 애매하여 논둑을 지나고 밭을 지나게 되어 있다. 또한 대부분 농로를 따라 다니게 되며 분명히 고개여야 할 895번 국도는 지형상 평지에 가까운 이곳에서 고개를 만들지 않고 왼쪽 297봉 주변에서 한치라는 고개를 만들어 뚜렷이 고개를 구별하기 힘들게 되어 있다.

11시쯤 길 건너 능선 초입에서 간식을 먹으며 한참 쉬고 잠시 능선으로 오르니 아주 낡은 임도와 함께 산딸기가 엄청나게 많이 열린 지역이 나왔다. 그냥 갈 수 없어 한참 따먹다가 계속 능선을 오르는데 길이 전혀 없다. 어지간하면 무조건 잡목을 헤치고 오르겠는데 가시 덩굴이 많은 이곳은 잡목 또한 제법 심하다. 한참을 헤메며 고민하다 별 뾰족한 수가 없어 부득불 무조건 잡목을 헤치고 오르기로 했다.

손등에 피가 나고 바지 무릎 부분이 여기저기 찢어지는 등 정말 힘들어서 쓰러질 지경이다. 가시덩굴이 팔을 한번 긁으면 길게 상처가 나며 피가 흘렀고 양손 모두 가시가 많이 박혀 너무 괴롭다. 나뭇가지는 계속 배낭을 잡아 당기니 그럴때마다 다리에 힘이 쭉 빠지는 느낌이다. 썩은 나무 부스러기마저 목뒤를 타고 등으로 들어가니 정말 돌아 버리겠다.

12시 30분 거의 초죽음이 되어서야 413봉에 올랐다. '그런데 이건 또 뭐야. 아니, 이런 곳에 왜 이렇게 죽여주는 등산로가 있지? 나는 죽어라고 기를 쓰고 가시덩굴 헤치며 올라왔는데 이놈의 등로는 왼쪽의 한치로부터 오는지 무지 좋은 상태가 아닌가. 분을 삭이고 잠시 쉰 후 좋은 등로 따라 일림산(626.8m) 정상에 오르니 삼각점이 보이고 주변에 헬기장이 있다.

멀리 제암산이 검게 보이고 발밑으로는 바다가 가까이 있다. 사람 목소리가 들려 바로 앞에 헬기장에 가보니 군인들이 헬기장의 잡초를 제거하기 위해 올라온다. 다들 너무 더워서 지쳐 보인다. 올해는 이상 기온으로 예년에 비해 계절이 한 달이나 빠르다고 했다. 하긴 이곳 아랫지방은 4월에 이미 철쭉이 모두 피고 5월초에는 모두 지고 없으니까. 군인들과 얘기 나누며 기념촬영을 한 후 헤어졌다.

잠시 등로가 양호하더니 664.2봉 직전부터 잡목이 무성하여 성가시다. 664.2봉 정상에 오르니 삼각점과 묘가 있고 바다와 산 등 주변 전망이 끝내준다. 덥지만 않으면 좋겠는데 이놈의 온도계는 이미 30도를 넘어서고 말았다. '지금이 5월 맞아?'

664.2봉부터는 길이 전혀 없다. 무조건 잡목을 헤치고 진행하는데 614봉 주변부터는 완전히 잡목속에서 헤엄치는 기분이다. 지독한 잡목이 베낭을 잡아끌고 발을 걸어 넘어뜨리질 않나. 무릎 정강이도 나무 밑둥에 마구 부딪쳐 통증이 심하다. 정말 돌아버리겠다. 이렇게 지독한 잡목은 제발 그만 나왔으면 좋겠다. 지독히 더운데 잡목숲 속에 갇혀 허우적거리니 거의 빈사상태와 다름 없다. 갈수록 너무 지치고 바지가 계속 찢어지고 있다. 멀쩡하던 신발도 구멍이 나고 실밥이 터져 버렸다. 두 팔이 찢어지고 피가 흘러 땀과 뒤범벅이 된다.

너무 지쳐 잡목 속에 주저앉고 말았다. 아무 생각도 할 수 없다. 이젠 더 이상 일어설 힘 조차 없다. 얼마 후 멀리서 기계소리가 희미하게 들린다. 다시 정신을 차렸다. 그리고 그 기계소리를 따라 서서히 몸을 움직였다. 산비탈 아래를 보니 골치 주변 임도 작업을 하고 있는 것 아닌가. 얼마후 포크레인으로 임도 만드는 곳이 나왔다. 골치에서 식수를 보충하기 위해 길을 따라 우측 아래로 2분쯤 내려가니 더욱 뚜렷한 임

일림산에서 664.2봉으로 이어진 능선에서 5월복중 130℃를 만났다.

도와 만나는 지점 우측에 물이 흐르고 있다. 물을 보충하여 다시 골치로 올라갔다. 골치는 옛날에 제법 넓은 고갯길이었던 것 같으나 지금은 잡목에 서서히 메워지고 있다.

원래 오늘은 사자산 주변에서 야영하려고 했는데 잡목 때문에 너무 지치고 시간이 많이 걸려서 어떻게 해야 할지 정말 머리가 아프다. 잠시 고민하다 그냥 강행하기로 했다. 골치 초입은 나무들이 많이 쓰러져 있어 진로를 방해하더니 잠시 후 잡목이 다시 시작되어 길을 잃고 이리저리 헤맨다. 정말 지겨운 잡목이다. 지형도 정말 개떡 같다. 골치에서 그냥 중단할 걸⋯. 지도를 씌운 비닐이 자주 찢어져 배낭에 넣고 무조건 전진이다. 길을 잃으면 지그재그 방식으로 진행하여 다시 찾다 보니 561.7봉 주변부터 등로가 뚜렷하다.

사자산(666m)이 가까와 진다고 느낄 때 능선따라 누군가 나무를 모두 베어 놓아 운행이 수월해졌다. 나뭇가지에 계속 리본이 붙어 있는데 일정한 거리를 표시한 것으로 보아 조림지역으로 지정된 듯 하다. 덕분에 사자산 오르는 일은 수월했다. 7시쯤 사자산 오르기 전에 있는 고개에 닿았다. 이 곳에서 오른쪽 아래로 나무계단이 설치 되어 있다. 너무 힘들어 아무 생각없이 계단 따라 5분쯤 내려오니 계곡이 나왔다. 좋은 야영터를 찾기 위해 힘들었지만 약 10분 내려서자 기가막힌 임도가 나오고 계곡 역시 목욕하기도 아주 좋아 보였다. 그러나 밥 해먹고 텐트를 친 후 막상 목욕하려니 땀이 모두 말라 찬물에 목욕하기가 싫다. 아직 5월이라 낮은 더워도 밤에는 제법 쌀쌀했기 때문이다. 전에는 동계용 큰 침낭을 가지고 다녔다. 침낭이라고는 동계용 단 하나 뿐이었기 때문이다. 그러나 이번엔 산악회 회원에게 가벼운 여름용 침낭을 빌려 왔다. 덕분에 짐도 가벼워지고 부피도 줄었다. 언제 여유가 생기면 나도 여름용 침낭을 구입해야 할 텐데…. 발바닥도 아픈데다 팔에 난 상처와 박힌 가시로 인해 너무 아프다. 가시는 대부분 빼냈지만 몇놈이 잘 안빠진다. 왼쪽 신발도 거의 헤지고 하나뿐인 긴팔 셔츠도 찢어졌으니 큰일이다. 모두 새로 구입하려면… 하늘엔 별도 많고 걱정도 많다. 빨리 자야지.

5월 22일 금요일·맑음

주위가 조용해 잘 잤다.

느긋하게 준비하여 어제 내려온 고개에 올라 한참을 쉰 후 9시에 출발했다. 잠시후 바로 앞에서 꿩이 놀라 도망간다. 사방에서 꺼병이(꿩의 새끼)울음 소리에 발밑을 살피니 발 밑에 작고 귀여운 꺼병이 두마리가 무서워서 움직이지도 못하고 서로 꼭 달라붙어 떨고 있다. 밟을까봐 살짝 옆으로 비켜서 빨리 그 자리를 피해 올라간다. 너무 놀라게

바다가 보이는 제암산 정상에서

해서 새끼들에게 미안했다. 어미 꿩이 새끼들을 보호하려고 전방 약 5
미터 앞에서 일정한 간격을 두고 계속 위로 올라 간다. 나를 새끼들로
부터 멀리 유인하려는 거다. 얼마 후 새끼들과 멀리 떨어져서야 안심
이 되었는지 어미 꿩은 다시 새끼들에게 되돌아 내려갔고 나는 미안한
마음으로 가파른 사자산에 오른다.

　사자산 정상은 암봉으로 바로 앞에 제암산(778.5m)이 보이며 남쪽
으로는 바다가 보였다.주변 경치가 너무 멋지다. 오래간만에 보는 훌
륭한 경치다. 제암산을 향하여 잠시 내려서니 고개에 등산로 안내 푯
말이 있었고 좀 더 진행하니 봉우리에 헬기장과 산불감시초소가 있으
며 곰재에서도 등산로 안내 푯말이 있다.

　11시20분쯤 제암산 정상에 도착하니 정상은 암봉으로 배낭을 내려
놓고 올라야 했다. 릿지 등반으로 정상에 오르니 정상 표지석이 두개

나 있고 멀리 바다가 보인다. 바다를 보는 것도 여기가 마지막일 것이다. 이제부터는 호남의 내륙 깊숙이 파고 들어야 하기 때문이다.

잠시 전망 좋은 주변 경치를 둘러보며 여유를 즐기는데 곰재 방향에서 등산객 20여 명이 떠들며 올라온다. '산에 오르기도 힘들텐데 왜 그리 떠드는지…' 귀찮을 것 같아 서둘러 자리를 피해 조금 더 운행하다 참나무 그늘에서 쉬기로 했다. 간식을 먹으며 멀리 제암산 정상을 보니 등산객들이 정상에서 노래를 부르며 떠들고 난리다.

어제 무리해서인지 몸에 기운이 하나도 없고 무척 고통스러웠는데 이젠 더 이상 운행하기 힘들 정도다. 오늘은 그냥 시목치까지만 가야겠다. 몸이 너무 안 좋아 10분 운행 후 15분 휴식을 반복하다보니 쉬는 시간이 운행시간보다 더 많아졌다. 얼마 후 시목치 직전에 닿으니 일반 등산로는 왼쪽 방향으로 내려가고 있다. 나는 정맥 능선따라 진행했다.

너무 힘들어 한참을 쉬고는 길은 희미하지만 잡목이 별로 없어 운행이 수월한 능선을 지났다. 2시30분. 드디어 시목치에 도착하니 기대했던 휴게소는 없고 길 건너에는 감나무재라 음각되어 있는 표지석만 있다. 주변엔 어린 감나무 몇 그루가 심어져 있는데 감나무 몇 그루 있다고 감나무재라니….

고개 오른쪽으로 길 건너 임도 따라 100미터쯤 들어가니 예전에 버섯재배 하던 곳이 나온다. 배낭을 내려놓고 고민했다. 이제 2시30분 밖에 안됐는데 여기서 오늘 운행을 멈추려니 영 개운치 않다. 더 가자니 몸이 안따라 주고…. 결국 여기서 하루 쉬기로 하고 물주머니만 들고 반선리로 500미터 쯤 가니 기사님식당이라는 반가운 푯말이 보인다. 난 기사님이 아닌데….

그런데 이게 웬 날벼락이람. 식당이 오늘은 영업을 안한다고 한다.

주방 아주머니가 일이 있어 출근을 안했다나…. 좀 더 내려가면 매점이 있다는 식당 주인의 말을 듣고 잠시 더 내려가니 주유소와 식당 그리고 매점이 있다. 우선 공중전화로 산악회에 전화했더니 일요일에는 비가 올 것이라며 힘들면 서울로 올라오란다. 그 말을 뒤로 흘린 채 우선 식당에서 밥부터 먹었다. 그런데 반찬이 무려 20가지나 되었다. '세상에 뭐 이런 식당이 다 있어 이렇게 많은 반찬이 나와 촌놈 놀라서 졸도하면 책임 질거야? 왜 이렇게 좋은거야' 너무 좋아 막 따지고 싶었다.

한참 반찬을 주워먹다가 가끔 밥 한술 뜨니 밥과 반찬의 위치가 뒤바뀐 느낌. 촌놈 밥다운 밥을 먹으니 모든게 신기하다. 식사를 끝낸 후 매점에서 음료수와 담배를 사들고 다시 고개로 올라왔다. 일단 배 부르니 텐트 치고 한숨 때린다. 저녁은 그냥 라면으로 때웠다. 산에서 풀독이 올라 밤새 가려워서 긁다 볼일 다본다. 덕분에 상처만 생기고….

5월 23일 토요일·맑음

어제 초저녁부터 잠을 잔 탓에 밤새 잠이 오지 않아 고생했다. 아침을 넉넉히 하여 점심에 먹을 김밥도 만들었다.

8시에 출발하여 능선에 오르니 소나무를 많이 베어 놓아 운행을 방해한다. 그래도 잡목 사이로 길이 희미하게 있어그런 대로 진행하다 보니 338.6봉에 올랐다.

삼각점은 없고 파낸 흔적뿐이다. 잠시 잡목을 헤치며 진행하니 367봉 주변부터 전망 좋은 암릉이 자주 나오고 마지막 암릉 밑 왼쪽 아래에 만년동에서 세운 TV안테나가 있다. 난청지역인가 보다. 그 앞에서 만년동으로 내려가는 고개가 있고 큰 감나무 한 그루가 감꽃을 많이 피우고 있다.

잠시 뚜렷한 길 따라 바로 앞 봉우리에서 왼쪽 능선으로 진행하며 길을 찾는다. 잡목을 헤치고 내려가니 차도 다닐 수 있는 임도 고개가 나타나 잠시 쉬며 아침에 만든 김밥을 먹는다.

12시. 작은 봉우리 넘어 또 임도가 나왔는데 경운기가 겨우 지나갈 정도이다. 오른쪽 아래로 상방이마을이 가까이 있다. 용두산(551m)을 오르다 문득 바지 가랑이를 보니 진드기가 많이 붙어 있다. 이럴줄 알았어. 산을 자주 다니다보니 이젠 진드기가 많을 것 같은 곳에선 느낌으로 알 수 있다. 털어서 한번에 안 떨어지는 놈은 라이터 불을 갖다대면 톡 하고 터진다. 무지 재미있다. 이놈의 진드기는 계속 털어도 털어도 다른놈들이 자꾸 달라붙는다 '뭐 이런 지역이 다 있어…'

힘들다보니 오후 들어 운행시간보다 쉬는 시간이 더 많아졌다. 어제도 그랬든데… 헬기장이 두번 나오더니 곧 용두산 정상이다. 정상에 삼각점은 없고 풀숲에 장흥군에서 세운 정상 표지석만 쓰러져 있다. 이렇게 길도 없고 잡목뿐인 산꼭대기에 웬 표지석을 설치했었는지 알 수 없다. 식수도 모자라지만 남은 김밥을 먹으며 물 반모금. 잠시 쉬다보니 3시가 다 됐다.

금장재에 도착하니 고개가 뚜렷했다. 그리 많지 않은 잡목을 헤치며 작은 봉우리를 넘으니, 또 임도가 나왔다. 승용차도 지나갈 수 있을 것 같다. 주변에 산딸기가 보여 산딸기를 따먹다보니 20분이나 흘렀다. 산딸기를 먹으니 더욱 갈증이 심하다. 헬기장이 나올때마다 운행시간만큼을 쉬었다. 5시에 513.7봉에 오르니 헬기장이 있다.

헬기장 끝에 삼각점이 있는데 흰 페인트칠을 해 놓았다. 헬기장을 하늘에서 내려다볼 때 잘 보이라고 헬기장 바닥에 깔아놓은 시멘트 블록에 흰 페인트칠을 하는데 페인트가 남아서 삼각점에다 장난을 친 것 같다.

목타게 탓는 휴게소는 없고 피재

드디어 잡목이 심해졌다. 길도 없어 누군가 지나가며 꺾어 놓은 나뭇가지와 발에 밟힌 잡목의 흔적으로 잡목숲을 헤매고 간다. 나도 잡목을 발로 밟아 쓰러뜨리며 힘겹게 진행하다보니 7시나 되어 겨우 피재에 도착할 수 있었다. 정말 힘들어 죽겠다.

피재에도 기대했던 휴게소는 나오지 않았고 길 건너 편엔 돈 꽤나 바른 듯한 묘지만 폼을 잡고 있다. 고개 오른쪽 봉림리 방향 가까이에 민가가 보였지만 조용한 곳을 찾아 고개 왼쪽으로 100미터 쯤 내려오니 길 건너로 농로가 있었다. 농로를 따라 들어가니 이곳 역시 묘지가 여러 기 있고 앞에는 넓은 공터가 있다.공터에 배낭을 풀고 잠시 쉬었다. 물주머니를 들고 식수를 찾아 주변을 돌아다니다 길 건너 바로 앞에 작은 계곡을 발견했다. 눈군가 물이 잘 ㄱ이게끔 손을 본 깃 같다. 이렇게 고개주변에 공터와 계곡이 있으면 늘 행복하다. 낮에 식수를 아끼느라 너무 힘들었는데 드디어 한맺힌 물을 한번에 1리터 쯤 계속

마셔댔다. 날이 약간 어두워 랜턴을 비추니 가재가 놀라서 도망간다. '짜식 내가 잡아먹을 줄 알고...'

어린 시절 산골짜기에서 살 때 집 뒤에 있던 작은 계곡이 생각난다. 밤이면 랜턴을 또 한 손에는 양동이를 들고 가재를 잡으러 계곡을 따라 돌아다녔었지. 가재란 놈은 야행성이라 밤에 활동한다. 낮에는 굴에 숨어 있다가 밤이면 모두 물이 고인 곳으로 나오는데 갑자기 랜턴을 비추면 서로 도망가느라 정신 없던 가재들…. 그러면 재빨리 양동이에 집어 담는다.

찌개를 끓이면 시원한 국물! 그맛을 잊을수 없다. 특히 라면에 넣어 끓이면 국물이 죽여주지. 지금이야 관심밖으로 밀려났지만 시골생활하던 어릴 땐 그 맛이 왜 그리 좋았던지. 어쨌든 오늘은 잡목이 그리 심하지 않아 진행할 만 했다.

5월 24일 일요일·비

8시. 고갯마루에서 능선 따라 농로가 잠시 이어진다. 곧 묘가 나오고 희미한 길 따라 첫 봉우리를 넘어 경치 죽여주는 암릉이 나왔다. 왼쪽 아래 용문리 방향으로 유원지 비슷한 것이 보이고 앞으로는 가지산(509.9m) 주변에 멋진 암봉이 있다. 등로 마저 좋은데다 또 전망 좋은 암릉이 나오니 정말 산행할 맛이 난다.

즐거운 마음에 지도도 확인하지 않고 좋은 길만 따라가다 실수로 가지산 정상 못미처 왼쪽으로 솟아 있는 암봉에 올랐다. 그러나 경치가 너무 좋았기 때문에 아무 생각 없이 한참을 쉬었다.

다시 가지산 정상에 오르니 잡목뿐인 곳으로 전망도 영 꽝이다. 가지산 이후로 잠시 전망이 좋았으나 곧 잡목이 나온다. 젠장 조금 찢어졌던 바지가 더욱 크게 찢어졌다. 12시 30분 장고목재에 도착하니 승

웅치에 구세주 같이 나타난 곰치 휴게소가 있다.

봉차도 지날 만한 임도가 나왔다. 갑자기 빗방울이 하나, 둘 떨어지기 시작한다. 걱정이다. 비오면 길 찾기 어려운데….

1시에 출발하여 잡목이 무성한 산길을 걷자 삼계봉(503.9m) 가까이에서 길이 좋아진다. 삼계봉 정상에 오르니 삼각점은 없고 잡목 투성이라 전망이 형편없었다. 얼마 후 능선 왼쪽으로 산판지역이라 쓰러진 나무 때문에 진행이 어려워 짜증이 났다.

3시30분. 바람재 주변에서 묘와 헬기장이 나오고 깃대봉 우측 아래로는 우회길이 나 있다. 국사봉(449.1m)에 오르니 삼각점은 없고 잡목이 많아 전망을 살필 수 없다. 국사봉에서 내려서는 등로 입구는 조릿대숲에 가려져서 잘 살펴야 했다. 바로 뚜렷한 길 따라 내려가다 느낌이 이상하여 다시 국사봉으로 오르느라 30분이나 허비했다. 바지도 너무 찢어져 버렸다. 근일이다. 다시 호남정맥의 주능선을 바로 잡아 가려니 조릿대가 빽빽하며 길이 없다. 곧 임도가 나오는데 백토재라는 곳인가보다. 너무 오래되어 낡았다. 계속 진행하는데 오늘은 호남정맥 주능선이 시계방향으로 완전히 한 바퀴 도는 지형이다. 방향감각이 둔해진다.

6시50분, 웅치에 도착하기 직전 능선 왼쪽으로 좋은 길을 따라 가니 묘가 나오고 길도 끝이 났다. 다시 능선으로 올라 오른쪽으로 내려서니 웅치다. 고개에는 왼쪽 아래 이목동 방향으로 300미터 거리에 휴게소가 있다는 안내판이 있다. 전혀 예상치못했던 휴게소라 너무 반가워 휴게소를 찾아 잠시 내려가니 주유소와 식당, 매점 그리고 웬 모텔? 다행이다. 이곳에서 저녁을 우아하게 사먹어야지. 덕분에 저녁 지을 필요가 없어 여유를 부린다. 우선 간첩같은 내 몰골을 화장실에 가서 신경 써 다듬었다. 나를 보고 모두 간첩 신고를 하면 안되니까. 그런데 이곳은 음식값이 너무 비싸다. 거의 다른 곳의 두 배 가까이 비싸면서도 양은 적고 반찬이 거의 없다. 그나마 주인 아주머니가 친절하니 다행이다. 백두대간 종주할 때 신풍령휴게소는 음식도 비싼데다 주인 남자가 무지 불친절했었는데….

저녁식사를 끝내니 또 비가 내리기 시작한다. 산악회에 전화하여 위치와 상황설명을 하는데 비가 마구 퍼붓기 시작했다. 비오는데 궁상맞게 야영할 일을 생각하니 정말 귀찮다.

휴게소에서 날이 어두워 질때까지 비오는 것을 바라보다 비가 추춤거리며 오락가락하여 배낭을 메고 좋은 야영지를 찾아 이목동 방향으로 10여분 내려가니 오른쪽으로 시멘트 포장길과 계곡이 나왔다. 길 옆에 텐트를 치고 비에 젖은 양말과 셔츠를 빨아 텐트 위에 올려 놓았다. 비오는데 빨래라니? 마르지는 않겠지만 어차피 비에 젖었으니 그냥 빨아야 했다. 바지는 너무 많이 찢어져서 수선할 방법이 없어 버리기로 했으며 신발도 너무 낡고 재봉선이 터져 이번 산행 후 버리고 새로 구입해야겠다. 얼굴과 손도 상처투성이고 모든 게 엉망이다. 서울

가면 바지와 셔츠 그리고 신발까지 새로 구입해야 하니 큰 걱정이다. 그래도 남방은 덜 찢어졌으니 한 번 더 입어야겠다. 내일부터는 할 수 없이 오버트라우즈(방풍, 방수 바지)를 입고 운행해야겠다. 여벌 바지가 있지만 서울 올라갈 때 단정하게 입고 가야 하니 아낄 수 밖에.

온몸에 풀독이 올라 가려워 밤새도록 긁었다. 잡목이 심하니 풀독을 피할 수 없어 무지 짜증나고 열 받는다. 가려워 미치겠군…

밤새 비가 오락가락 한다.

별이 쏟아지는 밤

5월 25일 월요일·맑음

오늘은 날이 좋아졌다. 숲이 모두 젖었을 테니 큰 덕골재까지만 적
당히 운행하기로 하고 여유를 부렸다. 엉망이 된 손톱을 깎고 손에 박
힌 가시도 뺀 후 웅치휴게소에 올라가 아침을 사먹고 자동판매기에서
커피를 뽑아마시며 담배 한 대를 피워 물었다. 바지가 찢어져 결국 오
버트라우즈(바지)를 입고 비온 후의 휴게소 주변경치를 감상하니 정
말 좋다.

10시 드디어 휴게소 옆 작은 공원을 지나 잡목을 헤치며 능선으로
올랐다. 처음부터 길도 없고 잡목이 심하다. 봉우리에 헬기장이 나와
서 봉이산 정상인 줄 알았는데 바로 앞에 또 봉우리가 있다. 갑자기 길
이 좋아진다. 봉이산(505.8m) 정상에 오르니 삼각점은 없고 헬기장
만 있다. 봉이산 지나며 계속 길이 좋다가 헬기장 하나가 나오고 비탈
을 내려서니 웬 임도가 나온다. 우측지역은 벌목지역으로 임도가 능선
까지만 연결되어 있다. 어제 야영했던 계곡 옆 도로와 연결하려나 보
다. 계속 운행하니 곧 옛 농로가 나왔는데 잡목 속에 묻혀 있다.

1시 쯤 숫개봉(496m)에 오르니 삼각점은 없고 패인 무덤만 있으며
주변은 잡목이 우거져서 전망을 살필 수가 없다. 이곳 지형은 왜 그리
복잡하게 생겼는지 정맥 능선이 이리저리 복잡하게 돌아다녀서 방향
감각이 둔해졌다. 얼마 후 366봉 주변에서 옛 농장터로 보이는 넓은
잡목과 억새 등이 어울린 지역이 나오는 데 사람인지 짐승인지 누군

하룻밤을 보낸 큰덕골재 주변엔 묘지로 이어진 도로가 있다.

가 이리저리 돌아다니며 무지 복잡하게 길을 만들어 정신이 없다. 여기저기 산딸기도 많아 산딸기를 따먹느라고 또 정신이 없다. 올해는 엘니뇨 현상으로 계절이 빠르다보니 벌써 산딸기가 다 익었다.

366봉 이후로는 길이 전혀 없어 잡목속에서 무지하게 헤매며 이리저리 길을 찾아보지만 결국 길이 없어 할 수 없어 무조건 잡목을 뚫고 전진했다. 곧 농로가 나오는 데 너무 오래 방치되어 대부분 잡목에 덮여 버렸다, 농로는 능선 왼쪽으로 가고 난 지겨운 잡목 속으로 간다. 길도 전혀 없고 사람 다닌 흔적조차 없으며 정맥 능선도 지그재그로 이어져 정신이 하나도 없다. 얼마 후 잡목 속에서 내려서는데 암릉이나 온다. 그런데 진짜 열 받게 무릎을 바위에 받아버렸다.

잡목 속에 위험한 암릉을 뚫고 4시 뗏재에 도착하니 엉뚱하게 고개는 없고 잠시 길이 희미하게 나 있다. 봉우리마다 묘지는 왜 그리 많은

지. 잡목 속의 군치산(412m)에도 묘지가 나온다. 지형도 좋지 않은데다 방향 감각이 둔해져 독도와 느낌 아무 것도 통하지 않는다. 전망을 살피기 위해 큰 나무 위를 오르락내리락 하려니 정말 힘들어 혼줄이 난다. 얼마 후 벌목 지역과 임도가 나오고 오른쪽 아래로 멀리 복흥 마을이 보인다.

잠시 더 우회하니 갑자기 오래된 임도가 나오더니 계속 능선을 따라가고 있다. 큰덕골재 일부가 보이며 묘지가 몇 번 보였고 6시 30분쯤 승용차도 통행이 가능한 비포장 큰덕골재에 닿았다. 오늘은 이곳에서 야영하기로 했다. 오늘은 구간을 짧게 잡아 다행이다. 하마터면 큰일 날뻔 했다. 너무 지쳐서 돌아버릴 수가 있었기 때문이다.

잠시 앉아 쉬고 다시 일어서려니 갑자기 무릎에 통증이 온다. 힘 겹게 천천히 일어났다. 아까 돌에 무릎을 부딪친 곳이 잠시 쉬고 다시 움직이려니 너무 아파왔다. 이곳은 지나왔던 능선 밑으로 고개 양쪽 모두 임도가 있고 묘지 입구 임을 알리는 표지석이 있다.

내일 가야 할 능선 위로도 임도가 나 있는 정말 정신없는 고개다. 고개 우측 복흥리 방향으로 10분 정도 내려가니 작은 물이 흐른다. 물을 떠와 고개에서 야영을 한다. 오늘도 신발이 많이 해졌다. 어제 비가 와서 숲이 젖으니 신발이 젖어 발바닥이 몹시 아팠다. 게다가 무릎까지 퉁퉁 부어 약을 바르다보니 문득 내 꼴이 처량하게 느껴진다. 그래도 오늘은 다행히 진드기는 달라붙지 않았다. 내일은 제발 지독한 잡목이 안 나왔으면 좋겠다. 날이 어두워지니 하늘엔 별도 많다.

5월 26일 화요일·맑음

새벽 4시에 깼다. 잠자다 미쳤나보다. 이렇게 일찍 일어나다니…. 텐트 밖으로 하늘을 보니 별이 너무 아름답다. 모든 별들이 너무 밝아 북두칠성조차 구분이 가지 않는다. 다시 잠들고 깨니 7시다. 이곳은 해가 들지 않아 텐트 지붕에서 이슬이 떨어져 침낭이 젖는다. 날이 좋아 텐트 프라이를 안 쳤었다. 텐트와 침낭 등 장비들을 햇볕이 내리쬐는 곳으로 옮기고 식사 후 커피를 마시며 여유를 부린다. 오늘도 잡목을 헤치고 힘든 산행을 할테니 가까운 예재까지만 가야겠다.

9시, 큰덕골재 고갯마루에서 능선을 오르니 방화선이 능선으로 한없이 이어진다. 방화선이라기보다는 임도에 가깝다. 얼마 후 방화선이 끝나기 직전 독이 없는 밀뱀이 방화선 한복판에 길게 엎드려 일광욕을 즐기고 있다. 사람 인기척이 나면 빨리 도망가야지 이게 무슨 배짱이람. 그러나 이젠 백사라면 몰라도 저런 뱀은 취급도 하기 싫다. 곧 방화선이 끝나고 벌목지역이 나왔다

397.4봉에 오르니 삼각점은 없고 잡목만 빽빽하다. 처음엔 방화선을 따라 신나게 왔는데 이젠 계속 잡목에 시달리다 고비산(422m) 정상에 오르니 역시 또 잡목 투성이다. 정말 지겨운 구간이다. 계속 힘겹게 잡목을 헤치고 가다보니 갑자기 작은 봉우리에 넓은 공터가 나왔다. 헬기장도 아닌데 헬기장만한 공터 중간에 소나무도 몇 그루 서있으니 마치 공원같다. 분위기도 죽이고 야영하기 좋은 곳이다. 그러나 이곳 지형이 애매하여 진행 방향에서 좌측이 아닌 우측으로 내려서다 느낌이 이상하여 지도를 보며 키 큰 나무에 올라 지형을 살펴 다시 되돌아와 정맥을 찾아간다.

가위재에 도착하니 묘가 있다. 잡목은 계속 우거져 있고 잡목 속에 메워진 낡은 임도가 능선 오른쪽에서 올라와 잠시 후 없어진다. 더 이상 힘들어서 가기가 싫어져 추동재에서 1시간이나 쉬고 말았다.

갈 수록 잡목은 심해지고 이리저리 헤매며 독도를 하려고 안간힘을 써본다. 444봉에서 또다시 나무 위에 오르내리려니 진짜 죽겠다. 겨

우 제대로 능선을 밟으며 진행하는데 봉화산(484m) 가기 전 안부에 넓고 지독한 잡목지역 안에서 엄청난 더덕밭을 발견했다. 주변이 온통 더덕으로 쫙 깔렸다. 그러나 지금 이런 상황에서 더덕이고 뭐고 신경 쓸 겨를이 없다. 잡목도 그냥 잡목이 아니고 가시 덩굴이 섞인 지독한 잡목으로 팔과 얼굴을 긁으며 배낭을 잡아당기고, 게다가 나무 부스러기들이 목 주변으로 마구 파고드니 오로지 이놈의 지독한 잡목을 빨리 빠져 나가야겠다는 생각뿐이다. 물론 산삼이라도 만나면 좀 상황이 다르겠지….

오래 전에 산불이 났었는지 큰 소나무가 타 죽은 것이 보이고 억새와 잡목이 섞인 속으로 고사리 뜯는 사람들이 다닌 흔적이 사방으로 나 있다. 이놈의 지역은 날파리까지 설쳐대니 눈도 제대로 뜨고 다닐 수 없다. 왜 꼭 눈으로만 들어가려 하는지 모르겠다.

3시45분, 드디어 봉화산 정상에 오르니 잡목은 없고 참나무 한 그루가 서 있어 그늘이 시원했다. 오버트라우즈(바지)를 입고 운행했더니 땀이 찬다. 조금 쉬다 계속 능선을 따르는데 등로가 뚜렷해지고 있다. 곧 465.3봉에 오르니 삼각점이 보이고 그 위에 대나무를 세워 고정시켰다. 길은 계속 뚜렷하지만 잡목에 조금씩 방해를 받았다.

386봉 전에 잡목이 다시 심해져 또 길을 잃고 헤매다 보니 5시20분 드디어 예재에 도착했다. 역시 예상 대로 차는 고개 밑 터널로만 다니고 길 건너에 훌륭한 잔디밭 공원이 있다. 차도 안 다니는 고개의 공원인데도 관리를 무척 잘해 놓았다. 잔디도 깎고, 향나무도 잘 다듬어 놓았다.

잠시 조용한 공원에서 쉬려는데 흰 승용차가 올라오더니 남자 둘이 내려 심각한 대화를 나누고 있다. 내용은 결국 돈 문제로 시작하는데 IMF시대라 그런지 산행 중에도 그런 소릴 들으려니 정말 가슴이 답

봉화산 정상에서

답하다. 혹시 방해가 될까봐 잠시 다른 곳으로 자리를 피해 쉬다가 그
들이 떠나자 다시 공원으로 와서 배낭을 내리고 물을 찾아 고개 왼쪽
화순군 이양면 방향으로 내려갔다. 도중에 산딸기가 많아 정신없이 따
먹는다. 차가 안 다녀 딸기가 지천으로 그냥 나를 기다리고 있었던 것
같다. 한참 내려가서 물을 떠왔다. 이런 고개에 차가 안 다니니 기분이
묘하다. 차 소리는 가까이 들리는데….

　쌀이 다 떨어졌다. 이곳에서 내일 아침까지 먹을 양만 남은 것이다.
어차피 서울 올라가서 할 일도 있고 하니 내일 개기재까지만 운행하고
끝낼까? 아니면 좀더 버티고 운행해볼까. 한참 쉬고 나니 또다시 전에
돌에 부딪친 무릎이 너무 아프다. 계속 움직이면 모르겠는데 쉬고 나
서 움직일 때 통증이 심하다. 오늘은 정말 지독한 잡목에 인간 길춘일
완전히 맛이 갔다.

　할 일을 다 끝내고 나서야 손등에 박힌 가시를 빼느라 정신없다. 얼

굴도 상처투성이고 온몸에 풀독이 올라 밤새 긁적댄다. 이놈의 풀독 정말 지긋지긋하다.

5월 27일 수요일·맑음

역시 예재는 조용하고 아늑하다. 덕분에 하룻밤 잘 잤다. 8시 30분 뚜렷한 등로를 따라 잠시 오르니 능선 왼쪽으로 송신시설이 있다. 곧 헬기장이 나오며 약간의 잡목이 있지만 등로는 뚜렷했다. 능선 오른쪽 아래 학동리에서 무슨 공사를 하는지 기계소리가 요란하다.

9시35분, 378봉 지나 묘지가 나오고부터 서서히 잡목이 나타나더니 길이 희미해지기 시작한다. 묘지 지나 바로 앞 봉우리에서는 우측으로 길을 잘못 들어 고생만 죽도록 했다. 날도 더워 죽겠는데 잡목 때문에 골치가 아프다. 가끔씩 엉뚱하게 등로가 양호한 곳도 있지만 대부분 엉망이다. 너무 덥고 힘들어 쉬는 시간이 너무 길어진다.

12시10분, 523봉에 도착하니 온통 잡목투성이다. 그래도 잠시 쉬며 오늘 개기재까지만 가고 집으로 가야겠다는 생각을 했다. 찜통 더위에 너무 지치니 더 이상 운행할 수 없다. 이젠 내 몸도 서서히 진이 빠지는 것 같다.

다시 출발하는데 이 놈의 잡목은 갈수록 더욱 심해져 도저히 더 이상 걸을 의욕이 생기지 않는다. 그래도 달리 방법이 없으니 어찌 하리요. 지독한 잡목숲을 뚫고 가다보니 이젠 아예 산딸기 가시 덩굴까지 합세를 해 팔과 다리의 옷을 뚫고 찔러대서 정말 죽을 맛이다.

정말 지긋지긋한 지역을 빠져 나오니 2시20분, 드디어 계당산(580. 2m) 정상이다. 바로 앞에 헬기장이 있고 주변은 온통 억새와 잡목뿐이며, 헬기장 바닥의 구조물에 흰 페인트칠을 하고 버린 빈 페인트 깡통만 주변에 굴러 다녔다. 너무 힘들어 헬기장에서 쉬려니 해가 너무 가까이 있는 것처럼 느껴져 완전히 한증막이다. 그래도 너무 힘드니 그냥 제자리에 앉아 쉴 수밖에…. 엘니뇨 현상이 뭐길래 봄이고 뭐고 없이 곧바로 여름이 되었는지 모르겠다.

다시 출발했으나 억새가 잡목에 섞여 무성하게 자라 능선 초입을 찾는데 큰 애를 먹었다. 이 놈의 산은 나하고 무슨 원수가 졌길래 이리도 고생을 시키는지 모르겠다. 온통 잡목 투성이로 괴롭히니 정말 욕만 나온다. 지겨운 잡목을 헤치며 그래도 사람이 지나간 흔적을 더듬어 한참을 지루하게 가다보니 자동차 지나가는 소리가 들린다. 개기재로 차가 넘어 다니나보다. 그럼 한 시간은 걸리겠군….

잡목 숲속을 헤매며 5시40분 개기재에 도착하니 발 아래 멀리 포장된 도로가 보인다 이곳은 산능선을 깊게 잘리네고 도로를 만들었다. 이 정도면 터널을 뚫을 것이지….

절개지 왼쪽으로 포크레인 소리 따라 내려가니 묘지가 나오고 그 앞으로 포크레인이 산을 파헤치고 있었다. 도로에 내려와 길 건너 물 흐르는 것을 발견하고 그 옆에 농로 따라 오르니 밭이 있다. 다음에 내려오면 능선 초입 찾는 시간을 줄이려 미리 능선 초입을 찾아 놓고 다시 고개 건너 복내면 방향으로 잠시 넘어가니 도로 오른쪽은 공사가 한창이다. 그리고 왼쪽으로는 물이 시원스럽게 흘러 다행이라 생각하고 물 주머니에 물을 가득 담아 숲 속에서 샤워를 했다. 그리고 옷을 갈아입으니 갑자기 거지가 양반된 기분이다.

버스를 타고 내려가야지 생각하며 지나가는 주민에게 버스가 자주 있는지 물어보니 하루에 두 번 다닌다나? 아이고 맙소사, 잘못 걸렸군, 결국 지나가는 차를 얻어 타야 했다. 그러나 다시 이곳에 오려면 그땐 어쩌지? 어쩌긴, 다음 일은 머리가 아프니 그때 가서 생각해야지. 운 좋게 지나가는 승용차 얻어 타고 하산.

굵어지는 빗방울

6월11일 목요일·흐림

지난번 내려온 개기재로 가기 위해 화순군 이양면(개기재 가는 길 입구)에서 승용차를 얻어 탔다. 교통편이 무지 나빴던 곳이다. 운전자는 20대 후반쯤으로 보이는데 개기재까지는 안가고 중간에 다른 곳으로 빠진다고 했으나 얘기를 나누다보니 평소 산을 좋아하는데 지금은 이곳 도로공사를 하느라 시간이 없어 가지 못한다며 개기재까지 태워주겠다고 한다. 덕분에 8시30분 개기재에 도착하여 "언젠가 산에서 뵐지도 모르겠네요"라며 차를 돌려 내려간다. 아마 그럴 수 있을 거라 답하며 헤어졌다. 순박한 인상이 너무 좋아 보이는 사람. 깜박하여 이름도 물어보지 못했다.

잠시 주변을 둘러보다 9시에 개기재 절개지 왼쪽 밭으로 올라 능선으로 오른다. 묘지로 이어진 길이 뚜렷해서 잠시 좋아했으나 묘지 지나며 약간의 잡목이 나오더니 468.6봉에 올랐다. 정상의 삼각점은 잡목 속에 메워지기 직전이다. 잠시 운행하니 낡은 임도가 나오는데 호남정맥 능선을 따르고 있었으나 이미 잡목에 뒤덮혀 있었다. 이런 임도가 왜 있나 생각하며 잡목을 헤치고 가는데 곧 길이 끝나는 지점에서 큰 묘가 자리잡고 있다. 묘지 뒤로 잡목을 마구 헤치며 진행해야 겨우 빠져나갈 수 있다.

곧 잡목상태가 약간 누그러지며 등로상태가 양호해지더니 두봉산

(630.5m) 오르기 전에 능선 왼쪽 아래로 더덕밭을 발견하여 이번에
는 정신없이 더덕을 캤다. 제법 더덕이 굵다. 한참을 헤매가며 더덕 캐
느라 11시30분에야 두봉산 정상에 오르니 주변에 잡목이 무성한 낡
은 헬기장이 보인다. 헬기장 옆에서 빵으로 배를 채우고 있는데 웬 벌
레가 배낭에 붙어 있어 살펴보니 왕 진드기다. 맙소사 이놈은 일반 진
드기의 5배 가량 큰 놈으로 처음 보았다. 기념으로 필름통에 잡아 넣으
니 횡재한 기분이다.

두봉산 정상과 헬기장 사이로 잡목을 헤치고 내려가니 등로가 뚜렷
하다. 입구는 잡목에 가려졌는데. 이곳 역시 더덕이 자주 보여 무조건
캐서 배낭에 챙겨 넣으며 나아간다. 1시 20분, 촛대봉(522.4m)정상
에 도착했다. 삼각점은 누군가 파냈는지 빈 구덩이만 있다. 계속 지독
한 잡목이 나와 467.5봉을 지나면서부터는 너무 지쳐 자주 쉬다보니
운행시간과 쉬는 시간이 거의 같아졌다.

오늘은 노인봉(529.9m)까지만 갈 예정이어서 여유를 부리며 천천
히 가기로 했다. 곧 능선에 나무를 베어 놓은 곳이 나타나 진행을 방해
하더니 곧 능선 우측에서 능선까지 임도가 올라 온 곳이 나왔다. 그 이
후로 더욱 많은 나무를 베어 놓아 발이 걸려 넘어지기도 하며 진행하
기 무척 힘들었다. 잡목은 약해지지만 길이 없는 능선을 따라 4시20분
성재봉(519m)에 오르니 '전방 九八' 이라고 표시된 작은 시멘트
구조물이 쓰러져 있다. 잡목 투성이였으나 다행히 남쪽으로 시야가 트
여 지나온 정맥 능선과 임도가 가까이 보였다.

성재봉에서 지독한 잡목을 헤치며 팔과 손이 가시덩굴에 마구 긁혀
무지 아프다. 빨리 노인봉에 올라 지도에 표시된 대로 임도를 따라 내
려가서 물 있는 곳에서 야영하기로 결정하고 노인봉 정상에 올라가니
5시, 그러나 이곳에는 지도와 달리 임도가 없다. '뭐 이따위 지도가

다있어.' 이럴 줄 알았으면 좀더 빨리 운행하여 오늘 돗재까지 갔을 텐데.

일단 잠시 쉬며 결정을 내리기로 했다. 이곳 노인봉 정상은 작은 공터로 삼각점도 주변의 돌들과 거의 구분이 안 될 정도로 낡았다. 멀리 길게 뻗은 능선 어디선가 하산할 수 있는 고갯길이 나오겠지 하며 다시 배낭을 메고 출발했다. 이렇게 심한 잡목을 헤치며 돗재까지 가기는 무리였다. 도중에 날이 어두워지면 이런 곳에서는 꼼짝 할 수 없기 때문이다. 그런데 웬 암릉. 결국 암릉으로 이어지며 더욱 걱정이 된다. 암릉 지역은 거의 고개가 없기 때문이고 잡목 속에 암릉이라 운행속도도 매우 느려지기 때문이다.

걱정하며 운행하는데 갑자기 능선 우측으로 철망 울타리가 보였다. 이렇게 반가울 때가…. 이런 산 속에 철망 울타리가 있다는 것은 가까이 염소 목장이 있다는 뜻이고 또한 철망 울타리 따라 내려가면 항상 임도 등이 있기 마련이므로 쉽게 아래로 내려 갈 수 있어서다.

울타리를 따라 잠시 내려가니 예상 대로 임도가 나왔다. 그러나 물을 구할 수 있는 임도가 아니라 잠시 더 내려가니 또 임도가 나와서 다시 따라 내려갔다. 한참을 내려가니 물이 조금씩 흐르는 곳이 있어 물을 길어 다시 길을 따라 올라와 비교적 전망이 좋은 곳에 자리를 잡았다. 이 지역은 물이 무척 귀하다. 아니 호남지역 자체가 원래 물이 귀해서 늘 물이 모자라 힘들었는데 오늘도 물 구하러 한참을 내려갔다 올라오려니 정말 힘들다.

오늘은 대체적으로 운행하기가 수월했다. 잡목도 그리 심한 편은 아니어서 헤치고 다닐 만 했다. 그러나 이 주변부터 점점 잡목이 심해지고 있어 내일은 어떨지 걱정이 된다. 아까는 야영할 곳을 찾지 못해 걱정했는데 이제 식수와 전망 좋은 야영지를 찾았으니 흐뭇하기만 하다.

돗재 전경. 한천 산림욕장 공사가 한창이다.

날이 어두워지자 멀리 민가의 불빛이 하나 둘 보인다.

6¿ù 12À¦ȃ§,®¶í 비

아침을 주변의 전망 좋은 바위 위에서 해먹고 배낭을 꾸려 8시30분에 출발했다. 호남정맥 주능선으로 오르기 위해 바위절벽을 이리저리 헤매며 8시50분에야 겨우 능선에 올랐다. 여전히 희미한 등로에 잡목이 많다. 가끔 전망 좋은 바위와 벗나무 열매인 맛있는 버찌가 나올 땐 정말 즐겁다.

얼마 후 안부에서 넓은 평지에 잡목이 꽉 들어찬 지역이 나왔고 묘지로 연결된 등로를 따르며 진행했다. 태악산(530m)에 오르니 정상에 묘지가 있다. 이곳 정상은 온통 돌부스러기 천지라 땅파기도 쉽지 않았을 텐데 그냥 묘를 만든것이다.

멀리 아래서 포크레인 소리가 시끄럽다. 무슨 공사를 또 하는지 원
…. 잠시 주변 경관을 둘러보다 돗재를 향하여 내려섰다. 길은 있었지
만 잡목도 만만치 않았다. 갈 수록 잡목이 심해지지만 그래도 이 정도
면 양호한 편이라 생각하며 온통 돌투성이의 능선을 가다가 동물 해골
을 발견했다. 꽤 큰 것으로 보아 혹시 멧돼지 머리가 아닌가 생각된다.
덕분에 기념촬영 한번 하고 간다.

463봉을 지나 자동차 지나가는 소리가 가끔 들린다. 얼마 후 전망
좋은 곳에서 돗재 주변에 건물 같은 것이 보이고 그 위에 돗재 건너편
능선에는 팔각정도 보였다. 혹시 휴게소 아닐까 기대하며 계속 내려가
면서 보니 공사중이었다. 휴게소는 고갯마루에 짓는 것이 보통인데 이
공사장은 고개에서 왼쪽 아래로 멀리 떨어져 있었기 때문에 궁금했다.

10시30분, 결국 잡목을 헤치고 돗재에 도착하니 고개 왼쪽으로 주
차장이 있고 주차장 지나 비포장 도로가 있는데 아까 그 공사 중인 곳
은 한천 산림욕장 건물 공사였던 것이다. 기대가 완전히 무너졌다. 좀
전에 주차장에서 본 팔각정 전망대로 오르는 뚜렷한 등로를 따라 10
분 정도 가니 드디어 통나무로 만든 팔각정 전망대에 도착했다.

팔각정 안에서 간식과 미숫가루 등을 먹으며 누군가 팔각정을 잘 만
들었다고 속으로 칭찬하며 경치를 감상한다. 이곳은 바람도 잘 불어
정말 시원한 곳이다. 덕분에 1시간이나 잘 쉬고 다시 출발했다. 산림
욕장이 있으니 이 주변의 등로는 너무나 뚜렷하고 좋았다. 잠시 후 임
도가 한 번 나오고 중간에 전망 좋은 바위도 자주 보이더니 1시25분
드디어 천운산 (601.6m) 정상이다.

천운산 정상에는 철탑 산불감시 초소가 잠긴 채 서 있고 그 아래 삼
각점이 있으며 전망도 그런 대로 괜찮았다. 계속 등로 상태가 끝내준
다. 중간중간 나오는 산딸기도 따먹고 벗나무 열매도 열심히 따먹으며

서밧재 전경. 오른쪽 아래로 하룻밤 신세진 빈집이 보인다

가니 즐겁기만 하다. 이곳은 누군가 잡목을 모두 베어 등로를 뚜렷하게 만들어 놓았다. 덕분에 계속 좋은 등로를 따라 걷기만 하면 되었다. 얼마 후 서밧재로 내려서면서 능선 오른쪽 아래에서 기계소리가 요란하고 산이 많이 깎인 것이 보였다. 서밧재 왼쪽으로는 건물 등이 보여서 이번엔 정말 휴게소일거라 생각하고 좋아했으나 3시10분 서밧재에 내려서니 석재 공장이다.

그 아래는 고급식당과 모텔 등이 있고 고개 우측 가까이에는 저수지와 빈집이 있다. 드디어 횡재했다. 시간이 너무 이르지만 그래도 이곳에서 일찍 쉬고 여유를 부리며 내일을 준비하기로 했다. 빈집에 짐을 풀고 모기가 너무 많아 방안에 텐트를 친 후 주변을 살피니 저수지 아래 비싼 식당 같은 것이 있어 식당 뒷집에서 물을 얻어왔다.

빈집 덕에 정말 흐뭇하다. 물을 얻어온 집에서 듣기로는 내일부터 비가 온다던데 이렇게 훌륭한 빈집을 발견했으니 비가 많이 오면 올수록 그냥 쉴 수도 있어 안심이 되었다. 이 건물 벽에는 누군가 페인트로 낙서를 했는데 기억은 안나지만 어느 가곡의 가사였던 것 같은 짧은 글을 써 놓았다. 정말 멋진 글귀다. 거의 내마음 같군!

저구름 흘러가는곳

아득한 먼 그곳

그리움도 흘러가라

이 가슴 깊이 불타는

영원한 나의 사랑

전할 곳 길은 멀어도

내 마음도 따라가라

그대를 만날 때까지

6월 13일 토요일·비

밤새 많은 비가 내렸다. 그래서 오늘 산행을 할 수 있을까 걱정하며 자주 깼었다. 일단 비가 오니 계속 자려는데 잠결에 빗소리가 안들리는 듯 하여 확인하니 비가 그친 것이다. 다행이다. 아침 해먹고 오늘은 오산(687m) 넘어 어림마을까지 가기로 했다. 그러나 걱정이다. 오늘 어림고개까지 가면 내일은 일요일인데 일요일에 무등산을 지나가야 한다. 나는 사람이 많은 곳을 싫어하기 때문에 고민거리 하나 늘었다.

8시30분 서밧재 도로 건너 임도 지나 능선으로 오르자 호화스런 묘가 많이 나오고 거의 방화선에 가까운 등로가 이어지다 곧 일반 등로와 만난다. 숲이 모두 비에 푹 젖어 비 맞으며 산행하는 것과 다를 바 없었다. 구봉산을 지나 곧 이동통신 기지국 안테나 큰 것이 4개가 나란히 나오며 시멘트 포장도로가 능선 따라 잠시 이어졌다. 잠시 후 도로는 능선 우측 아래로 내려가고 나는 계속 능선을 따라갔다.

천왕산(424.2m) 못미친 고개에서 왼쪽 아래로 복암 석탄공장이 보인다. 아까부터 계속 먹구름이 끼더니 드디어 비가 내리기 시작했다. 그러나 오버트라우즈를 입고 계속 천왕산을 향했다. 잠시 후 빗줄기가 약해지자 배낭을 내려놓고 더덕을 캐기 시작하는데 정말 엄청나게 많다. 갑자기 이상한 소리가 들려 배낭을 보니 배낭이 비바람에 쓰러지며 가파른 비탈을 굴러가고 있다. 급히 따라가서 잡으려다 그냥 두기로 했다. '지까짓게 가봐야 얼마나 가겠어….' 배낭이고 뭐고 계속 더덕을 캤다. 충분히 캔 후에 잠시 내려가 보니 배낭이 진흙 투성이가 되어 잡목에 걸려 있었다. 젠장 배낭 꼴이 말이 아니군 어차피 비도 오는데 오늘은 묘치까지만 가야겠다. 그러면 오히려 무등산을 월요일에 조용히 갈 수 있으니 잘 된 일이다.

11시, 천왕산에 오르니 삼각점은 없고 온통 잡목숲이었다. 빗속에 잡목숲을 헤치며 가는 것도 정말 힘겨운 일이다. 1시50분, 주라치 농로를 지나니 비탈이 온통 묘지였으며 주변에 큰 소나무도 많았다. 비는 부슬부슬 내리는데 너무 힘겹다보니 잠시 쉬며 오렌지 하나를 까먹었다.

잠시 후 묘지를 지나 385.8봉에 도착하니 삼각점 위에 깃발 달린 긴 나무를 세우려다 철수 한 듯 철사뭉치 등이 널려 있다. 비가 와서 모두 내려간 모양이다. 이곳부터 갈 수록 길이 희미하다. 묘치고개 직전 봉우리는 잡목이 심하고 길도 없어 잡목을 마구 밀며 진행해야 했다. 정말 지겨운 곳이다. 곧 나무들 사이로 건물이 보였다. 이번엔 진짜 휴게소라고 생각했다.

묘치(고개)에 도착하니 고갯마루는 삼거리였고 아까 본 건물은 고개 왼쪽으로 있는 고급 가든식당으로 혼자서는 못 사먹고 여럿이서 식사할 수 있는 그런 식당이었다. 식당 옆으로는 10여 가구의 마을이 있고 그 아래로 잠시 내려가니 길 옆에 호화 제각이 있는데 큰 관리소와 그 뒤로 비석을 많이 설치해 놓았다. 어느 돈 많은 집안인지 조상을 끔찍하게 모시는 것 같아 보인다. 옆에는 물도 흐르기 때문에 제각 옆에 텐트를 치기로 했다. 관리소가 일반 주택만큼 커서 들어가 하루 신세 지려 했으나 문이 꼭 잠겨 있으니 비 맞으며 밖에서 잘 수밖에…. 겨우 오후 1시가 조금 넘어 시간이 일렀으나 계속 비가 와서 그냥 이곳에서 운행을 마치려니 정말 한심한 생각이 들고 심심하다.

고개로 다시 올라가 고개 넘어 도로 따라 조금 내려가니 제법 많은 물이 흐르는 계곡이 있고 옆으로 넓은 공터도 있다. 임도인 것 같기도 하다. 그런데 왜 입구를 막아 놓았는지 모르겠다. 이 놈의 비는 계속 오락가락 한다. 짐을 말려야 하는데 큰일이다. 이러다 쉰내 나겠다. 곰팡이 슬기 전에 날이 개고 해가 떠야 되는데….
정말 처량한 밤이 되겠다.

6월14일 일요일·비

밤새 비가 내리더니 아침까지도 조금씩 계속 내리고 있다. 곧 그치겠지 하고 라면으로 배를 채우고 짐을 챙겨 출발 준비를 하는데 빗줄기가 점점 더 굵어진다. 한참을 망설였다. 비를 맞고 잡목숲에서 헤매야 할지 아니면 오늘 하루를 쉬고 내일 날이 개면 출발해야할지…. 하도 비를 맞으며 고생을 해서 이젠 비 맞는 것이 싫다. 아무리 기다려도 비는 계속 내린다. 에라 잘됐다. 덕분에 하루 쉬고 내일 출발하면 무등산을 평일에 조용히 지나갈 수 있을테니까.

결국 오늘 운행을 포기하고 다시 짐을 풀어 텐트를 치고 누워서 낮

잠을 자는데 잠결에 밖이 조용하여 밖을 살펴보니 비가 거의 그치고 있다. '무슨 날씨가 이 모양이야.' 할 수 없이 다시 짐을 꾸려 간식을 먹고 오후 1시 10분 묘치고개를 출발한다. 어제 이곳에 도착한 시각이 1시 10분이었는데 오늘 출발하는 시각도 어제와 같다.

젖은 숲속을 뚫고 들어가니 누군가 뱀 그물을 설치하기 위해 길을 닦아 놓았다. 덕분에 운행이 수월하다. 곧 묘가 나오며 등로상태가 좋아 다행이라고 생각하는데 또 다시 비가 내린다. 젠장 이제 와서 다시 내려 갈 수도 없고 어쨌든 계속 가야겠다.

얼마 후 묘가 나오고 2시 30분쯤 593.6 봉에 도착하니 주변은 온통 잡목숲이고 비가 와도 안개가 끼지 않아 오른쪽 숲 사이로 동복호가 얼핏 보인다. 593.6봉에서 내려서니 조릿대숲이 이어졌다. 곧 능선 안부에서 등로가 전혀 없어 무조건 앞으로 진행하니 곧 왼쪽에서 올라오는 등로가 나오고 능선 위까지 비탈진 곳에 줄도 걸려 있었다. 또한 나무에는 화살표 모양의 작은 나무판을 무식하게 못으로 고정시켜 놓은 것이 가끔 보인다. 아마 이 주변에 교육원이 있는 모양이다. 대개 교육원 주변이 이런 형태이기 때문이다. 가파른 비탈을 올라 능선 위에 서니 뚜렷한 등로가 능선으로 잘 나 있다.

지도에는 이곳부터 능선으로 임도가 있으며 오산 주변까지 연결된 것으로 되어 있지만 도대체 어디 있는지 볼 수가 없다. 잠시 후 비가 그치기 시작하며 묘지가 있는 전망 좋은 작은 봉우리에서 동복호가 내려다보이며 경치가 정말 좋다. 조금 더 운행하니 다음 봉우리에서 헬기장이 나오고 곧 3시 10분 승용차도 다닐 만한 넓은 임도가 나왔다. 바로 앞에 오산(687m)이 보이고 그 오른쪽으로 완만한 능선을 따라 682.6봉이 있다.

잠시 쉴 겸 임도 주변을 배회하며 산딸기를 따먹는다. 요즘은 어딜

가나 흔한 것이 산딸기다. 사람들의 발길이 닿지 않는 곳으로 다니니 산딸기밭을 만나면 너무 풍부해서 아예 배를 채우고 가게 된다. 그런데 이놈의 배낭이 왜 자꾸 기우는지 모르겠다. 짐을 잘 꾸렸는데 워낙 후진 배낭이라 수명이 다됐나 아니면 반항하는건가?

곧바로 앞 오산으로 향하는데 정상 직전까지 올라 임도가 끝나는 지점은 넓은 공터로 한가운데 묘가 있다. 오산 정상과 그 주변은 암릉으로 경치가 아주 좋다. 배낭을 메고 비에 젖은 암릉을 오르려니 굉장히 미끄러웠다.

정상 바위 위에서 사진도 찍고 주변을 둘러보았다. 멀리 앞으로 가야 할 안양산(853m), 무등산(1186.8m) 방향은 안개가 짙게 끼어 보이질 않았다. 바로 옆 682.8봉 사이에 웬 연못이 있다. 무슨 이유로 만들었는지 이렇게 높은 지역에 작은 연못이…. 혹시 습지 지역이 아닌지 모르겠다.

어림고개로 내려가기 위해 정상에서 내려서니 또다시 임도가 나오고 산판로 이후로 등로가 전혀 없다. 초입은 알겠는데 등로가 없고 잡목이 무척 심하니 이리저리 헤매다 무지 열 받았다. 또한 엎친데 덮친 격으로 갑자기 비가 내리기 시작했다. 큰일이다. 등로도 없고 헤매고 있는데 비까지 퍼붓고 있으니….

비를 맞으며 이리저리 한참 헤매다 할 수 없이 다시 임도까지 되돌아와 길따라 내려 가보기로 했다. 비는 점점 폭우로 변해 주변을 분간할 수 없다. 엄청난 폭우였다. 그러나 고개를 숙이고 아무 생각없이 임도를 따라 내려서야 했다. 그런데 이게 웬일! 이곳에도 산딸기가 무지 많이 열린 것이 아닌가.

그것도 비에 깨끗이 씻긴 산딸기가 먹음직스럽게 익었으니 아무리 비가 오더라도 그냥 갈 수 없었다. 한참을 폭우 속에서 산딸기를 따먹고 나니 배도 든든하고 너무 단 것을 많이 먹어서인지 속이 느글거리기도 했다. 잠시 더 걷다보니 곧 임도가 끝나는 지점에 도착했다. 이럴 수가! 이런 곳에서 임도가 끝이나다니 너무 허무하고 황당했다. 여기가 어디쯤인지 전혀 감을 잡을 수도 없는데….

주변을 살피며 혹시 있을지 모를 등로를 찾아보니 희미한 등로가 나왔다. 다행이다. 5시쯤 무작정 희미한 등로 따라 잠시 내려서니 다행히 어림고개에 도착한다. 정말 희한한 일이다. 비가 와서 잘 모르겠지만 임도가 정맥 주능선 바로 아래로 따라다닌 것 같다. 그래서 어림고개에 도착할 수 있었으니 나 원참 이런 일이 있다니.

어림고개 길 건너에는 10여 가구의 마을이 있으며 오른쪽으로는 광산이 있는데 비가와서인지 일요일이라 그런지 작업을 안하고 있다. 다행히 비는 서서히 그치고 있다. 어림마을로 들어서 공동 우물지나 바로 뒤에 제일 좋은 집 왼쪽으로 밤나무단지 지나 능선을 오른다. 철탑을 거쳐 우측능선을 따르니 곧 광산으로 연결된 비포장 도로가 나왔다. 그리고 곧 비가 그쳤다. 길 옆에는 광산에서 옮겨 놓은 듯한 큰돌이 여러 개가 있는데 날만 좋으면 옷을 널어 말리기 좋아 보인다. 내일은 날이 좋아야 할 텐데….

이 지역에서 하루 거리를 날이 안 좋아 이틀에 하고 말았다. 젠장 경비도 모자라는데 자꾸 차질이 생긴다. 텐트에서 젖은 짐을 말리려니 짜증이 난다. 왼쪽 아래 굴동리 방향 가까이서 개 짖는 소리가 들린다. 가까운 곳에 집이 있나보다.

다시 만난 사람

6월 15일 월·맑음

 오늘 아침엔 다행히 해가 떠서 잠시 배낭을 말렸다. 덕분에 10시10분이 되어서야 출발하게 됐다. 잠시 잡목에 덮인 임도를 따라갔다. 이곳은 묘가 너무 자주 나왔다. 623.8봉에서 삼각점은 잡목 속에 묻혀 있었고 주변은 나무들로 둘러 쌓여 있었으나 안양산(853m)과 무등산(1186.8m)은 잘 보인다.

 성가시게 뻗은 잡목 밑으로 뚜렷한 등로를 따라 내려가니 조림지역이 나오고 누군가 무식하게 화살표 모양의 등로 안내판을 나무에 못질하여 고정시켜 놓았다. 정말 한심한 꼴이다. 둔병재 직전 육모정 모양의 전망대가 나와서 잠시 쉬며 둔병재 주변을 내려다 보니 마치 유원지인 듯하다.

 둔병재 내려서는 길은 매우 가파르며 동아줄이 걸려 있다. 겨울에 요긴하게 써먹겠지만 어느 무식한 인간인지 줄을 나무에 못질하여 고정시켜 놓았다. 이곳 관리인이 누구이기에 온통 생나무에 못질 투성인지 모르겠다. 곧 둔병재에 도착하니 고개 왼쪽은 포장 되어 있고 고갯마루만 비포장이며 오른쪽은 건물들 사이로 포장된 것이 보였다.

 또한 둔병재는 구름다리를 이용하여 건널 수 있게 되었는데 구름다리 설치기념 행사를 했는지 구름다리 쇠줄에 온통 풍선을 달아 놓았다. 구름다리 건너서야 이곳이 안양산 자연휴양림인줄 알게 되었다.

162

'뭐. 휴양림이나 유원지나 그게 그거지….'

바로 앞 매표소 건물 왼쪽으로 임도를 따라 오르다보니 임도 끝나는 지점에서 다시 등로가 시작되고 상당히 가파른 비탈에 동아줄이 걸려 있다. 가도가도 끝없는 가파른 등로를 따라 가려니 땀이 비오듯 한다. 비온 후의 강한 햇볕이라 너무 따갑고 이상기온으로 올해는 봄부터 푹 푹 찌는 날이 너무 많아 정말 죽을등살등이다. 아이고 정말 이 놈의 안 양산을 오르다 쓰러지겠군. 날도 더운데 가파르기가 무지막지하니 무 지 열 받는다.

한참을 힘겹게 오르다 보니 12시30분, 드디어 안양산 정상에 도착. 정상은 헬기장이었으며 실제 정상은 약간 오른쪽인 것 같아 삼각점을 찾으러 돌아다녀 봤지만 찾을 수 없었다. 이곳은 햇볕을 피할 곳이 없 어 잠시 내려가다 소나무 그늘에서 쉬기로 했다. 간식을 먹으며 배를 채우고 다시 출발한다.

백마능선이라는 이곳은 중간중간 전망 좋은 암릉이 이어져 지루하 지도 않고 힘도 덜 든다. 멀리 앞으로 장불재에는 큰 송신소 건물이 보 이며 그 뒤로 무등산이 먹구름에 햇빛이 가려 어둡다. 장불재 송신소 앞을 지나는데 정문에서 개가 마구 짖어댔다. '법없는 세상 같으면 넌 내 체력보신 감이야 임마, 어딜 까불어….' 경비원이 내 눈빛이 심상 치 않아 보였는지 못 짖게 말렸다.

송신소 앞으로 있는 장불재는 기가막힌 공원이다. 차도 올라올 수 있는 시멘트 포장 도로와 안내판 그리고 웬 카드 공중전화까지? 잘됐 다 싶어 산악회로 전화하니 허선미 씨만 있다. 오늘 저녁 산악회 회원 으로서 산악회에 많은 도움 을 주는 홍은경 씨와 회원 중 가장 두드러 지게 등반실력이 향상되고 있는 오혜림 씨를 만나서 장비점에 가기로 했단다. 이곳 위치와 상황을 설명하고 잠시 주변 경치를 천천히 감상해 본다.

월요일인데도 꽤 여러 사람이 올라와 있다. 벌써 휴가가 시작된다. 이곳 장불재부터는 입산금지 구역이라 정상에 오를 수 없다. 할 수 없이 구봉암으로 우회해야 했다. 구봉암을 향해 오른쪽 아래로 등로를 따라 25분쯤 가니 구봉암이 나왔다. 계속 등로를 따르는데 산이 둥글둥글하게 생겨서 어디서 정맥이 이어지는지 구분이 안돼 이리저리 모두 뒤지고 다니다 보니 무등산을 한바퀴 도는 느낌이다. 얼마 후 산장 이정표가 나오고 3시50분쯤 북산으로 오르기 전의 임도 고개에서야 지형이 이해되었다. 북산 오르기 전 목장지대인 듯한 곳으로 목초지와 임도 등이 있으며 북산은 마치 무등산의 축소판 같아 보였다.

북산 넘어 헬기장이 있는 곳은 넓은 평지에 가까운 지형으로 소들이 많이 있다. 다가가서 사진을 찍으려하니 모두 나만 쳐다본다. 졸지에 내가 구경거리가 되어 버린 느낌이다. 헬기장을 장악하고 있는 소들 사이로 바로 앞 봉우리를 넘어가려는데 봉우리에서 내려가는 길이 전혀 없다. 이리저리 헤매며 내려가려니 정말 돌아버릴 지경이다. 조릿대숲이 앞을 가로막고 가시덩굴이 온몸을 할퀴고 있다. 정말 힘들다. 능선이 어떻게 연결되는지 애매하여 나무 위에 오르내리며 주변을 살피지만 도저히 탈출을 못하고 오히려 갈수록 조릿대 숲속에 갇히게 되었다. 이러다 잡목 속에서 날 새겠다.

한참을 헤매다 보니 온몸에 기운이 쭉 빠지고 너무 지친다. 온갖 먼지 부스러기가 목을 타고 몸 속으로 들어가니 풀독이 올라서 참을 수 없이 가렵다. 얼마 후 백남정재도 못가서 발길 닿는 대로 무조건 엄청난 잡목 숲과 지겨운 덩굴을 헤치고 내려가다 보니 밭이 나오고 원두막인 듯한 구조물과 작은 계곡이 나와서 오늘은 이 지역에서 너무 지쳤으니 그만 운행하기로 하고 야영터를 찾았다.

둔병재 구름다리를 건너면 안양산 자연휴양림이다.

젠장 오늘은 유둔재까지 갈 줄 알았는데 이게 무슨 꼴이람. 그래도 오늘 드디어 무등산을 넘었다. 광양 백운산에서 무등산을 넘기까지 얼마나 힘들었는지 모른다. 엄청난 잡목에 시달리고 찌는 더위에 녹초가 되면서 언제나 무등산을 넘을 수 있을까 했는데 드디어 오늘 넘었다. 내일도 잡목이 심할텐데 걱정이다.

6월16일 화요일·맑음

5시30분쯤 누군가 주변에서 헛기침을 한다. 텐트를 의식한 듯하다. 누군지 참 부지런하다. 계속 누워 자다 6시가 훨씬 넘어 일어나 밖을 보니 세상이 온통 안개 속에 파묻혀 있다. 주변을 제대로 볼 수 없을 만큼 짙게 끼어 있다. '큰일이군.' 텐트도 이슬에 흠뻑 젖었으나 무조건 짐을 꾸리고 백남정재를 찾아 오르기 위해 안개가 걷히기만을 기다렸다.

8시가 못되어 안개가 서서히 걷히기 시작한다. 드디어 백남정재를 찾아 이리저리 돌아다녔지만 모든 지역이 온통 잡목과 칡덩굴, 그리고 가시덩굴 등으로 꽉 메워져 도저히 뚫고 오를 수 없다. 또한 모든 숲이 이슬에 젖어 금방 비에 맞은 개처럼 온몸이 푹 젖어 버렸다. 그래도 백남정재 오르는 길이 있을거라 생각하며 이리저리 헤매다 보니 1시간이나 허비하고 말았다. 정말 열 받는다. 결국 '에이 더러워서 안 올라간다' 며 마을로 내려오고 말았다. 무동촌에서 마을 분들에게 백남정재 오르는 길에 대해 물으니 한결같이 예전에는 땔나무하러 다니느라 길이 있었지만 지금은 없어졌다는 것이다. 그래도 능선에는 아직 고개 흔적이 뚜렷할텐데…. 마을에서 올라가는 입구만 숲에 메워져 없어진 모양이다.

어쨌든 447.7봉을 지나 유둔재까지는 우회하기로 했다. 마을길 따

필자가 노가리재 주변에 있는 하외동제 제방둑에서 젖은 짐을 말리고 있다.

라 유둔재를 향하며 만나는 마을 사람마다 붙잡고 물어봐도 역시 똑같은 대답이다. 하긴 열 받는데 뭐하러 미련을 두나. 도로 따라 남면분교 앞까지 오니 가게가 있었다. 아이스크림과 빵을 사먹고 땡볕에 도로를 따라 걸어 10시 40분에야 유둔재에 도착했다.

그늘에서 한참을 쉬고 11시 20분 출발했다. 잠시 능선 따라 임도가 이어지고 돈 좀 바른 듯한 묘지에서 또 다시 잡목숲을 지난다. 그러나 곧 등로가 뚜렷해진다. 완만한 능선에 등로마저 뚜렷하니 이제야 살 것 같다. 하지만 하나밖에 없는 춘추용 긴팔 셔츠의 왼쪽 팔 부분이 나뭇가지에 걸려 찢어졌나. 먼저는 오른쪽이 찢어졌는데 한번 찢어지면 꿰매도 쉽게 찢어지고 찢어진 부분이 자꾸 잡목가지에 걸려 무척 성가시다. 젠장 없는 형편에 또 돈 들어갈 일 생겼다.

167

어산이재를 지나 456.5봉 오르는 길에서 약간의 잡목이 나오더니 곧 456.5봉 정상이다. 수풀 속에 삼각점이 보이고 주변은 나무가 크게 자라 전망은 별로 볼 수 없었지만 북쪽 방향으로 나무를 베어버려 외동 저수지가 보인다. 간식을 먹으며 잠시 쉬고 등로를 따르다 새목이재 가기 전 우측으로 갑자기 꺾어져 진행해야 하는데 실수로 좋은 길만 따르다 연천리 방향으로 계속 내려서고 말았다. 이상한 느낌이 들어 지도를 펴 살핀 후에야 갈림길을 지나친 것을 알고 다시 가파른 길을 오르려니 정말 열 받는다. 갈림길 초입은 잡목에 가렸지만 운 좋게 쉽게 찾았다. 입구를 뚜렷하게 표시한 후 다시 주능선을 따르니 곧 길이 선명해진다.

외동저수지 윗능선 지나 2시10분쯤 최근에 새로 설치한 삼각점이 나왔다. 삼각점 옆 나무 그늘에 앉아서 오늘은 노가리재까지만 운행하기로 하고 푹 쉬고 가기로 했다. 원래는 국수봉(557.6m)지나 선돌 마을까지 가려 했으나 날도 덥고 지치니 노가리재까지만 가서 쉬기로 한 것이다. '노가리재? 먹는 노가리는 나도 아는데…, 고개에 가면 노가리 푸는 사람들이라도 있나?'

까치봉(424.3m)에 도착하니 일반등산로처럼 아주 훌륭한 등로가 나왔다. 이런 곳에 웬 등로(?), 웃기는 일이다. 어찌 됐든 좋은 등로 따라 잠시 후 바로 앞 작은 봉우리에 오르니 철판으로 된 작은 등로 안내판이 나무에 못으로 고정되어 있었다. 이상한 생각에 혹시나 하고 지도를 살피니 까치봉 바로 아래 교육원이 있었다. 그럼 그렇지, 교육원 주변에는 이렇게 뚜렷한 등로가 있고 이런 안내판이 있기 때문이다. 덕분에 좋은 길 따라 바로 앞 봉우리에 오르니 또 안내판이 보이고 최고봉 493미터 라고 적혀 있다. 그 밑에는 돌무덤을 만들어 놓았다.

429.4봉 지나 노가리재 내려서는 길로 접어들자 등로가 갑자기 없

어졌다. 잠시 후 잡목에 쌓인 임도를 따라 내려오니 4시10분 드디어 노가리 푸는 노가리재다. 지금은 포장을 하기 위해 공사가 한참 진행 중이다. 아직 시간이 일러 좀더 운행할까 생각하다 어차피 젖은 짐도 말려야 하니 운행을 마치기로 하고 지도에 표기된 주변의 하외동제라는 가까운 저수지로 가서 뚝방에서 젖은 짐을 말렸다.

작고 조용한 저수지의 경치가 정말 끝내준다. 짐을 말리며 저수지에서 목욕하고 나니 이곳에서 일찍 운행을 마치길 정말 잘했다는 생각이 든다. 해가 지기 시작하니 저수지 분위기가 너무 좋다. 그런데 날이 지기 시작하니 저수지에서 황소 울음소리가 난다. 혹시 황소개구리? 그렇다면 내가 또 가만히 있을 수 없지 우리 땅의 생태계를 교란시키는 놈들 맛 좀 봐라. 결국 오늘 산행일지를 쓰다말고 주변에서 돌을 잔뜩 주워 모아 소리가 날 때마다 돌을 마구 집어 던졌다.

6월17일 수요일·맑음

밤새도록 황소개구리는 잠도 안자고 계속 울어댔다.

이슬이 많이 내려 텐트가 푹 젖었다. 해가 뜬 후 텐트를 말리고 천천히 출발 준비를 하여 노가리도 못 풀고 8시40분, 노가리재에서 절개지 왼쪽으로 오르기 시작했다. 잠시 오르니 헬기장이 있고 바로 앞 봉우리에 닿자 낡은 패러글라이딩 활강장이 북서쪽인 유천리 쪽으로 향하고 있다.

나무를 많이 베고 새 나무와 풀이 자라지 못하도록 보온덮개 등으로 바닥에 깔은 것으로 보아 그들은 산을 이용만 하는 사람들의 짓 같다. 잠시 쉬고 진행 방향에서 갑자기 왼쪽 아래로 내려서며 길을 찾아 진행하니 곧 뚜렷한 등로가 나온다. 평지에 가까운 능선을 한참 따르다 보니 상외동제 저수지 윗 능선 쯤 염소농장에서 설치한 철망 울타리 임도가 능선 따라 이어졌다. 울타리 넘어 길을 따르며 주변을 살피니 저수지 위 주변 능선을 경계로 온통 염소농장이다. 어떤 염소는 재주도 좋게 철망 울타리 밖으로 나갔는데 다시 들어가지 못하고 이리저리 헤매고 있다. 웃기는 놈이다.

국수봉(557.6m)을 오르기 전에 임도는 끝나고 울타리를 넘어가서 들어가지 못하는 여러마리의 염소들을 향해 울어대던 새끼염소가 나를 보고 도망간다. 30분쯤 앉아서 쉬다가 국수봉 정상에 오르니 삼각점을 파낸 흔적만 있었다.

계속 운행하려는데 곧 삼각점이 발견됐다. 최근에 삼각점을 새로 옮겨서 설치한 것 같다. 지도를 확인하지 않고 뚜렷한 등로를 따라 진행하다 이상한 느낌이 들어 확인해보니 엉뚱한 방향으로 가고 있다. 할수 없이 다시 되돌아와 잡목을 뚫고 잠시 운행하니 갑자기 뚜렷한 등로가 나왔다. 다행히 잡목이 심하지 않아 11시15분, 마루금이 논으로 변한 비탈을 지나 비포장인 선돌마을 고개에 도착하니 큰 정자나무가 시원하게 그늘을 만들어준다. 그늘에 앉아 쉬며 주변의 논과 밭, 그리고 마을경치 등 아름다운 우리의 시골풍경을 감상해 본다.

한참 후 출발준비를 하려는데 승용차 한 대가 오더니 누군가 인사를 한다. 웬일인가 쳐다보니 며칠 전 이번 산행을 하기 위해 지기재를 향할 때 지기재까지 태워준 바로 그 사람이었다. 참 별난 인연이다. 오늘 산행을 마치려고 하는데 마지막날 다시 이곳에서 만나다니.

우리는 너무 반가워 다시 나무그늘에 앉아 얘기를 나누었다. 이름은 최종훈이며 이곳에 포장공사를 위한 준비 때문에 오게 되었다며 다음주에 애인과 함께 월출산에 오를 계획이란다. 먼저는 이름도 묻지 못했는데 이번엔 명함까지 받았다.

12시쯤 서로 갈 길이 있으니 아쉬움을 남기고 기념촬영을 한 후 헤

입석리 선돌고개에서 다시 만난 최종훈씨(좌)와 함께

어져 다시 산으로 올랐다. 바로 앞 수양산(591m)은 초입에 잠시 농로
를 따라 오르다 묘지를 지나며 가파른 길을 오르는데 길이 전혀 없다.
무조건 위로만 향해 오르니 주능선엔 등로가 뚜렷했다. 수양산 정상
못미처 왼쪽으로 이어진 능선을 찾아야 하는데 무척 까다로운 지형이
라 감각으로 초입을 잡아 잠시 운행하며 확인하니 의외로 찾기가 쉬웠
다. 다시 돌아와 입구를 확실하게 표시해 놓고 운행하니 임도가 나왔
다. 산판로 주변엔 산딸기가 엄청나게 많아 정신없이 따먹다보니 배가
부르다. 더 이상 먹기가 싫어졌으나 너무 많은 딸기를 보니 아깝다는
생각이 든다. 하지만 미련을 버리고 계속 진행해야했다.
잠시 운행하니 아까 보았던 임도와 이어진 듯한 길이 나오고 잡목이
성가신 평탄한 등로를 따라 450봉에 서니 삼각점은 잡목에 덮여 있고
진행 방향으로 나무들이 베어져 있다.

좋은 등로를 따르다 보니 또 임도가 나왔다. 너무 힘이 들어 잠시 쉬고 다시 출발했다. 바로 앞 봉우리는 파헤쳐진 무덤이 잡목에 덮여 방향 잡기가 애매한 잡목투성이다. 곧 등로가 희미하게 나오더니 점점 뚜렷해진다.

만덕산(575.1m) 바로 앞에서 좌측으로 엄청난 잡목숲을 좌측으로 피해 올라가니 3시, 드디어 만덕산 정상이다. 그러나 온통 잡목과 큰 소나무 그리고 낡은 헬기장이 전부였다.

헬기장을 가로질러 잡목숲을 뚫고 잠시 진행하니 곧 뚜렷한 등로가 나왔다. 그러나 곧 내리막 비탈에서 등로가 희미하여 능선 오른쪽으로 잘못 내려서니 아까 본 임도와 이어진 임도에 내려오게 되었다. 할 수 없이 잠시 쉴 겸 주변을 살피니 작은 계곡이 있다. 여기서 물을 보충하고 주변의 산딸기를 따먹은 후 다시 능선으로 올라가 계속 운행하지만 등로는 전혀 없다. 비포장고개가 나왔는데 우측으로 민가가 가까이 보이고 주변에 나무가 무척 많다.

잠시 쉰 후 고개 절개지를 오르다 미끄러져 팔에 상처가 크게 났다. 피까지 흐른다. 젠장 무지 열 받는군. 오늘의 종착지인 방아재 가기 전 작은 봉우리는 생각보다 빨리 올라가 정상까지 10분 밖에 안 걸렸다. 그러나 방아재로 내려서는 길은 잡목 속에 등로가 희미하여 특별히 신경을 써야만 했다. 동서로 이어진 능선에서 북으로 급히 방향을 잡아야 하는데 초입 잡기가 상당히 까다로워 겨우 초입을 찾아서 입구를 뚜렷하게 넓혀 놓고는 그래도 미심쩍어 표지기를 달려고 했으나 그러지 못하고 내려섰다.

4시30분, 드디어 방아재 고갯마루에서 100여 미터 왼쪽으로 내려서 고개우측으로 걸어가니 4, 5가구 정도가 사는 수곡마을이 나왔다. 마을 오른쪽으로 들어가니 기막힌 계곡이 있어 땀내를 지우기 위해 목욕한 후 새 옷으로 갈아입고 다시 도로에 나왔다.

이곳 마을에는 엉뚱하게 용대산장이라는 식당이 있다. 혼자서 가는 곳이 아닌 여럿이 가서 회식하는 그런.식당인 것 같다. 마을 사람에게 교통사정을 물으니 버스도 거의 안 다니고 오늘은 막차도 이미 지나갔다고 한다.

가끔 지나가는 택시가 있었지만 형편이 안되어 그냥 보내고 시간이 좀 걸리더라도 한참을 기다려 어렵게 지나가는 화물차를 얻어 타고 내려간다. 고마운 아저씨 덕분에.

일사병과 탈진

7월 9일 목요일·맑음

마음씨 좋은 택시기사를 만나 광주역에서 만원에 새벽 일찍 방아재에 올라와 수곡마을 입구 정자나무 밑에서 낡은 옷으로 갈아입었다. 지난 번엔 결국 배낭이 완전히 망가져 새로 구입할 비용을 걱정하고 있었는데 다행히 동대문에서 <산으로 가는길>이라는 등산장비점을 운영하는 장원석 선배의 소개로 개발 중에 있는 팀버라인 70리터 배낭을 협찬 받아 필드 시험용으로 사용할 수 있게 되었다. 때 맞추어 이런 일이 생긴데다 배낭도 훌륭하여 다행이었다.

그동안 장마로 산에 오지 못하고 배낭만 바라보다 오랫만에 온 이곳에는 지난번 숨겨두었던 나무지팡이가 반갑게도 제자리에 있었다. 잠시 앉아서 이른 아침 빵으로 식사를 대신하고 6시20분 드디어 연산(505.4m)을 향해 오르기 시작했다. 방아재에서 밭을 지나 대나무 숲을 헤치고 잠시 오르니 바로 뚜렷한 등로가 시작된다. 잠시 더 오르다 보면 오른쪽 용대식당에서 올라온 등로와 만나며 등로는 더욱 뚜렷해졌다.

아침부터 날씨가 왜이리 후텁지근한지 땀이 비오듯 쏟아진다. 최근 엘니뇨현상이 사라지며 라니냐 현상이 나타나고 있다고 방송에서 연일 떠들어대고 있는데 날씨가 그 영향인가 보다.

연산 정상에 오르니 갑자기 등로가 없어지며 엄청난 잡목이 정상을 뒤덮고 있었다. 또한 큰 소나무 여러 그루가 베어져 이리저리 쓰러져 있어 잡목을 헤치고 다니기도 더욱 힘이 들었다. 삼각점은 흔적조차 찾을 수 없고 여기다 가시덩굴마저 이곳을 헤치고 다니지 못하게 만들고 있다.

주변이 평탄하고 넓어 어느 방향의 능선을 따라야 할지 구분이 안돼 이리저리 헤매고 다니다보니 팔이 온통 긁히고 상처는 순식간에 얼굴까지 퍼졌다. 정말 지겨운 순간이다. 초반부터 이게 무슨 꼴인가. 일단 진행방향으로 조금 내려서니 넓은 터를 차지한 묘가 나왔다. 잡목 속에서 잠시 헤맸는데도 더운 날씨 탓인지 벌써부터 지쳐 쓰러질 것 같이 비척거린다.

잠시 앉아 지도를 펴고 주변을 살피니 멀리 진행 방향 우측 아래로 연화리가 보인다. 다시 배낭을 메고 묘지 아래로 내려가며 능선을 찾아 내려가는데 길이 전혀 없고 잡목이 엄청나게 방해했다. 지도에는 능선 오른쪽 아래로 임도가 어지럽게 널려 있는 것으로 표시되었지만 오래돼서 그런지 지금은 아무 것도 보이지 않고 온통 잡목숲 뿐이다.

얼마 후 능선 위에 큰바위가 몇 번 나타나고 계속 잡목을 헤치고 가다보니 뚜렷한 등로와 미끈한 암릉이 자주 나왔다. 이제야 겨우 잡목지대를 빠져 나왔다고 생각하며 너무 지쳐서 지도를 확인하지 않고 선명한 등로를 따르다 보니 실수로 과치재 우측 아래 약 500미터지점으로 잘못 내려서고 말았다. 젠장, 어찌되었든 지금은 너무 지쳐 아무 생각이 없다. 그냥 앞만 보고 걸을 뿐이다.

날이 너무 더워 물 이외에는 아무 것도 먹을 수가 없다. 과치재에는 호남고속도로와 826번 지방도가 나란히 지나가고 있다. 고개 오른쪽 아래로 굴다리를 통해 고속도로를 건너 826번 지방도를 따라 8시40분 과치재 고갯마루에 도착하니 식당과 작은 휴게소 그리고 주유소가 있다. '벌써 휴게소가 나오면 뭘해. 산행 2, 3일 후에 나와야 도움이 될 텐데….'

도로 건너 밭을 지나 계속 진행하니 처음엔 등로가 뚜렷한듯 했으나 바로 앞 봉우리로 오르기 전 고개부터 본격적인 소나무와 노간주 나무의 잡목숲이 지독하게 메워있었다. 날도 지독하게 더운데다 노간주 나무의 가시가 살을 파고드니 도저히 더 이상은 숲을 뚫고 갈 수가 없어 화가 났다.

너무 지쳐 아무 데나 배낭을 내던지며 쓰러져 숨을 헐떡거리다 다시 배낭을 메고 잡목을 뚫고 가기를 여러 번 드디어 희미한 등로가 나타났다. 너무 더워 쉽게 지치고 힘이 들어 운행시간보다 쉬는 시간이 훨씬 많아지고 있다.

무이산(304.5m) 앞에서 실수로 오른쪽 능선으로 진행하다 이상한 느낌이 들어 지도를 확인하며 나무 위에 올라가 주변 산세를 살펴보니 길을 잘못 들었다. 다시 되돌아가 무이산을 향했다. 덥고 힘들어 죽겠는데 정말 돌아버릴 지경이다. 웬만한 더위는 쉽게 견디는 나로써도 무척 힘이 들었다.

1994년 여름 사상 최대의 더위와 가뭄 때 뱀에 물려 병원에 일주일씩 입원했으면서도 곧바로 산으로 올라 40도를 웃돌았다고 하는 그 더위와 싸우며 백두대간을 종주하지 않았던가. 그런데 지금은 엄청나게 후텁지근한 더위에 숨이 가빠지며 머리도 무겁게 느껴지고 있다.

결국 무이산 정상은 오른쪽 임도를 따라 우회해서 오르게 되었다. 오른쪽 가까이 삼봉이라는 마을이 보이는데 자세히 보니 마을이 아닌 교육원인 듯 했다. 확성기를 통해서 음악도 흘러나오고 있었고 운동장도 보이는데 마치 무슨 종교집단이 아닌가 하는 생각도 든다. '내가 지금 저런 것까지 신경쓸 땐가?' 평소 이런 적이 없었는데 왜이리 몸이 말을 안 듣고 무력해지는지 알 수가 없다. 땀을 너무 많이 흘린다. 물도 계속 마시지만 아무 효과가 없는 듯 하다.

앞에 보이는 쾌일산은 온통 바위산이다. 경치가 매우 좋다. 절벽이 너무 멋지고 정상 전망이 끝내줄 것 같다. 그러나 곧 걱정이 되었다. 저렇게 험한 바위산을 오르기가 매우 힘들텐데 등로가 있을지 걱정이다.

잠시 쉬고 쾌일산을 오르려는데 초입부터 엄청난 소나무숲이 앞을 가로막고 있다. 지쳐서 더 이상은 빽빽한 잡목숲을 뚫고 갈 수 없었다. 오름길을 찾으며 계속 오른쪽으로 한참을 이동하다보니 등로가 나왔다. 다행히 1시쯤 능선에 오르니 전망이 기가 막히다. 지나온 능선과 동쪽 아래로는 덕곡마을과 저수지가 보이고 등로 또한 뚜렷했다. 하지만 너무 지쳐 그냥 쓰러져 자고 싶다. 빵이라도 먹어야겠다고 생각하지만 식욕이 전혀 없어 도저히 먹을 수가 없다. 오렌지만 먹고 천천히 걸었다. 전망은 계속 절정이었고 너무 지쳐있었기 때문에 선방 좋은 바위가 나오면 쉬는 시간이 많아졌다. 아무래도 오늘은 서흥마을 고개까지만 가야 할 것 같다.

쾌일산은 이 지역 산악인들이 자주 오르는 곳인지 표지가 자주 보였다. 지친 몸을 가누며 뚜렷한 등로를 따라 내려가다 보니 임도가 나왔다. 그런데 오른쪽에서 능선까지만 올라와 있다. 빨리 운행을 끝내려고 계속 능선을 오르는데 앞에 보이는 설산(522.6m)과 갈라지는 지점을 찾으려 헤매다 너무 많이 올라 간 것을 알고 다시 임도 까지 내려왔다. 힘들어 죽겠는데…. 주변을 살피니 숲속으로 뚜렷한 등로가 있는 것이 아닌가. 정말 미치겠다.

잠시 후 철탑이 나오고부터 또 다시 길이 전혀 없다. 복잡한 능선에 잡목투성이의 숲속을 헤매기 시작했다. 한참을 잡목 속을 서성이며 운행하다 민재 전에 우측능선으로 잘못 내려서다 비탈진 엄청난 잡목숲에 갇혀버렸다. 죽을 힘을 다해 잡목을 헤치며 길을 찾으려다 도저히 견딜 수 없이 숨이 차고 지쳐 잡목 속으로 쓰러졌다. 더 이상 움직일 수가 없다. 숨이 가쁘고 머리가 무거워진다. 나뭇가지와 가시덩굴 때문에 온몸에 상처가 나고 풀독까지 올라 심하게 가렵고 괴롭다. 계속 숨을 가쁘게 몰아 쉬며 한참을 쓰러져 있었다. 한참 시간이 지나 겨우 일어나 잡목을 뚫고 생각 없이 무조건 내려섰다.

곧 논이 보이고 물이 흐르는 곳이 나왔다. 배낭을 풀 힘조차 없어 작은 도랑 물에 엎어져 정신없이 물을 마셔댔다. 그리고 다시 풀섶에 누웠다. 머리가 너무 아프다. 얼마 후 정신을 차리고 또다시 물을 잔뜩 마시니 너무 배가 부르고 아프다. 그러나 입에서는 계속 물을 찾게 된다. 한참을 쉬다 다시 일어나 정신을 차린 후 가까운 청룡리 윗 마을의 나무 그늘에 벌렁 누워버렸다. 정말 더 이상은 움직일 수 없다.

그러나 몸은 마음을 앞서 계속 산으로 이끄는 느낌이다. 결국 다시 정신을 차려 오래되어 풀이 무성한 임도인 민재로 올라갔다. 아무래도 제정신이 아닌 듯하다. 그렇지 않고서야 이렇게 계속 강행할 수가 있을까. 어찌되었든 임도인 민재에서 철탑을 세우기 위해 길을 낸 흔적을 따라가다 서흥고개 쪽으로 난 희미한 길을 더듬어 잡목을 헤치고 헤매며 겨우 버려진 복숭아밭을 지났다.

서흥고개에 도착하니 아직도 해는 머리 위에 떠있다. 시간이 이르다는 것을 짐작할 수 있었다. 하지만 이제는 시간 확인 할 힘도, 더 이상 걸을 힘도 없다. 배낭도 못 풀고 그대로 풀섶에 쓰러져 한참을 비몽사몽 헤매며 누워있었다.

얼마나 시간이 흘렀을까…. 정신을 차리며 일어서려니 다리에 쥐가 난다. 그것도 양쪽다리 모두 골고루 쥐가 났다. 나도 다리에 쥐가 나다니, 이게 몇 년만인지 기억도 나지 않는다. 무리하긴 엄청 무리했나보다. 한심하다 못해 비참했다. 그래도 할 일은 해야지. 고개 왼쪽 서흥마을 쪽으로 잠시 내려서는데 양수기로 지하수 물을 끌어올려 논에 물을 대는 곳이 보였다. 다행히 가까운 곳에서 물을 길어 올라왔다.

날이 어두워지면 목욕도 해야겠다고 생각하며 힘겹게 몸을 지탱하며 텐트를 치고 밥을 했다. 그러나 도저히 머리가 아프고 식욕이 없으며 밥 냄새를 맡으니 속이 울렁거려 밥을 먹을 수 없다. 이젠 물도 마실 힘이 없다. 부득이 일단 좀 쉬어야겠다고 생각하며 잠시 누워버렸다. 탈진, 이것이 탈진인가보다. 그리고…. 그렇게 누웠다가 정신을 차렸을 땐 이미 다음날 아침이었다.

다음날 아침 일어나려니 도저히 머리가 아프고 몸이 회복되지 않았다. 너무 어지러워서 아무 생각없이 빨리 짐을 챙겨 내려왔다. 어제부터 밥 한끼 못 먹었다. 그 와중에 대중교통을 이용해야한다고 생각하니 땀 냄새 등을 없애기 위해 논두렁 사이에 흐르는 물로 목욕 후 옷을 갈아입고 하루에 몇 대 안 온다는 버스를 타고 그곳을 탈출했다. 이번 산행은 날씨 덕에 일사병과 탈진을 경험할 수 있었다. 비록 몸은 망가지고 산행도 엉망이 되었지만 좋은 경험을 했다.

7월 14일 화요일·흐림

며칠 전 단 하루의 산행으로 완전히 묵사발 되어 집으로 갔다가 며칠 쉬고 나니 몸이 회복되어 오늘 다시 내려왔다. 지난번 내려왔던 서흥리 고개에 도착하니 오전 9시. 고개에서 헌 옷으로 갈아입고 잠시 쉰 후 9시30분 출발했다.

처음부터 묘지가 있고 길이 뚜렷했다. 초반에 잠시 길이 전혀 없는 곳이 있긴 했지만…. 서암산(450m) 정상에 오르니 정상 직전 전망 좋은 바위가 나오고 정상 주변에는 약초꾼 움터 흔적이 있다. 이런 곳에는 약초가 별로 없을텐데.

지도를 보니 서암산은 정상 직전에서 다시 되돌아 가듯 내려가야 한다. 올라왔던 길을 다시 내려가며 길을 찾아도 어디로 가야 할 지 잡목이 시야를 가려 찾을 수가 없고 지형파악이 잘 되지 않는다. 할 수 없이 다시 정상에 올라 도 경계선을 따라 무조건 상신기마을로 잡목을 뚫고 내려갔다. 내려가는 초입은 약간의 절벽이 있어 위험하지만 다른 방법이 없다. 고생스럽게 상신기마을에 내려와서 다시 서암산 정상을 살펴보니 정상 바로 앞에 지도에도 나오는 작은 봉우리에 산불감시초소가 보인다. 정상에서 초소만 보였어도 쉽게 내려올 수 있었는데 고생을 많이 했다….

상신기마을에서는 민가 옆으로 잡목숲과 대나무숲 농로 그리고 밭과 과수원 묘지 등으로 어지럽게 이어지는 정말 복잡한 구간을 지나야 했다. 가을이라면 과일이라도 먹지, 여름에 이게 뭐야. 농로 따라 일목마을 고개에 내려서자 오른쪽의 일목마을 쪽은 포장이 되었고 고개 왼쪽은 비포장이다. 날이 더워 한참 쉬고 다시 능선에 오르니 능선 우측으로 잡목숲에 파묻힌 낡은 임도가 이어지고 그 아래는 농원으로 단풍나무 등 많은 나무를 기르고 있다. 곧 지독한 잡목숲 지나 12시30분 봉황산(235.5m) 정상에 오르니 삼각점 주변에 있는 나무를 모두 베어 버려 전망이 트인다. 그러나 날이 흐려 해도 없는데 왜이리 더운지 땀은 계속해서 비오 듯 한다.

잠시 내려서다 묘지가 나와서 주변 그늘에서 빵을 먹는데 구름 사이로 따가운 햇볕이 자꾸 내려 쬔다. 먹구름이 좀 더 많아져서 저놈의해를 완전히 가렸으면 좋겠다. 잠시 운행하여 이목마을 고개에 도착하니 담배잎 말리는 비닐하우스가 많이 보인다. 사진을 찍으려고 비닐하우스 안에 머리를 들이밀어 넣으니 눈이 엄청나게 매웠다. 역시 담배가 독하긴 독하다.

온통 밭투성이의 능선을 따라가다 잡목을 잠시 헤치니 드디어 88올

비닐하우스에 담배잎을 말리는 이목마을 담배건조장

림픽 고속도로가 나왔다. 이곳은 고속도로 건너 314.5봉으로 올랐다
가 다시 도로 우측 몇 백 미터 아래로 내려와야 하는 아주 얄미운 지역
이다. 특히 이곳 정맥을 고속도로가 마구 훼손하며 지나가서 무지 귀
찮게 되었다. 주변에 고속도로 건너는 굴다리를 찾아보니 없는 듯하여
할 수 없이 무단횡단을 하고 말았다. 만약에 고속도로 순찰차에 걸리
면 딱지 떼일 것이다. 물론 산 속으로 도망가겠지만….

초입에 있는 과수원을 지나 뚜렷한 등로가 나와 좋아했는데 갑자기
지독한 칡덩굴 밭이 나오는 바람에 고생 무지하게 했다. 완전 초죽음
이 되어 2시40분 314.5봉에 오르니 삼각점은 있지만 전망은 완전 꽝
이다. 잠시 쉬고 다시 88고속도로에 내려서는데 길도 없는 능선을 내
려오다 실수로 약간 옆으로 잘못 내려섰다. 고속도로부터는 잠시 도로
를 따라 진행해야 했다. 지나가는 차들이 함부로 고속도로를 돌아다닌

다고 상향등을 번쩍번쩍 거리며 지나간다. 잠시 후 시목마을로 내려가 다시 능선으로 올라 밭과 묘지 등을 지나며 농로를 따라가다 4시쯤 24번국도가 지나가는 방축마을 고개에 도착했다. 옆에는 작은 공원 비슷하고 길 건너 마을에는 넓은 공터에 정자를 지어 놓아 마을 노인 들이 쉬고 있었다. 잠시 쉰 후 길 건너 마을에서 식수를 얻어 마을 뒤 밭을 지나 덕진봉을 향하는데 갑자기 하늘에 시커먼 먹구름이 몰려들 며 주변이 어두워졌다. 곧 비가 한바탕 쏟아질 것 같은 분위기다. 한참 을 고민하다 무리할 필요 없다는 생각을 하고 다시 내려왔다.

다시 밭으로 내려와서 운 좋게도 빈 비닐하우스를 발견하여 배낭을 풀었다. 비닐하우스가 있으니 이젠 비가 아무리와도 문제없다. 어디 한번 올테면 와봐라. 아니 이참에 한번 질리게 쏟아 부어라. 이제는 걱 정 없으니까.

7월 15일 수요일·비

예상대로 밤새 비가 내렸다. 그리고 아침에도 비는 계속 내린다. 그 러나 나는 비닐하우스 덕에 아무 걱정이 없다. 그래서 '에라 모르겠 다' 하고 계속 잤다. 그러나 얼마 후 비가 그치고 이놈의 날씨는 빨리 산으로 오르라는 눈치다. 덕분에 좀 쉬려고 했는데. 할 수 없이 짐을 꾸 려 11시 출발하니 또다시 비가 내린다.

'여우가 시집가나 무슨 날씨가 이따위야.' 뚜렷한 등로를 따라 오르 다 얼마 후 약간의 잡목지역을 지나 덕진봉 정상에 올랐다. 정상에는 작은 소나무 숲 속에 돌탑이 숨어있다. 전망은 소나무숲이라 형편없어 그냥 뚜렷한 등로를 따라 내려가는데 덕진마을 주변 능선부터는 산딸 기 덩굴이 너무 무성하게 자라 길을 거의 덮어버렸다. 딸기덩굴의 가 시가 옷을 뚫고 살을 찌른다. 정말 지겹다. 딸기라도 열렸으면 그나마

하룻밤 쉬세진 방축마을 빈 비닐하우스가 고맙다

봐줄텐데, 이놈의 딸기덩굴은 딸기도 전혀 안 열렸다. 정말 도움이 안
된다.

잠시 후 262.9봉 전에 뚜렷한 고개부터 능선 왼쪽 아래에서 우렁찬
구령 소리가 들린다. 군부대가 있는 듯하다. 넓은 등로를 따라 가는데
262.9 삼각점이 길옆에 버려진 듯이 설치되어 삼각점이 불쌍해 보인
다. 이렇게 처참하게 보이는 삼각점은 처음이다.

바로 앞 봉우리는 상당히 가파르게 보이는데 오르막이 시작되는 지
점에서 갑자기 등로가 없어지더니 곧 희미하게 다시 이어진다. 왼쪽
아래로 문암제 저수지가 보이는데 그 옆에 군부대인 듯한 건물들이 보
이고 구령소리가 계속 들린다. 이름도 없는 바로 앞 봉우리로 올라가
는 길은 너무 가팔라서 무지 힘들고 너무 지친다. '정말 죽을 맛이
군.!'

2시10분, 정상 직전 전망 좋은 바위에서 호남정맥 등로는 갑자기 왼
쪽 아래로 이어진다. 그러나 이렇게 전망 좋은 곳에서 그냥 갈 순 없지.

전망 좋은 바위에서 간식을 먹으며 주변 경치를 둘러본다. 멀리 앞으로 가야 할 산성산 능선이 펼쳐진다. 능선으로 산성이 이어지는 것도 보여 산행이 매우 수월해질 것으로 예상했다. 눈 앞에 보이는 산성은 금성산성이라 부르는데 지도에는 명칭없이 산성표시만 되어 있다.

자리를 털고 일어나 가파른 비탈을 따라 내려서며 능선을 따르는데 길이 뚜렷하다. 전망 좋은 바위도 자주 나오더니 산성산 직전에 절벽이 나오며 동아줄이 걸려 있다. 무거운 배낭을 메고 동아줄 타고 절벽을 오르려니 상당히 위험했다. 특히 바위가 비에 젖어 미끄러우니 더욱 더 그랬다. 바위절벽을 이룬 산성산 정상 아래서는 절벽 우측으로 돌아서 정상 옆 능선에 오르니 정맥 능선 따라 금성산성이 이어지고 있다. 그러나 조금 전에 생각했던 것과는 달리 금성산성 위로는 잡목이 엄청나게 무성해 헤치고 가기 무지 힘들었다.

지독한 잡목을 헤치고 동문에 도착하니 등산로 안내판이 있고 조금 더 진행하니 산성 위에 572.7봉 삼각점이 설치되어 있다. 삼각점도 유적지 일부인가? 다행히 이곳 주변은 일반등산객들이 많이 찾는지 등로가 뚜렷하고 표지기들도 자주 보이며 전망도 좋다. 4시30분, 이곳에서 가장 높은 봉우리에 도착했다. 실제 정상은 이곳인데 삼각점과 산성산 정상 등 모든 것이 따로 노는 듯한 느낌이다. 능선 오른쪽 아래로는 저수지가 내려다보인다. 너무 더워서 수영이라도 하고 싶다. 이렇게 깊숙한 골짜기에 왜 저수지를 만들었는지 모르겠다. 왼쪽 아래로는 담양호, 북쪽으로는 광덕산(583.7m)이 보이는 등 경치가 정말 좋은 곳이다.

정상 바로 아래에는 텐트를 설치할 수 있을 만한 공터가 있는데 전망도 좋아 물만 있으면 하룻밤 보내고 싶은 곳이다. 저수지 방향으로 등로도 뚜렷하다. 강천사에서 올라오는 등로인 것 같다. 곧 왼쪽으로 금성산성 따라 잡목숲 속으로 희미한 등로로 진행하는데 비가 와서인지 비탈진 곳에 서 있는 바위에서 물방울이 많이 떨어진다. 이곳에서 야영하면 코펠에 물을 받아 사용할 수 있을 정도였다.

곧 북문이 나오는데 등산로 안내판과 왼쪽 아래 담양호 방향 산성리 쪽으로 등로가 뚜렷하다. 그러나 북문을 통과하여 호남정맥을 따르는 길은 온통 잡목에 뒤덮여 너무 지겨운 상황이다. 잠시 고민하다 아무래도 전망 좋은 곳에서 야영하는 편이 나을 듯하여 저수지가 내려다보이는 공터로 다시 올라갔다. 공터에서 짐을 풀고 코펠과 물통을 들고 다시 물방울이 많이 떨어지는 곳에서 어렵지 않게 물을 받아왔다. 비가 와서 오히려 다행이었다. 날이 어두워지니 빗방울이 조금씩 떨어진다. '큰일이군 또다시 비가 오면 안되는데….'

7월 16일 목요일·비

밤새 폭우가 쏟아지며 아침까지 무시무시한 천둥 번개가 내리쳐서 죄진 것도 없는데 무척 겁이났다. 아니 죄는 조금 진 것 같다. 아니다 잘 생각해보니 죄를 무지 많이 졌다, 특히 불효를….

하루종일 비가 오면 이곳에서 계속 잠이나 자야겠다고 생각하는데 비가 그치는 듯하여 일단 밥을 해먹고 짐을 꾸렸다. 날씨 상황을 살펴보니 더 이상 비는 올 것 같지 않아서 9시 30분에 그냥 출발했다. 다시 북문으로 가서 훼손된 산성터를 지나 잡목을 헤치고 가는데 또다시 많은 비가 내린다. 빗속에 잡목숲을 헤치려니 정말 힘겹다. 어디가 어딘지도 모르고 정신없이 진행하다보니 길이 희미하게 나오지만 비에 젖은 잡목이 대무문 가로 막아서고 있다.

얼마 후 비가 거의 그치고 다시 등로는 뚜렷해진다. 그러나 광덕산 등 주변 산들은 먹구름 덕에 어두워서 잘 보이지 않는다. 잠시 더 운행하니 곧 어둠은 걷히고 곧바로 날이 맑아지며 해가 살짝 비친다. 날씨가 미쳤나? 천둥번개에 폭우가 쏟아지더니 운해도 없이 해가 뜨고…. 그러나 먹구름은 계속 남아 있어 해는 들락날락한다.

얼마 후 바로 앞에 광덕산이 보였다. 1981년 1월 최초로 광덕산 군립공원으로 지정되어 입장료도 받고 있는 광덕산은 정맥에서 약간 우측으로 벗어나 있지만 그래도 가까우니 한번 올라가 봐야겠다. 광덕산은 이 지역에서는 강천산이라 부른다. 또한 산 아래는 강천사라는 절도 있다. 그런데 지도에는 왜 광덕산이라 표기되어 있는지 모르겠다.

11시 55분, 드디어 광덕산 갈림길에 도착하니 묘가 여러 기 있다. 배낭을 내려놓고 카메라만 들고 억새, 잡목 등을 헤치며 광덕산 정상에 오르니 어제 지나온 산성산 일대가 보이는 것 외에는 전망이 형편 없다. 실망하여 다시 갈림길에 되돌아 와서 간식을 먹으며 쉬다가 다시 출발했다.

오른쪽 아래 자양리와 왼쪽 아래 용연리를 넘어 다니는 뚜렷한 고개에서 잠시 쉬고 다시 능선을 오르는데 해가 다시 나오며 따갑게 내리 쬔다. 비온 후 따가운 햇살이 비추니 무척 덥고 힘들다. 곧바로 앞 바위봉우리에 오르니 갑자기 절벽이 나왔다. 너무 황당했다. 이런 절벽이나오면 어찌 하란 말인가 이곳은 주변이 모두 절벽이다. 되돌아가는 수 밖에 없을 듯 하여 방법을 강구하기로 했다.

이곳은 마치 백두대간 종주 붐이 일기 전 대야산의 불란치재 방향 흙 절벽과 비슷했다. 하지만 대야산의 흙 절벽은 이제 더 이상 흙 절벽이 아니다. 많은 백두대간 종주자들이 흙 절벽에 발자국을 만들고 다닌 후 비가 내려 흙이 모두 비에 씻겨 버리고 바위가 드러나 이제 절벽같은 느낌은 사라지고 말았다. 이곳 역시 호남정맥 종주 붐이 일게 되면 대야산 절벽과 비슷한 상황이 될지도 모르겠다.

금성산성 성벽으로 연결된 산성산 능선

　어찌 되었든 무거운 배낭을 메고 이곳을 내려가려면 잡목들이 절벽에 단단히 뿌리를 내리고 있어야 되는데 어떻지 일단 잡목을 붙잡고 내려가야겠다고 생각했다. 마음을 굳게 먹고 조심스럽게 잡목을 잡으며 내려갔다. 미끄러지면 최하 사망에 이를 것 같다. 그러나 다행히 사고 없이 내려갔으며 밑에서 절벽 위를 올려다보니 정말 위험한 짓을 했다는 생각이 든다.

　잠시 후 2시 10분, 묘지 비로 위로 510봉에 올랐다. 온통 잡목에 가려 전망을 살피기 어려웠으나 삼각점은 깨끗한 모습으로 제자리를 지키고 있었다. 이곳에서는 진행 방향에서 오른쪽 아래로 정맥이 이어지지만 등로는 엉뚱하게 다른 방향으로 뚜렷했다. 510봉 바로 아래에 있는 묘지에 가기 위한 길인 것 같다.

　정맥으로 이어진 능선 초입은 잡목에 가려 뒤에 올 다른 종주자를 위해 잡목을 제거하며 초입을 뚜렷하게 만든 후 내려가니 의외로 희미하게 등로가 나왔다. 잠시 후 등로가 뚜렷해지며 철탑을 세우기 위해 뚫은 낡은 임도를 따라 정맥이 이어졌다. 낡은 임도를 따라 철탑을 지나면서 임도는 왼쪽 아래로 내려갔다. 나는 능선을 따르느라 계속 운행했으나 등로가 희미해지며 결국 없어지더니 오정자재 오른쪽 약 300미터 아래로 떨어지고 말았다. 조금 전에 능선 왼쪽 아래로 내려가는 임도를 따라 가야 될 것 같은데 실수 한 것 같다.

　오정자재는 주변에 월정리로 이어진 시멘트 포장도로와 넓은 공터가 있다. 이곳에서 운행을 마치기로 하고 왼쪽 아래 가마골 입구 방향으로 10여분 내려가니 비가 와서 그런지 계곡에 많은 물이 하얀 포말을 일으키며 시끄러운 소리와 함께 흐르고 있는 것이 보였다. 계곡에서 목욕 후 옷을 갈아입고 다시 오정자재로 올라와 버스를 기다리다 운 좋게 마음씨 좋은 아저씨를 만나 승용차를 얻어 타고 내려왔다.

오랜만에 누리는 여유

8월 18일 화요일 · 비

　그동안 이상기온으로 전국에 사상 최대의 물난리가 났다. 지리산 각 지역에서 시간당 최고 139밀리미터라는 엄청난 폭우로 사상 최대의 인명 피해를 입는 등 전국적으로 집중폭우에 많은 인명·재산피해를 입어 나라 안이 떠들썩하다. 하루빨리 안정을 되찾아야 할텐데 걱정이다. 결국 나 역시 어찌할 방법이 없어 계속 배낭만 들었다 놨다 하며 산행을 못하다가 이번에 한관희 씨가 휴가라서 같이 산행하고 싶다고 하여 이번 주 계속 비온다는 일기예보를 무시하고 3일 일정으로 내려오게 되었다.

　밤차로 광주에 내려오는 동안에도 예외 없이 폭우가 쏟아지더니 광주역에 도착하여도 비는 그칠 줄 모르고 계속 내렸다. 우리는 심란한 마음으로 근처 식당에서 이른 식사를 하고 담양으로 갔으나 비는 계속 내렸다. 그래도 할 수 없이 지난번 내려왔던 오정자재 근처까지 버스를 타고 가서 잠시 기다리니 다행히 비가 그쳤다. "날씨도 사람 볼 줄 안다니까." 시간은 많이 빼앗겼지만 그래도 다행이라고 생각하며 우리는 물통에 미숫가루를 타서 넣고 10시 30분 오정자재에서 호남정맥을 밟기 시작했다.

　고개 왼쪽 농로 따라 능선을 오르는데 염소 농장이 있는지 고압철망이 둘러쳐져 있어 조심스레 넘어갔다. 주변은 밤나무단지였다. 철

189

탑이 보이는 곳에서 영지버섯이 발견되어 한관희 씨가 배낭에 챙긴다. 철탑에서 우측능선으로 운행하며 잠시 임도로 이어지더니 갑자기 관리가 안된 방화선으로 변하여 온통 잡목숲이다. 오늘 운행할 호남정맥의 오른쪽은 전라북도이고 왼쪽은 전라남도로 경계를 이루어 있어 도도계를 따르게 되었다.

한관희 씨가 몸이 안 풀려 너무 힘들어한다. 약 30분이나 쉬고 계속 비에 흠뻑 젖은 잡목숲을 헤치고 운행했다. 가끔 영지버섯이 발견되어 한관희 씨는 경비는 뽑았다며 좋아했다. 얼마 후 등로 상태가 좋아지더니 전망 좋은 암릉이 나왔다. 우리는 너무 좋아 1시간 가까이 앉아서 놀며 비가 그쳐서 다행이라는 등 운행시간보다 쉬는 시간이 많으니 너무 즐겁고 바람직한 산행이라는 등 농담 섞인 말을 하며 마냥 즐겼다. 다만 비온 후라서 안개가 끼어 주변 경관을 제대로 볼 수 없음이 조금 아쉬울 뿐이다.

이번 종주산행은 시간과 거리에 구애받지 않고 둘이서 산행을 즐기며 여유를 맘껏 부리기로 했다. 12시40분, 508.4봉을 지나자 임도가 나왔다. 원래는 온통 잡목이어야 하는 이곳 주변이 누군가 능선 위를 잡목 등을 제거하여 등로를 뚜렷하게 만들었다. 우리가 이곳에 올 거라고 연락해 놓았더니 이쪽 지역 사람들이 알아서 등로를 만들어 놓은 것이라며 그 사람들은 아마 무척 착한 사람들 일거라며 농담을 하자, 한관희 씨는 자기가 오는 것을 안 모양이라며 사람 볼 줄 안다나 어쩐다나….

더욱 뚜렷한 등로를 따라 용추봉 정상에 올랐다. 정상은 헬기장으로 북쪽 가까이 밤재를 넘어 다니는 자동차 소리가 들리고 주변엔 잡목이 자라고 있어서 경치는 볼 수가 없다.

간식을 먹으며 놀다보니 또 1시간이나 흘러 2시30분에 다시 출발하였다. 늘 여유있는 산행을 해보고 싶어했지만 항상 단독 종주만 하다보니 마음의 여유가 없어 이런 여유 있는 산행을 하지 못했는데 이번 구간은 한관희 씨 덕분에 정말 즐거운 산행을 해본다. 다행히 이번에는 등로 상태도 아주 좋다. 낡은 헬기장을 지나자 임도가 나와서 또 30분이나 쉬고 간다.

신선대 윗봉우리에 도착하니 작은 안내판이 설치되어 있었으며 '지재산 591m' 이라고 씌어 있다. 남쪽 담양 방면의 가마골 야영장 유원지에서 설치한 모양이다. 이 주변 지역에서는 가마골이 상당히 유명한 계곡이라고 한다. 전해 내려오는 말에 의하면 예전에 반란군들이 숨어살던 지역이라고 했다. 잠시 쉬고 오른쪽 가파른 등로를 따라 잠시 진행하니 또 임도가 나온다. '이 임도는 도대체 누가 만든서야. 온통 임도 투성이군….'

곧 4시30분, 532.7봉에 도착하니 정상은 헬기장이고 삼각점은 찾을 수 없다. 헬기장 주변은 풀이 무성하게 자랐으며 주변 전망을 볼 수가 없어 빵을 먹으며 쉬다가 천천히 출발 했다. 계속 뚜렷한 등로를 따르다 작은 봉우리에서 가파른 비탈을 내려서니 가마골에서 올라온 임도와 만났다. 방금 내려온 작은 봉우리에서 뚜렷한 등로를 따르다 정맥을 약간 벗어난 것이다. 다시 정맥능선을 찾아가니 어차피 이놈의 임도가 정맥 능선 위를 돌아다니고 있었다. 일단 천치재 주변에서 야영지를 찾으려고 돌아 다녔으나 마땅한 곳이 없어 계곡을 찾아가려고 숲길을 가는데, 한관희 씨가 뱀이 있다고 알려준다.

가까이 다가가서 지팡이로 머리를 톡톡 치며 약을 올리려 했지만 이놈의 뱀은 전혀 반항하지도 않고 귀찮다는 듯 도망가려고만 했다. 정말 맹물같은 뱀이다. 너무 재미가 없어서 숲속에 집어던지고 계곡으로 내려가려다 계곡물 소리가 너무 크게 들려서 다른 곳으로 가기위해 되돌아 왔다. 계곡 물 흐르는 소리가 너무 요란하면 시끄러워서 서로 대화나누기가 어렵고 비가 내려 물이 불어났기 때문에 수질문제와 안전문제를 생각하여 다른 곳으로 이동하기로 한 것이다.

돌아오던 길에 숲 속에 버렸던 뱀이 또다시 나타났다. 정말 웃기는 놈이다. 그러나 너무 재미없는 놈이라 그냥 지나쳤다. "저런 놈은 아마 맛도 별로 없을 거야!" 할 수 없이 아까 내려왔던 임도까지 올라가서 물이 흐르는 곳 주변에서 야영을 한다. 오늘은 전구간 등로 상태가 너무 좋아 힘들이지 않고 운행 할 수 있었으며 운행시간과 쉬는 시간이 비슷하여 너무 여유있는 산행을 했다. 영지버섯도 많이 채취했으니 정말 영양가 있는 산행이었다. 정말 즐거운 산행이었다며 우리는 주변 계곡에서 목욕 후 밤새 놀다가 잠이 들었다.

8월 19일 수요일·맑음

오늘은 어제보다 더욱 여유를 부리며 운행키로 하여 10시30분이 되어서 출발하게 되었다. 천치재 도로 건너 농로를 따라 능선을 잠시 오르다 숲속으로 들어가니 곧 지독한 가시덩굴과 잡목이 나온다. 한관희 씨는 처음 겪는 일이라 기분이 어떨지 걱정이다. 이런 구간은 없길 바랬는데…. 오늘도 진행 방향의 오른쪽은 전라북도이고 왼쪽은 전라남도라서 도 경계만 따르면 되는 구간이다. 곧 작은 봉우리에 올라서니 낡은 임도가 나오고 철탑이 세워져 있다. 낡은 임도는 철탑을 세우기 위해 만들었을 것이다. 임도 따라 잠시 내려서니 무지 낡은 농로가 나오고 곧 비포장 고개가 나오는데 조금 전 낡은 임도와 이어져 있었다. 비포장 고개 건너에는 고압 철조망이 둘러쳐져 있어 철망 넘어 철탑이 있는 언덕에 올라서니 시원한 바람이 너무 좋아 마냥 쉬고 간다. 이곳은 염소 농장인 듯 염소 울음소리가 들린다.

용추봉 정상에서 한관희씨(좌)와 필자

'땅바닥에 웬 검정콩? 아주 공갈 염소똥…' 다시 철망 넘어 바로 앞 봉우리에 올라서니 또 철탑이 나왔다. 바람이 너무 시원하고 영지버섯도 자주 발견되었으며 마냥 쉬다보니 1시간이나 쉬고 출발했다.

얼마 후 견양동 윗 능선에서 낡은 농로를 만났다. 오른쪽으로 잠시 내려서니 샘이 있다. 라면을 끓여 먹으며 물통에 미숫가루를 타고 쉬다가 3시나 되어 출발한다. 잠시 농로 따라 능선을 걷다 곧 숲속으로 올랐다. 초입은 등로가 뚜렷한데 곧 거대한 암릉으로 바위절벽이 나와서 왼쪽으로 길도 없는 숲을 지나며 우회하여 올랐다. 암릉 지역은 항상 전망이 좋기 마련이다. 일단 능선에 오르니 다시 뚜렷한 등로가 나오고 710.1봉에 도착하니 정상은 헬기장으로 변했으며 삼각점은 찾을 수 없다.

좋은 경치를 감상하며 계속 암릉지역이 나올 때마다 쉬며 가니 6시나 되어서 추월산 정상에 도착하게 되었다. 이 산은 정상보다는 오히려 이곳에 오는 도중 자주 만나는 암릉의 경치가 더 좋았다. 일단 기념 촬영을 한 후 잠시 쉬다 밀재를 향해 내려섰다. 곧 헬기장이 나오고 좌측으로 내려서니 왼쪽으로 추월바위가 마치 사람 얼굴 같다.

뚜렷한 등로 따라 계속 비탈길을 내려가려니 무지 지겹다. 얼마 후 왼쪽 아래로 비포장인 듯한 도로가 보이고 바로 밀재에 도착하니 7시 10분이나 되었다. 밀재는 고개 오른쪽인 전라북도 쪽으로는 아스팔트 포장이 되어 있고 왼쪽 전라남도 방향으로는 시멘트 포장뿐이었는데 고갯마루에 공사중이라는 안내문과 함께 차량통행을 금지시키고 있었다.

우리는 야영지를 찾아 오른쪽으로 도로 따라 잠시 내려오니 작은 물줄기가 나와서 주변의 억새풀 등을 뜯어 바닥에 깔고 텐트를 설치했다. 가끔 자동차가 고개 위로 올라갔다 잠시 후 다시 되돌아 내려오곤 했다. 고개 넘어 공사하는 곳에서 할 수 없이 되돌아오는 듯하다. 나는 농담으로 차가 올라갈 때마다 "잠시 후 또 보겠군" 하면 옆에서 한관희 씨는 "아저씨 이따 또 봐요"라며 농담을 했다. 그러면 잠시 후 고개 위로 올라간 차는 틀림없이 다시 내려오게 된다. 정말 재미있다. 우리는 고개 위로 올라가는 차량에게 절대 이 사실을 알려주지 않았다. 왜냐구? 구경하는 재미가 그만이거든.

날이 어두워지자 하늘엔 별이 무지하게 많이 달렸다. 오랜만에 많은 별을 본다. 요즘은 거의 매일 비가 오기 때문에 별 보기도 힘들었다. 빨리 비가 그치고 날이 개야 농사에 지장이 없을 텐데. 요즘은 전국적으로 돌아가며 집중 폭우가 내려 사상 최대의 인명피해와 재산피해로 나라가 온통 쑥밭이 되어버렸으니 그저 한숨만 나올 뿐이다. 내일은 조금만 운행하고 서울로 올라가기로 하고는 목욕 후 별 보다. 선잠이 들었다.

많은 차들이 헛탕을 치고 내려오는 공사중인 밀재

8월 20일 복요일·맑음

날이 더워 밤새 뒤척이다 이른 새벽이 되어서야 잠시 눈을 붙일 수 있었다. 오늘은 서울로 올라가야 하니 몸만 풀고 내려가기로 하여 일부러 늦잠을 잤다. 일어나 보니 주변 산마다 골골이 안개가 멋지게 드리워져 있다. 이런 기회를 놓칠 수 없어 마치 영화의 한 장면처럼 도로에서 이리저리 돌아다니며 분위기를 한껏 즐겨본다.

안개 낀 이곳은 분위기가 너무 조용해서 좋다. 한관희 씨와 천천히 밥을 하는데 차가 또 고개로 올라간다. "아자씨 이따 봐요" 잠시 후 예상 대로 또 본다. 무지 재미있다. 천천히 밥 먹고 짐을 꾸리다보니 11시나 되어 밀재에서 느긋하게 출발하게 되었다. 그러나 초입부터 지독한 잡목에 가시덩굴이 진행을 방해한다.

잡목 사이로 희미한 길 흔적을 더듬어 520봉에 오르니 삼각점과 묘가 있다. 조금 더 진행하며 내려서니 암릉이 나오는데 절벽이었다. 할 수 없이 우측으로 우회하며 진행하는데 등로상태가 별로 좋지 않았다.

잠시 후 능선 안부에서 묘 두 기가 나오고부터는 지독한 덩굴잡목을 헤치고 지나야 했는데 인간 한관희, 지금의 심정을 나는 안다. 어제까지는 행복 그 자체였는데 오늘은 행복 끝, 불행의 시작이다.

덩굴 잡목 속에서 한참을 헤매다 으름 덩굴에 열린 덜 익은 으름을 발견했다. 한관희 씨는 처음 본다고 했다. "인간 한관희 출세했네" 으름도 보고….

1시10분 다시 출발했다. 이 지역은 조림지역으로 개발하려고 나무를 베어 놓고 방치하여 지독한 덩굴 잡목숲이 된 듯하다. 계속 지독한 잡목과 덩굴을 헤치고 가다 얼마 후 등로 상태가 잠시 좋아지는가 싶더니 또다시 모든 게 엉망이었다. 묘지도 많이 나오고 온통 억새와 잡목이 무성한 능선에서 헤매다 금방동 윗 능선에서 엄청나게 큰 느티나무가 나타났다. 오른쪽 아래로 금방동으로 연결된 농로가 있고 느티나무 주변은 널찍한 공터로 나무가 무지막지하게 커서 공터를 모두 그늘로 만들어 버렸다. 이렇게 훌륭한 쉼터를 그냥 갈 순 없지.

우리는 간식을 먹으며 한참을 쉬고는 다시 지독한 잡목을 헤매다 2시 쯤 금방동 마을 윗능선에 있는 밭에서 잠시 쉬었다. 시간도 애매하니 그냥 내려가자고 하며 한관희 씨 눈치를 보자 사실은 한관희 씨도 이쯤에서 내려가고 싶었는데 차마 말을 못했다면서 좋아한다. 이제 겨우 도상거리로 3킬로미터 정도밖에 안 왔는데 내려가려니 약간 우습다. 아니 이럴 땐 매우 훌륭하다고 하는 거다. 밭에서 오른쪽 바로 아래 민가로 내려가 도로 따라 용지마을로 가는 도중 개울가에서 목욕을 하니 정말 기분 죽인다. 이번 산행은 한관희 씨 덕에 너무 즐겁고 재미있었다. 고마운 인간이다. 고산자산악회(현 서울 대간산악회) 회원들과 함께하지 못한 것이 못내 아쉽다.

모기와의 전쟁

9월 10일 목요일·맑음

　오늘도 담양을 거쳐 지난번 내려왔던 금방동에 금방 도착했다. 마을에서 할머니에게 물을 얻으나 며칠 전부터 양수기가 고장이라며 걱정하셔서 들여다보니 자동 스위치가 계속 붙었다 떨어졌다 한다. 혹시 때가 끼었나 하고 닦아 보았지만 마찬가지다 할머니는 바쁜데 빨리 갈 길 가라며 그냥 놔두라고 하신다.

　양수기를 못 고쳐드려 미안한 마음을 가지고 9시30분, 지난번 내려왔던 능선으로 올랐다. 초입에 잡목 덩굴을 헤치며 오르자 곧 잡목이 사라지며 운행이 수월해졌다. 오늘도 계속 전라남·북도 경계를 따르게 되었다. 첫번째 봉우리에서는 정상 직전 묘지 앞에서 우측으로 내려서며 등로가 이어지지만 다음 봉우리에서는 정상 직전 묘지에서 좌측으로 내려서야 한다. 또 등로가 희미하고 잡목도 제법 많았다. 등로는 계속 형편없는데 묘지는 왜 이리 많은지 모르겠다.

　도장봉(459m)에 도착하니 흔히 보던 삼각점이 아닌 동판을 이용한 보기 드문 삼각점이 잡목에 거의 덮여 있었다. 등로상태는 계속 엉망이었고 밤나무 단지를 지나 어은동 마을에 도착하게 되었다. 어은동 마을 고개에 무지 큰 나무가 있어서 라면을 끓여 먹으며 더위를 피해 잠시 쉴 겸 물을 얻으려 가까운 민가에 내려갔다.

　마당이 있는 집안을 기웃거리며 마루에 앉아 있는 50대 중반으로 보이는 아주머니에게 "물 좀 얻으러 왔습니다" 라고 말하자 옆에 있으니 길어 가라고 하신다. 그런데 이 아주머니는 아무리 더워도 그렇지 상의를 완전히 벗어버리고 가슴을 다 들어낸 채 마루에서 고추를 다듬고 있는 것이 아닌가. 나원 참. 아무리 할머니에 가깝다고는 하지만 너무 심하다는 생각이 든다. 아가씨였으면 좋은 만남이 되었을 수도 있었는데…. 너무 민망하여 서둘러 물을 얻어 고개로 올라와 나무 그늘에서 라면을 끓였다.

잠시 쉬다 1시에 출발하여 소나무 숲을 지나고 대나무 숲을 헤치며 가다보니 밭이 나오는데 날이 무지 더웠다. 어제 뉴스를 들으니 9월인데도 가을 속의 여름이라며 올 여름보다 가을인 요즘이 오히려 더 기온이 높다고 한다. 평균 34도를 기록하고 있다나. 요즘은 왜 이리 기상이변이 심한지…. 어찌되었던 날이 더워 고생 꽤나 할 것 같다. 강두마을에 도착하니 논 사이로 시멘트 포장길 따라 정맥은 힘겹게 이어지고 있었다.

도로 지나 묘지에서 주변 마을을 둘러보며 쉬다 능선을 오르니 묘지와 TV안테나 그리고 밭이 나오더니 곧 칠립마을 고개가 나왔다. 오른쪽으로 칠립마을을 보며 가파른 오르막을 오르기 시작했다. 대각산(528.1m) 정상에 오르니 삼각점은 없고 패인 흔적만 있으며 온통 잡목투성이다. 잠시 쉬고 계속 진행하는데 891번 지방도가 지나가는 강선마을 고개에 내려설 때 지형이 애매하여 길을 잃고 무지 고생했다. 무슨 고개가 이렇게 평지에 가까운지 고개 같지 않은 고개다. 그러나 어찌 된 것인지 고개 왼쪽 전라남도 북하면 방향으로 더욱 뚜렷한 고개가 있어 착각하기 쉬운 지형이다. 지도에는 감상굴재라 표시되어 있는데 애매한 위치에 표기하여 어느 쪽을 감상굴재라 하는지 모르겠다.

주변에는 식당과 길 건너 4각 정자 그리고 마을이 있는데 마을에서 물을 얻고 시간을 확인하기 위해 핸드폰을 들여다보다 떨어뜨려 고장이

하룻밤 신세진 곡두재 쉼터

나고 말았다. 큰일이다. 그동안 사용하던 시계는 완전히 고장이 나서 새로 구입해야 하는데 비용이 모자라 할 수 없이 시계 구입을 미루고 핸드폰에 표시되는 시간을 이용했는데 이젠 그것마저 고장이 났으니 정말 답답하게 되었다. 지금이 몇 시나 되었는지 알 수 없는 상황에서 4각 정자 옆으로 농로 따라 논 옆으로 지나며 능선에 오르니 농로는 좌측으로 가고 호남정맥은 능선 우측으로 따라야 했다.

처음엔 등로가 뚜렷하더니 곧 잡목숲이 괴롭힌다. 곧 명지마을 고개에서 묘지 뒤 정자나무 그늘에 앉아 너무 지쳐서 마냥 쉬고 있다. 걱정이다. 시간을 모르니 운행 계획을 잡을 수도 없고 답답하여 미칠 지경이다. '하루쯤 일찍 내려갈까?' 한 시간 가량을 쉬면서 계속 핸드폰을 만지작거리다 결국 다시 능선을 오르기 시작했다. 그런데 이곳은 계속 소나무,와 잡목 등으로 메워져 도저히 지쳐서 못 갈 지경이었다. 정말 무지 열 받는다. 마구 잡목을 헤치고 가다보니 왼쪽으로 내려서자 안부에 고개가 있고 잡목이 어수선했다.

드디어 희미한 등로가 나오기 시작하며 해가 질 무렵 곡두재에 도착하니 고개 양쪽으로 임도가 있는데 능선에서 서로 연결되어 있지는 않았다. 왜 연결도 안 시키면서 능선까지 임도를 만들어 놓았는지 궁금하지만 지금 그런 걸 신경쓸 때가 아니다.

고개 넘어 잠시 가보니 묘지가 많다. 소나무 숲속으로 등로가 있음을 확인한 후 조용한 곳에서 야영하기 위해 고개 왼쪽으로 임도를 따라 잠시 내려섰다. 백양산 안내판이 나오고 곧 육모정 쉼터가 나왔다. 이럴 수가 이렇게 훌륭한 경우가 다 있다니 너무 반가웠다. 이곳에서 잠을 잘 수 있다고 생각하며 너무 지쳐 조용히 쉬고 있는데 이상한 소리가 지속적으로 들린다. 육모정 뒤 소리나는 방향으로 조금가보니 아이고 맙소사 이런 기쁜 일이 있을 수 있나. 샘이 있다. 이곳은 그야말로 최고의 야영지였다. 문득 좋은 야영지를 만나 즐거워하는 내 모습을 발견한다. 정말 단순한 놈이다.

이슬 피할 곳이 있으니 텐트도 안치고 그냥 자기로 했다. 너무 피곤하여 힘겹게 일지를 쓰고 혹시나 하며 핸드폰을 만지작거리다 갑자기 저절로 작동이 된다. 정말 기분 째진다. 9시 뉴스의 특종감이다. 빨리 방송사에 알려야 되는데…. 그러나 서비스 지역이 아니라 통화는 불가능하다. 시간은 안나오지만 그래도 너무 기분이 아주 좋다. 계속해서 정말 단순한 나를 발견하고 있다.

9월 11일 금요일·맑음

밤새 모기와의 전쟁을 치르느라 무지 혼났다. 이맘 때면 추워서 들어가야 하는데 날이 덥다보니 버티고 있나보다. 시간을 모르니 답답한 마음으로 능선을 올랐다. 등로는 좋았으나 곧 밭이 나오고부터 애매하다. 밭 사이를 헤매다 밤나무 단지 위 염소 농장의 철망 울타리 넘어 능선으로 올랐다. 처음엔 등로가 뚜렷하더니 얼마 후 길도 없고 잡목뿐이다. 다행히 전망좋은 암릉이 자주 나와 땀을 식힌다. 일단 능선에 오르니 등로는 뚜렷하나 사람이 별로 안다녀서 점차 희미해지고 있는 듯하다. 백학봉 갈림길에서 등로 안내 표지판이 보인다. 잠시 쉬고 계속 진행하는데 암릉이 자주 나왔다.

10시 30분쯤, 드디어 백암산 정상에 도착했다. 그러나 날이 뿌옇게 흐려 전망을 제대로 볼 수 없었으며 날이 너무 더워 힘들어 죽을 지경이었다. 미숫가루를 마셔가며 쉬고 나서 뚜렷한 등로를 따라 진행했다. 새재 주변에서 조심해야 하는데 국립공원이라 지도 확인도 하지 않고 진행하다 길을 잃고 우측 아래 계곡으로 내려서고 말았다. 시간도 거의 점심 때가 되어 마른 계곡을 물이 나올 때까지 내려가서 라면을 끓여 속을 채우고 다시 올라왔다.

이놈의 산은 계곡이 거의 말라버려 물 구하기가 무척 힘들다. 소죽엄재를 지나 곧 조릿대 숲을 지겹게 헤치고 능선을 오르니 다행히 등로상태가 좋아진다. 이제야 좀 살 것 같다. 바람도 시원해서….

너무 더워 시원한 바람에 땀을 식혀가며 한참 쉬다 암릉을 자주 지나가는데 까치봉 갈림길에서 등로 표지판이 보였다. 잠시 쉬고 30분쯤 진행하니 드디어 내장산(763.2m) 정상이다. 정상은 헬기장으로 그늘이 없었다. 할 수 없이 주변에 있는 산불감시초소 옆 나무 응달에 앉아 마냥 쉬게 되었다. 너무 더워 지쳐 버린 것이다. 한참을 쉬고 갈

길을 재촉하며 암릉으로 이루어진 연자봉 지나 계속 전망좋은 암릉이
이어진다. 왼쪽 아래로 전망대와 케이블카 시설물이 보이고 멀리 서래
봉이 희미하게 보인다. 날이 맑으면 기가 막힐텐데….

장군봉에 도착하여 미숫가루를 먹으며 쪼그리고 앉아서 졸다보니 5
시가 넘어버렸다. 너무 더워 지치다보니 자꾸 졸음이 왔다. 하지만 추
령까지는 가야 물을 구할 수 있으니 마냥 쉴 수도 없었다. 잠시 뚜렷한
등로를 따라 내려서니 백양사와 내장사 갈림길의 표지판이 나왔다. 가
파른 등로 따라 한참 내려서니 얼마 후 묘지와 넓은 등로가 나오는데
뭐하는 사람들인지 두 사람이 묘지 뒤에서 일하는 것 같아 추령 가는
길을 물어 계속 운행했다.

얼마 후 능선 주변에 공사현장이 보였다. 주변은 온통 공사장이고 6
시쯤 추령에 도착하니 민박, 여관, 음식점 등이 있다. 정말 훌륭한 고
개다. 공중전화로 산악회에 연락을 하니 거인산악회 이구 등반대장의
친구인 천호 형이 받는데 TV뉴스를 들으니 오늘이 올해 중 최고로 더
운 날이라고 한다. 젠장 한여름보다도 9월에 최고의 더위라니….

음식점과 매점을 겸하는 집에서 밥을 사먹고 1.8리터 음료수를 사
서 냉동실에 얼려달라고 부탁한 후 음식점 뒤 옥상에서 잠자는 것을
허락받았다. 옥상은 음식점으로 이용되는 곳으로 절반은 마루처럼 만
들고 지붕도 있으며 옥상 가장자리는 화초 등으로 가꾸어 놓은 훌륭한
곳이었다. 오래간만에 친절한 식당 주인을 만나 전망 좋은 옥상에서
자게 되었다.

9월 12일 토요일·맑음
식당주인 덕분에 잘자고 아침 일찍 일어나니 주변에 안개가 무척 짙
게 끼었다. 길을 찾을 수 없으니 안개가 걷히기를 기다려야 할 것 같다.

백암산 정상(상왕봉)

옥상에서 이슬은 피했지만 안개가 짙게 끼어 침낭이 눅눅하다.

안개가 걷히기를 기다리며 주변을 돌아다니다 식당에 부탁해 단단하게 얼린 음료수를 받아 8시40분 안개가 걷히면서 출발했다. 묘지와 삼각점이 수시로 나왔다. 바로 앞 봉우리는 암릉 지역인데 삼각점이 자꾸 발견되었다. '이곳에서 삼각점 설치 연수교육을 했나?' 등로는 계속 좋았는데 송곳 바위가 있는 봉우리에 오르니 잡목이 많아 전망이 형편없다.

지겨운 조릿대숲으로 내려가니 곧 황당한 절벽이 나온다. 너무 위험한 절벽이지만 돌아갈 곳을 찾기도 쉽지 않을 듯하여 할 수 없이 염소가 다닌 흔적을 따라 조심스럽게 내려갔다. '아휴, 정말 죽을 뻔했네.' 내려와서 보니 거의 목숨 걸고 내려와야 되는 황당한 절벽이다. 아직 장가도 못갔는데…. 얼핏 염소 울음소리가 나더니 곧 염소 농장의 낡은 철망 울타리가 나왔다. 그러나 능선 전체가 온통 조릿대와 잡목으로 지겨운 곳이다. 계속 질리는 잡목 속으로 오르내리려니 거의 돌아가실 판국이다.

복용재 지나 능선에 오르니 철망울타리는 사라지고 고압철선 울타리가 따라 다녔다. 다행히 등로 상태가 좋아 11시40분 434.9봉에 도착하였으나 삼각점은 찾을 수 없고 묘지만 있다. 계속하여 암릉을 올라 506봉에 오르니 정상은 잡목투성이 내리막은 길은 없어도 잡목이 없어 다행이었다.

여시목에 도착하니 낡은 임도가 보이고 주변은 온통 풀밭이었다. 임도를 따라 잠시 걷다가 뚜렷한 등로를 따라 낡은 염소농장 철망을 만났다. 곧 철망이 없어지고 온통 칡덩굴에 뒤덮인 헬기장을 지나니 잡목이 심하다. 두들재로 이어지는 능선초입 찾기가 쉽지 않아 이리저리 헤매며 운행하다 겨우 두들재에 도착하니 시멘트 도로가 바로 앞 봉우리의 송신소와 군부대가 있는 곳까지 연결되어 있다.

'또 걱정거리 생기는군.' 5월 초 존제산 군부대가 생각나서 공연히 고생할 것 없이 그냥 우회하기로 하고 도로 따라 20분쯤 내려오니 마을 직전에 감나무가 엄청나게 많았는데 잘 익은 감이 그대로 방치되어 있었다. 너무 아깝고 먹음직스러워 배낭을 내려놓고 정신없이 따먹었다. 호남지역은 감나무가 유별나게 많은데 작은 감이 열리는 감나무는 거의 관리를 하지 않아 잡목숲 등 산 속에 버려진 것들도 많았다. 열매가 작으니 상품가치가 없어서 그런 것 같다.

감으로 배를 채운 후 개운치로 올라가려 했으나 물 사정을 고려해 그냥 이곳 백석마을 위에 있는 논밭 사이의 농로에서 야영하기로 했다. 밭에서 일하던 주민들이 지나가며 '요즘 탈옥수로 유명한 신창원이 아니냐, 간첩이 아니냐' 고 묻는다. 나원 참….

204

9월 13일 일요일·맑음

　아침에 버스로 개운치에 오르니 작은 마을이 있는 특이지형으로 이상한 곳이다. 9시 쯤 버스 정류소에서 다시 지저분한 옷으로 갈아입고 작은 마을 뒤로 가파른 능선을 오르니 벌목한 지역이라 수풀이 우거져 무척 힘들다. 한동안 잡목을 헤치니 길이 뚜렷해지며 168봉에 올라서자 잡목이 무성하다. 계속 잡목 사이로 희미한 길을 더듬어 나가니 헬기장 지나서부터 지독한 잡목이 나왔다.

　고당산(689.7m) 정상에 오르니 정상에는 잘생긴 묘지가 자리잡고 옆으로 삼각점이 보인다. 주변엔 온통 잡목숲인데 왜 이런 곳에 묘지를 만들었는지 모르겠다. 곧 성묘를 와야 할텐데 고생 꽤나 하겠다 싶었다.

　30분 이상 쉬다가 계속 운행하지만 조릿대숲이 지겹게 이어지며 528봉 지나서야 등로 상태가 좋아졌다. 곧 굴재에 도착하니 농로가 나왔다. 길 건너로 밭이 있고 마을이 가까이 있는 듯하여 시간도 12시나 되어 쉬어갈 겸 오른쪽으로 가까운 오룡마을로 가서 물을 얻어 왔다. 미숫가루 등 간식으로 배를 채우고 1시 쯤 양호한 길을 따라 잡목투성이의 524봉과 553봉 지나면서는 산짐승을 잡기 위해 설치한 올가미들이 자주 나온다. 날도 지긋지긋하게 더워 정말 머리가 핑핑 돌 지경이다.

　잡목 속의 470봉을 지나 얼마 후 왼쪽 아래 석탄사라는 절로 연결된 듯한 고개에서 잠시 쉬고 계속 진행하는데 길도 없고 잡목만 귀찮게 하더니 서서히 길이 뚜렷하게 나왔다. '석탄사? 무슨 절 이름이 그래? 연탄을 때는 절이란 말인가?' 4시30분 쯤 갑자기 임도가 나와서 오늘은 마을로 내려가 하루밤 쉬고 가기로 하고 한참을 임도에서 여유있게 쉬었다.

잠시 후 임도를 따라 사적골 가까이 내려가니 고개 주변에 절을 짓고 있다. 고개 건너로 민가 한 채가 있고, 오른쪽 아래로 내려가니 능교리 마을이 나오는데 대부분 별장 같은 집들이다. 조용한 곳으로 야영지를 정하기 위해 능교리 골짜기로 농로를 따라 들어가니 엉뚱하게 산속에 별장이 나왔다. 조용한 곳을 이미 별장이 차지해서 주변을 좀 더 살피려는데 계곡에 할머니가 앉아 계시는 것이 보였다. 계곡에 물이 너무 없다는 말을 건네자 할머니는 귀가 어둡다고 하신다. 할 수 없이 주변을 둘러보며 조용한 곳으로 들어가 보기로 했다. 이곳은 계곡 물이 흐르는 것이 아니라 부분적으로 고여 있을 만큼 물이 귀하다.

곧 주변 숲에서 연세 지긋하신 분이 나오며 어서 오라고 반긴다. 인사를 하고 등산중인데 계곡 따라 올라가면 물이 얼마쯤 있는지 여쭙자 시간도 늦었으니 집에 들어와서 자란다. 이것도 인연이라면서 식사하러 들어오라고 해서 못이기는 척 옷을 갈아 입고 계곡의 고인물에 손과 발을 씻은 후 들어갔다.

집안에 들어가니 가족들이 식사를 하는데 두 부부 외에 몸이 안 좋아 요양 오신 할머니, 그리고 20대 초반의 예쁜 딸과 친구, 또 한 명의 요양온 남자가 식사를 하고 있다. 저녁식사는 항상 과일을 먹지만 고생하는 손님이 오셨다며 나만 밥을 따로 차려 주었다. 그런데 황당한 것은 모든 반찬이 완전히 정글이다. 그것도 인공 조미료와 고춧가루 등 자극 있는 것은 일체 사용하지 않아 맛이 밋밋하여 완전히 염소가 된 기분이다. 도대체 이곳은 가정집인지 별장인지 아니면 요양원인지 구분이 가질 않는다.

식사 후 잠시 산책을 하고 있는데 이 분들은 집안에서 예배를 보고 있다. 잠시 후 빗방울이 떨어지기 시작하여 집안으로 들어가니 옆에 같이 앉아서 예배보자고 하여 한참을 성경 말씀에 설명을 곁들여 듣게 되었다. 여러 가지로 고마운 집주인은 이곳이 일반 가정집으로 조용히 살고자 산 속에 들어 왔을 뿐이며 요양을 하기 위해 찾아오는 분들이 간혹 있으면 그냥 댓가 없이 받아준다고 했다. 그렇다고 치료를 하는 것은 아니고 성경 내용대로 음식을 최대한 가공하지 않고 자연 그대로 상태에서 먹으며 예배를 드리며 살고 있을 뿐인데 이곳에서 큰 도움을 얻고 되돌아가는 분들도 종종 있다고 한다.

더욱 특이한 것은 이곳은 일반 교회와는 전혀 상관없는 곳으로 오로지 개인적으로 성경 내용만 따를 뿐이지 일부 몇몇 교회처럼 영리를 목적으로 하는 사람들과는 전혀 상관없다는 것을 알아주길 바라는 듯한 말씀을 한다. 다리가 아플 만큼 한참을 앉아 들으니 정말 순순한 종교생활을 한다는 생각이 들었다.

예배가 끝나고 방 하나를 내주며 여기는 일찍 자고 일찍 일어나니 일찍 자라고 한다. 정말 순수하고 고마운 분들 덕분에 오늘 하룻밤을 훌륭하게 보내게 되었다. 그러나 풀독이 올라 뒤척이며 긁으려니 너무 가려워 괴롭다.

9월 14일 월요일·맑음

산행중 너무 편한 잠자리에 들어서 그런지 밤새 몇 번이나 깼다가 다시 잠이 들었다. 이른 시간인 5시에 일어나 주변 숲을 산책하다 오니 벌써 모두들 예배중이었다. 갑자기 비가 내리기 시작하여 재빨리들어가 같이 예배를 보게 되었다. 날씨가 정말 맘에 들지 않는다. 곧 비는 그치고 같이 밥을 먹는데 어제와 마찬가지로 밥상이 완전 밀림지대였나. 삭자 먹을 만큼만 접시에 담아 먹는 뷔페식이다. 식사 후 무지 예쁜 딸이 설거지를 하는데 얻어먹기만 하려니 미안해서 내가 먹은 접시는 내가 설거지하려하자 굳이 자기가 하겠다고 하여 어쩔 수 없이 산책하러 나갔다. 할머니와 집주인과 함께 주변 산책로를 거닐다가 돌아와서 다시 지저분한 옷으로 갈아입고 산으로 올라갈 준비를 했다.

9시가 되어 신세졌다고 인사하며 집을 나섰다. 정말 고마운 분들 덕에 잘 쉬고 간다. 다시 어제 내려온 고개로 올라가 수풀을 헤치고 길도 없는 비탈을 따라 428봉에 오르니 잡목 투성이다. 능선의 우측은 예전에 벌목 후 관리를 안한 듯 온통 잡목 투성이다. 지겨운 잡목을 헤치고 가다보니 삼각점이 나왔다. 1997년 설치했다고 표시되어 있다.

계속 지겨운 잡목 속에서 허우적거리며 운행하려니 풀독이 올라 온 몸이 가렵다. 정말 몹시 짜증이난다. 이곳은 오른쪽 아래 윗허궁실마을을 한 바퀴도는 듯 하다가 다시 계속 진행방향으로 이어지는 지형으로 마을을 한바퀴 돌았을 쯤 마을에서 설치한 TV안테나가 나오는 지역부터 등로가 좋아지기 시작했다.

구절재에 도착하니 고갯마루에 거봉포도를 파는 아주머니가 고생한다며 포도알 한줌을 주었다. 아주머니는 이곳에서 포도농사를 짓고 사는데 기후가 맞지 않아 6천만원이나 빚을 지고 있다며 한숨을 쉰다. 얘기를 들으니 남의 일 같지 않아 가슴이 답답했다. 이곳에 가게가 있는지 물어보니 오른쪽 산내면 방향으로 조금만 가면 있다고 한다.

잠시 내려가니 어제 하룻밤 신세를 진 능교리 입구를 지나 곧 가게가 나왔다. 가게에서 초코파이 등으로 배를 채우고 시원한 음료수를 를 사들고 다시 고개로 올라왔다. 아주머니에게 음료수를 드리며 마음속으로 힘내라고 위로했다.

좀더 쉬다가 1시40분이나 되어 출발했다. 묘지와 숲을 지나면서는 길이 전혀 없다. 계속 잡목을 헤치고 가며 부분적으로 사람 다닌 흔적이 뚜렷이 나왔다가는 다시 없어지곤 했다. 바로 앞 봉우리 가까이 가면서 다시 길은 뚜렷해졌다. 봉우리 주변 묘지에서 잠시 헤맸다. 길은

윗보리밭에서 만난 주민들. 밥먹으리며 괴롭히던 할머니에게서 우리의 따뜻한 인정을 …

곧 사라지지만 잡목이 없는 소나무 숲을 지나니 기분이 너무 좋다. 오
히려 가끔 나오는 관리되지 않은 묘지가 풀이 무성해서 방해가 되었
다. 얼마 후 밭이 나오고 농로를 따라 윗보리밭 고개에 도착하니 큰 느
티나무 아래서 밭일 하던 주민들이 참을 먹고 있다.

한 아주머니가 혹시 탈주범 신창원 아니냐며 웃는다. 특히 어떤 할머
니는 싫다는 대도 자꾸 밥을 먹으라며 괴롭힌다. '더워 죽겠는데 밥이
들어가나….' 밥 먹으라고 통사정(?)을 하시는 바람에 어쩔 수 없이
물만 달라고 하여 마시고 한참을 쉬다 계속 운행했다.

묘지를 지나 넓은 억새밭을 지나는데 오른쪽으로 빈 목장건물이 있
다. 예전엔 이곳이 목장이었나보다. 이놈의 억새밭을 헤치고 가려니
정말 지겹기만 하다. 길도 있는 듯 없는 듯 복잡하더니 앞 봉우리부터
좋아졌다. 묘지가 계속 이어졌기 때문이다. 왕자산(444.4m)에 도착
하니 묘지와 삼각점이 있다. 정상은 잡목이 많았지만 나무를 약간 베

어 놓았다. 영지버섯도 가끔 보이지만 관심이 없다.

늦기 전에 야영지를 찾아내야 하니 잠시 쉬고 곧 출발했다. 아래 보리밭 위로 고개에 뱀 그물을 친 곳을 지나며 등로가 희미해 정신없이 헤매다 방성골 고개로 내려가니 비닐하우스와 밭이 있었다. 고개 주변 마을에 큰 정자나무가 있었으나 야영하기 좋지 않아서 비포장 도로를 따라 윗마을로 한참 걸어가니 마을 입구에 큰 정자나무와 큰 4각 정자 쉼터가 있다. 주변에 세워 놓은 화물차 안에서 들리는 라디오 소리를 들으니 요즘 기승을 부리는 불볕 더위가 계속 이어질 것이란다. 정말 돌아가시겠다.

다행히 바로 앞집이 가게였는데 소를 여러 마리 키우고 있었다. 1.8 리터 음료수를 사서 냉장고에 얼려달라고 부탁한 후 정자 쉼터에서 밥을 짓는데 가게 아저씨가 뒤늦게 와서 밥 먹으러 들어오란다. '진작 말씀하시지…' 이미 밥을 하고 있다고 말씀드리고 주변을 둘러보니 너무 훌륭한 정자 쉼터다. 지금껏 내가 본 것 중 제일 크고 좋다. 풀독이 올라 가려워서 밤새 긁는다. 정말 지겹다. 목욕을 못해 몸이 끈적거리니 더욱 지겨워 진다.

백두넘어 곤륜까지

1998년 9월 15일 화요일·비

 새벽 일찍 일어나 컴컴한 어둠 속에서 밥을 해먹고 날이 밝을 때를 기다렸다. 날이 밝으며 주위엔 안개가 자욱하게 끼어 아무 것도 보이지 않았다. 안개가 걷히기를 기다리고 있는데 가게 주인이 나와 얼려놓은 음료수를 받아왔다. 일단 방성골 고개부터 윗마을 고개까지는 가까운 거리이기 때문에 안개가 걷히기 전에 미리 산행을 해두기로 했다. 방성골 고개로 올라가니 7시 45분, 묘와 밭을 지나 인개가 자욱한 숲속을 헤치고 나갔다. 밤새 내린 이슬로 숲에, 옷과 신발이 다 젖었다. 완전히 비 맞은 생쥐꼴이었다.

 얼마 후 묘지가 많은 곳을 지나고 밭을 지나니 윗마을 고개가 나왔다. 고개 지나 밭을 지나며 잠시 멈춰서 감나무에 주렁주렁 열린 잘 익은 감을 따먹었다. 이곳은 초입부터 등로가 뚜렷했다. 얼마 후 마을에서 설치한 TV 안테나를 지나 성옥산(388.5m) 정상에 도착하니 온통 잡목숲이다. 전망이고 뭐고 볼 수도 없었으나 다행히 안개가 걷혀 주었다. 그러나 날이 뿌옇게 흐려서 결국 전망은 이래저래 기대할 수가 없었다.

 온몸이 이슬에 푹 젖어 한참을 쉬며 지도를 살핀 후 계속 숲 속을 헤치고 가지만 주변을 제대로 살필 수가 없었다. 곧 묘지가 있는 고개가 니디나고 그 오른쪽 아래로 임도가 보인다. 차도 가끔 지나가는 것으로 보아 지도에는 나오지 않지만 옥정호 주변으로 마을마다 도로를 연결시킨 것 같다. 계속 길은 뚜렷한데 숲속에 웬 전신주가 쓰러져 있다.

334봉 지나 묘가 많이 나오는데 가는정이마을의 고개로 내려설 때 한참을 헤맸다. 오른쪽으로 호수가 보이는 가는정이마을에는 횟집 등 식당이 여러 군데 있었으나 미숫가루만 먹었다. 한참 쉰 후 여우치까지 가서 점심을 먹으려고 막 출발하는데 갑자기 소나기가 쏟아졌다. '젠장 무슨 날씨가 이 모양이야…'

급히 되돌아와 도로공사를 하기 위해 만든 조립식 건물에 들어가려니 빈 건물 문이 잠겨 있다. 다행히 창문 하나가 열려 있어서 배낭을 건물 안으로 던져 넣고 창을 통해 넘어 들어가니 안은 텅 비어 있고 비가 와서인지 아늑하게 느껴진다. '에라 모르겠다. 내일 비가 그치면 출발하지 뭐.' 그러나 한참을 퍼붓던 소나기가 갑자기 그쳐버렸다. '나원 참 별 거지같은 날씨를 다보네….'

다시 산으로 올랐다. 숲이 모두 비에 젖어 정말 귀찮기 그지없다. 등로가 뚜렷했지만 묘지를 지나 283.5봉 삼각점이 나온 후, 곧 길을 잃고 헤맸다. 밭 사이로 복잡하게 돌아다니다 겨우 여우치 마을에 도착했다. 비가 온 후 안개가 끼면서 길 찾기가 더욱 어려워졌다.

묵방산 방향으로 마지막 민가에 가니 빈집이 눈에 띈다. 빈집마루에 앉아 이런 날씨에 산행을 계속해야 할지 말아야 할지 걱정하는 동안 갑자기 안개가 걷히며 해가 나왔다. '뭐 이런 날씨가 다 있어!' 다시 산을 오르기 시작했다. 처음부터 길도 없고 잡목과 억새가 가로막아 헤맬 수밖에 없었다. 한참을 오르자 다시 등로가 뚜렷해졌다. 묵방산(538m) 정상이 가까워지며 약간의 바위지역을 지나니 등로는 뚜렷했다. 그러나 숲이 비에 젖어 모든 것이 엉망이다. 또 다시 등로가 희미해져 계속 길을 잃고 헤매기를 여러 번하고 4시50분쯤 드디어 초당골 고개에 도착했다. 초당골? 초당약수라는 말은 들어봤는데….

주변에는 횟집과 마을 그리고 옥정호가 바로 옆에 있다. 무슨 정맥이 호수 옆길 따라 힘없이 이어지는지 모르겠다. 오늘은 이곳에서 하룻밤 자기로 했다. 내일 가야 할 능선 따라 잠시 도로가 이어져 있었다. 지도에는 이미 포장이 되어 있는 것으로 표시되었지만 실제는 아직도 비포장이었다.

시간도 많고 하여 잠시 정맥을 따라 도로 위를 걸었다. 도로는 곧 우측으로 지나가고 정맥은 또 다시 숲을 이루며 산으로 이어졌다. 초당골로 돌아와서 호수에 발을 씻고 슬리퍼로 갈아 신었다. 산행 후 발이 편해야 되기 때문에 여름부터 슬리퍼를 가지고 다녔다. 비를 맞으며 산행을 했더니 몰골이 말이 아니다.

가까운 가게에 음료수를 얼려 달라고 부탁한 후 댐 주변을 맴돌며 야영지를 찾다가 낚시꾼이 만들어 놓은 듯한 호수 옆 전망 좋은 야영지를 발견했다. 옥정호가 보이기 시작하면 좋은 경치를 볼 수 있을 거라 예상했는데 막상 호수가 보이기 시작할 땐 날이 흐려서 전망이 형편없었다. 달이라도 밝으면 괜찮을텐데….

9월16일 수요일·맑음

텐트 프라이를 치지 않고 자는 바람에 새벽에 내린 이슬로 텐트가 푹 젖고 침낭도 습기가 스며들었다. 짐을 꾸려 초당골 매점에서 얼려 놓은 음료수와 빵 등 간식거리를 챙기고 세수를 끝냈다. 잠시 앉아서 옥정호 수면 위로 잔잔한 물안개를 감상한다. 분위기가 너무 좋아 문득 내 신세가 처량하다는 생각이 든다. 마치 풍요로운 문명 속에 내버려진 미개인 같은 느낌…. 지나가는 차량 속의 사람들 표정은 마치 풍요로운 생활을 맘껏 누리고 있는 듯 행복해 보인다.

나는 지금 무엇을 하고 있는 것일까? 잃어버린 민족정신을 되찾겠다고 시작한 이 일을 계속 해낼 자신이 없다. 아무도 관심없는 일을 마치 신 내린 사람처럼 나 혼자만 중요한 일로 생각하고 있는 것은 아닐까? 어쩌면 아무 의미도 없는 일에 무모한 계획을 세워 실현시키려고 자신을 망가뜨리고 있는 것은 아닐까. 복잡한 생각을 하다가 자리를 털고 일어섰다. 생각이 많을수록 마음이 약해지기 때문에…. 오늘 오후엔 집으로 올라가야겠다.

8시 20분, 잠시 비포장도로를 따르다 묘지 사이로 능선을 오른다. 초입부터 길도 없는 잡목 속을 헤치고 가려니 너무 힘들다. 하지만 묵묵히 잡목을 헤치고 한 걸음 한 걸음 앞으로 나가고 있다. 둔터니마을 윗능선 쯤에서 지도에 표시되지 않은 삼각점을 지나 곧 능선 왼쪽으로 독할(땅두릅)밭이 나왔다. 이런 숲 속에 이렇게 큰 독할밭이 있는지 모르겠다.

293.4봉에 도착하니 주변은 온통 잡목투성이로 주변 산세를 살필 수 없다. 잠시 쉬며 목을 축이고 다음 봉우리를 향하는데 갑자기 배낭 속의 핸드폰이 울린다. 분명히 핸드폰을 꺼 놓았는데…. 배낭을 내리고 핸드폰을 받아보니 한관희 씨였다. 안부가 궁금해서 전화를 걸었다고 한다. 한관희 씨 말로는 요즘 서울도 계속 불볕 더위가 심해 더웠다고 한다. 그러나 어제 비가 온 후로 오늘 갑자기 가을 날씨가 되어 버렸다는 것이다. 이곳 역시 똑같다고 말하며 잠시 이야기를 나누었다.

전화를 끊고 바로 앞 봉우리에 오르니 멀리 앞으로 임도 같은 것이 희미하게 보인다. 희미한 등로를 따르다 임도 고개에 도착했다. 임도는 호남정맥의 양지 흰바위 마을 윗능선을 일부 자르며, 다시 되돌아 내려갔고 대모마을 방향인 왼쪽 아래로 내려가는 임도를 만들어 삼거리가 되어 있었다. 삼거리에서 해가 드는 양지쪽에 젖은 짐을 잠시 말리며 간식을 먹었다.

잠시 후 오봉산(513.2m)을 향하는데 등로 상태가 너무 훌륭했다.

초낭골 호수 옆으로 힘겹게 정맥은 이어진다.

마치 일반 등산로와 같다. 약초꾼들이 많이 다닐리는 없고 왜 이리 등로 상태가 좋은지 모르겠다. 아침에 잡목 숲을 헤치고 와서 풀독이 목둘레에 퍼지니 무척 가렵고 답답하다. 가파른 비탈을 오르며 땀을 흘리기 시작하니 온몸이 가렵고 미칠 지경이다. 나는 왜 이런 힘겨운 일을 하고 있는지 한심하게 느껴진다.

오봉산 정상이 가까워질수록 암릉이 자주 나오더니 12시 드디어 오봉산 정상에 올랐다. 오봉산 정상에는 작은 공터와 옥정호 옆으로 간간이 이어진 호남정맥이 내려다보이는 바위 전망대가 있다. 정말 오래간만에 보는 훌륭한 곳이다. 빵을 먹으며 한참을 앉아 있었다. 이렇게 훌륭한 경치를 스쳐 지나치기가 아쉬웠다. 어제까지 날이 흐리고 더워서 너무 힘들었는데 오늘 갑자기 날이 좋으니 기분이 아주 상쾌하다. 시원한 가을 바람도 더욱 좋다.

1시가 다 되어 정상에서 내려왔다. 등산로가 너무 좋아 이상하다고 생각하는데 등산객이 하나 둘 보이기 시작했다. 알고보니 이곳은 전주 등산객들이 자주 찾는 산이었다. '그러면 그렇지…'.

헬기장을 지나면서 훌륭한 등산로를 따르니 너무 신이나서 마구 뛰어 다녔다. 내리막길에서는 마치 놀이기구를 타고 공중에서 내려오는 듯한 기분으로 두 팔을 벌리고 마구 뛰어 내려왔다. 늘 지긋지긋한 잡목 숲을 헤매다가 오늘 이렇게 좋은 등산로를 만나니 너무 좋아서 어쩔 줄을 모르겠다. 이 기쁜 소식을 친지들에게 알려야 되는데…. 아마 미친놈이라고 하겠지. 헬기장 지나고 518봉을 통과하도록 등로의 상태는 계속 좋았다. 갑자기 오른쪽 능선으로 내려서는 봉우리는 넓은 공터로 되어 있었다. 호남정맥으로 이어지는 초입은 숲에 가려 지나치기 쉬웠다. 일반 등로를 벗어나니 서서히 잡목이 등로 위를 가리기 시작한다.

지도에는 365봉 직전에 소금바위 표시가 있는데 어디있는지 찾을 수 없다. 365봉 삼각점 주변은 온통 잡목 투성이었고 지도에는 바로 앞에서 708번 지방도로가 오른쪽 삼거리에서 능선까지 올라온 것으로 되었지만 실제는 아무 것도 없다. 지도에 지방도 표시를 엉터리로 하지 않았을 것이라 믿고 계속 진행하며 520봉 직전 안부까지 가 보았지만 결국 지도가 엉터리라는 걸 알았다. '무슨 지도를 이따위로 만들었는지 모르겠군.' 큰 낭패다.

도로를 따라 내려가려고 했는데 지도가 엉터리라서 이제 어디로 내려가야 할지 모르겠다. 주변을 계속 살피니 예전에 이용하던 희미한 고갯길을 발견할 수 있었다. 지금은 잡목 숲에 거의 메워져 버렸지만 계속 운행해도 어차피 다음 고개는 내일이나 만나게 될테니 잡목을 헤치고서라도 지금 내려가야 오늘밤에 서울행 기차를 탈 수 있을 것 같았다. 막상 내려가려는데 주변에 으름 열매가 눈에 띈다. 에라 모르겠다. 배낭을 내리고 으름을 정신없이 따먹었다. 덜익은 으름은 비닐봉투에 담아 집에 가서 술 담그면 되니 보이는 대로 모두 따 모았다. 나는 원래 술은 못하지만 산악회 회원들 중에 주당들이 많이 있기 때문에 으름 열매를 따서 술을 담궈 놓기로 했다.

　잠시 후 잡목을 뚫고 왼쪽 아랫 마을인 염암마을로 내려서니 지도에 표시 안된 도로가 520봉 뒤로 이어져 있었다. '이런 맙소사 우쩨 이런 일이…' 너무 황당하여 졸도하고 싶을 지경이었다. 지도에 520봉 전에 있는 것으로 표시된 지방도로가 실제는 520봉 너머에 있는 것이 아닌가. '이럴 수가. 이렇게 황당한 일이 벌어지다니. 지도만 정확했어도 520봉 넘어 도로 따라 내려올 수 있었는데 망할 놈의 엉터리 지도 때문에 이런 황당한 꼴을 당하다니….'

　너무 황당한 일이었지만 어쩔 수 없었다. 어찌되었든 이제 호남정맥 종주도 거의 끝났다. 이번 주 주말 정기산행을 한 후 월요일 밤차로 내려와서 약 4, 5일간 산행을 하면 드디어 호남정맥 종주도 끝난다. 정말 꿈같은 일이다. 그동안 얼마나 힘들었던가. 과연 이번 종주 산행의 끝은 있는 것일까? 그 의문을 품을 만큼 힘들었는데….

9월 22일 화요일·맑음

　이번 산행이 호남정맥 종주 마지막 산행이다. 그동안 너무나 힘들었기 때문에 그만큼 가슴이 설렌다. 이번엔 거인산악회 이구 등반대장과 밤열차로 내려왔다. 나는 전주에서 내리고 이구 등반대장은 전라남도 광양으로 내려가기로 했다. 이번 주말부터 산악회 회원들과 주말을 전주역에서 우리는 서로의 안전을 염려하며 헤어졌다. 이른 새벽 짙은 안개 속으로 사라지는 열차를 바라보며 왠지 쓸쓸한 기분을 느낀다. 전주역 앞에서 해장국으로 배를 채우고 24시간 편의점에서 1.8리 터

오봉산 정상에 선 필자

음료수와 빵, 김밥 등을 사들고 택시를 탔다. 옥정호가 내려다 보이는 염암마을 입구에 내리니 주변엔 짙은 안개가 자욱하게 끼어 있다. 도대체 어디가 어디인지 분별할 수 없었지만 지난번에 와본 적이 있어서 헤매지는 않았다.

안개를 뚫고 지난번 내려왔던 능선을 오르려니 바지가 이슬에 흠뻑 젖어 버렸다. 어느덧 능선에 올라 희미한 등로를 따라 잡목을 헤치며 520봉을 힘겹게 올랐다. 숲 사이로 시야가 트이는 곳에서 문득 날이 밝은 것을 알았다. 6시40분 520봉에 오르니 텐트를 칠 수 있을 정도의 작은 공터가 있었으나 주변의 나무들 때문에 시야가 좋지 않았다. 멀리 발 아래는 운해가 낮게 깔려 경치가 매우 훌륭했다.

운해 사이로 낮은 봉우리들이 솟아오른 모습은 정말 장관이다. 나를 골탕먹인 고개를 향해 내려갔다. 길은 희미하지만 양호한 편이다. 잠깐만에 고개 도착하니 겨우 7시20분밖에 안되었다. 고개는 포장이 되어 있고 가끔 차도 지나간다. 길 건너 잠시 능선을 오르니 묘지가 나오는데 전망이 기가 막히다. 온 세상이 구름바다가 된 듯 운해가 깔려 있으며 구름바다 위로 산봉우리들이 여기저기 튀어 나왔다. 등로 상태가 너무 좋아 운행속도가 예상 외로 빠르다. 작은불재에서 김밥을 먹으며 30분이나 쉬고 계속 속도를 내며 운행했다.

이번 종주를 위해 육교 위에서 파는 싸구려 전자 손목시계를 구입했다. 시간도 잘 맞고 정말 편하다. 이제 날이 선선하여 별로 지치지도 않고 오래 쉬지 않아도 별 문제가 없었다. 416봉에서 오른쪽으로 운행하니 등로가 더욱 뚜렷하게 이어졌다. 곧 왼쪽 아래로 낡은 임도가 능선으로 잠시 이어지다 오른쪽 아래로 내려갔다. 묘지를 지나 능선 위로 오르니 작은 봉우리에 쓰레기가 많이 나뒹굴고 있다. 이 봉우리는 패러 글라이딩 활강장이었다. 옆에는 안내판이 있는데 쓰레기를 버리지 말아달라는 문구도 있었지만 온통 쓰레기 투성이다. 활강장 이후로는 잡목 속에 희미한 등로가 있기는 했지만 거의 잡목 속으로 발을 휘저으며 등로를 찾아야 하는 형편이었다.

불재에 도착하니 도로 옆에 천막치고 장사하는 곳이 있는데 지금은 아무도 없고 텅 비어 있었다. 잡목이 심해 진행이 어려우면 오늘은 이곳까지만 운행하고 여기서 야영하려고 했는데 등로 상태가 너무 좋아 예상 외로 일찍 오게 되었다. 만약에 계속 등로상태가 이 정도만 되어준다면 쑥재를 지나 갈미봉(539.9m)까지도 무난할 것 같다. 30분이나 쉬며 간식을 먹은 후 출발했다. 얼마 후 능선에 묘지가 많이 나오고 길도 뚜렷해져서 여유만만했다.

경각산(659.6m)도 전주 등산객들이 많이 찾는 곳인지 가끔 일반 표지기가 발견된다. 길 뒤인 등로를 따르다 12시 55분 드디어 경각산 정상에 올랐다. 정상은 헬기장이었고 초입에 있는 넓은 바위 위에 삼각점이 설치되어 있다. 바위 위에서 점심으로 김밥과 빵을 먹었다. 한

염암마을 윗능선에서 지천으로 많은 으름을 따기도 했다.

껏 여유를 부리다 1시간이나 쉬고 헬기장에서 출발했다.

우측 아래로 저수지가 보이며 전망 좋은 바위가 자주 나왔다. 효간치를 지나도 등로상태는 계속 양호했다. 이따금씩 나오는 조림지역을 지나며 옥녀봉(578.7m)을 오른쪽 가까이에 두고 정맥을 계속 나아갔다. 등로상태가 너무 좋아 땅만 보고 가다가 쑥재 직전에서 왼쪽 아래로 웬 낡은 표지기 하나를 발견했다. 조금 더 가서 왼쪽 아래로 이어져야 하는데 너무 일찍 나타난 것이다. 의심스럽지만 누군가 예전에 붙여 놓은 것이라 믿으며 낡은 표지기가 달려 있는 방향으로 내려서다가 쑥재에서 내애리 방향의 비포장 도로와 만나고 말았다. 누군가 예전에 잘못 붙여 놓은 표지기를 따르다 잘못 내려온 것이다. 한참을 내려왔는데 다시 올라갈 것을 생각하니 정말 열 받는다.

한참을 쉬고는 다시 잘못 내려온 길을 죽을 힘을 다해 올라갔다. 매우 가파른 길을 올라 낡은 표지기를 떼어내고 내가 사용하는 표지기를 주변에 제대로 매단 후 15분 쯤 운행하니 비포장 고개인 쑥재에 도착했다. 하지만 시간은 이미 5시 30분이나 되어 물을 구해 오기에는 조금 힘들 것 같았다. 겨우 10여분 거리를 그놈의 표지기 때문에 1시간이나 허비한 것이다.

고개 오른쪽 아래 중촌마을에서 염소 울음소리가 들려 임도 따라 그곳으로 내려갔다. 잠시 후 염소 농장에서 물을 얻었으나 부유물이 많이 섞여 있다. 꺼림직하지만 할 수 없었다. 주인 남자 말로는 나무 썩은 물이니 괜찮다는 것이다. 물을 얻어 다시 쑥재까지 올라오니 벌써 6시가 넘었다. 할 수 없이 고개에서 야영을 했다. 이제 시간도 수시로 확인할 수 있어 아주 좋다. 길거리표 전자시계가 있으니 편리하다. 시간도 잘 맞는 것 같다. 내일은 슬치(고개)에서 야영할 예정인데 어쩌면 슬치에서 점심을 먹을지도 모르겠다. 등로 상태만 계속 이대로라면…. 밤에 빗방울이 몇 방울 떨어지다 말았다.

9월 23일 수요일·맑음

오늘은 일찍 일어나려고 길표 전자시계의 알람시간을 4시에 맞추어 두었다. 그런데 알람이 안 울린 것인지 아니면 너무 피곤하여 내가 못 들은 것인지 눈을 떠보니 7시나 되어 있었다. 오늘은 최대한 많이 운행하려고 했는데 차질이 생기겠다는 생각이 얼핏 스친다. 짐을 꾸린 후 8시 30분에 출발했다.

이곳 역시 등로 상태가 훌륭했다. 얼마 후 능선 왼쪽으로 풀이 무성한 방화선 흔적이 나오고 가시 철조망과 초소가 보인다. 군사지역인가 보다. 감미봉(539.9m) 정상에 이르니 헬기장이 자리잡고 있다. 주변이 잡목으로 둘러져 있어 전망은 형편 없었다. 10여 분 쉬고 계속 진행하다 민령 주변에서 운좋게 으름 덩굴숲을 발견하여 잘익은 으름을 여러 개 따 먹었다. 무척 달다. 바로 앞 봉우리인 469봉 정상에 오르니 잘 생긴 묘가 정상을 차지하고 있었다. 나는 한쪽 구석의 작은 공터에서 잠시 쉬며 발 아래로 상촌마을을 구경했다.

묘지를 떠나니 가끔 잡목이 성가시지만 뚜렷한 등로가 계속 이어졌다. 얼마 후 능선 위로 임도가 이어져 있었다. 임도를 따라 한참을 가다 보니 지도에 745번 지방도가 표시된 곳이 나왔다. 그러나 지도와 달리 745번 도로는 비포장도로였으며 거의 임도 수준이었다. '이놈의 지도는 어떻게 만들었길래 항상 이 모양인지 모르겠다. 포장도 안된 임도를 포장된 지방도로 만들다니'.

길 건너 능선으로 방화선 따라 잠시 오르니 잘생긴 묘 네 기가 있다. 왼쪽으로 잡목을 헤치고 내려서니 밭이 나왔다. 밭을 지나 계속 운행하니 다시 묘가 여러 개 나오고 임도를 따라가다 11시 50분 안슬치마을에 도착했다. 마을에 있는 작은 매점에서 음료수를 사먹고 17번 도로 건너 지도에 표시된 솔치 휴게소로 갔다. 주변엔 주유소와 여관도 있었다. 식당에 들어가니 점심시간이라 그런지 손님이 꽤 여럿 있었고 작은 매점도 딸려 있었다. 아주머니에게 백반 하나 달라고 하니 아주머니는 "백반 하나라구요?"라며 앉으라고 한다. 잠시 후 아주머니는 한쪽에 여럿이 둘러앉은 자리에 같이 앉으라고 했다. 이미 자리잡고 앉은 아저씨도 빨리와서 앉으란다. '뭐 이런 식당이 다 있나?' 라고 생각하며 공사장 인부들 인 듯한 사람 여럿이 앉아 있는 테이블에 같이 앉았다. 이곳은 개인적으로 밥상을 차려주지 않고 여러 손님을 한 상으로 차려주는 곳 같았다.

밥을 다 먹고 계산을 하려고 하자 아주머니는 당황하며 일행이 아니었느냐고 묻는다. 아까 따로 백반 하나를 시키지 않았느냐고 말하자 그제서야 생각난 듯 무지 당황해 하는 정신없는 아주머니. 이 아주머니는 백반 하나 시킨 것을 깜빡 잊고 이 지역에서 공공 취로사업 근로자들 일행으로 착각했었던 것이다. 옆에 있는 식당 주인도 어쩔줄 몰라 당황하길래, 괜찮다며 오히려 일손도 덜고 더 잘됐지 않았느냐며 안심시켜 드렸다. 옆에서 취로사업 근로자들도 어리둥절해 있었다. 나원 참 자기들과 같이 일하는 사람의 얼굴도 모르고 나보고 같이 앉으라고 했으니…. 하긴 지금의 내 몰골이 저들보다 더하면 더 했지 못했을 리 없으니 착각할 수도 있겠지. 어찌 되었든 너무 재미있는 일이 벌어졌었다. 매점에서 음료수 등을 사서 챙기고 자판기의 커피를 뽑아들고 잠시 여유를 부렸다.

1시가 되어 산을 올랐다. 임도 따라 오르다 보니 시멘트 포장 길과 만났다. 이 지역은 능선으로 임도가 길게 이어졌다. 얼마 후 다시 비포장 길을 따르는데 배가 불러서 너무 불편했다. 그 식당은 밥을 더 달라면 무조건 더 주기 때문에 실컷 먹었는데 아무래도 너무 먹은 것 같다. 447봉에 도착하니 임도는 여기서 끝나고 멀리 동북쪽 방향으로 마이산이 보였다. 1996년 가을 금남정맥과 금남호남정맥을 종주할 때 지나갔던 산이기 때문에 가슴이 설레었다.

잠시 잡목지역을 지나니 다시 등로가 뚜렷해지며 416.2봉에 도착했다. 삼각점은 있지만 잡목이 많아 주변을 살필 수 없었다. 생각보다 오늘 운행속도가 매우 빠르다. 잘하면 오늘은 회봉리까지 갈 수 있을 것 같다. 얼마 가지 않아서 밭이 나오고 임도를 지나며 계속 뚜렷한 등로가 나왔다. 북령을 지날 땐 묘지 덕을 좀 봤다. 벌초를 하기 위해 주변의 잡목을 모두 제거해 놓았기 때문이다.

호남정맥 종주가 끝날 때가 되자 나와 반대로 북쪽에서 남쪽으로 호남정맥 종주를 하는 팀들의 표지기가 눈에 띄고 있다. '나원참, 진작 이젠 거의 다 끝났는데….'

잡목숲 능선에 느닷없이 두릅밭이 나오고 곧 임도가 나오더니 능선 오른쪽 아래로 내려간다.

4시 40분쯤 염소 농장이 있는지 능선 따라 잠시 철망 울타리가 이어 졌다. 등로는 뚜렷하나 잡목이 귀찮게 하고 있다. 능선 우측 아래로 도로가 가끔 보인다. 회룡리 도로 가까운 능선을 지날 때 시간은 이미 5시를 넘어가고 있었다. 마치(고개)까지 가서 임도를 따라 상회마을로 내려가기 위해 부지런히 움직였다. 5시 50분, 마치에 닿았다. 지도에는 상회마을에서 마치 마루까지 임도가 표시되어 있는데 실제는 없다. '이런 젠장, 정말 지도라고 거지같이 만들었네…'. 정말 돌아버리겠다. 임도는 커녕 희미한 소로조차 없으니 이놈의 고개는 어찌 된 것이 이름만 있고 길은 없는지 모르겠다.

할 수 없이 계속 진행하며 다른 고개를 찾아보기로 했다. 그러나 결국 6시를 넘어서기 시작할때 상회마을 윗능선의 만덕산(761.8m)과 국사봉으로 갈라지는 봉우리에 도착하게 되었다. 여기서 오른쪽의 국사봉쪽으로 방향을 잡았다. 가는 길에 마을로 내려가는 고개가 있을것으로 생각하며 잠시 능선을 따르니 예상 대로 고개가 나온다. 가파른 비탈을 한참 내려서니 계곡에 물이 조금씩 고여 있었다. 마을로 가는 길은 엄청난 잡목에 메워져 버려 차라리 이곳에서 야영하 는 편이나을 거라 판단했다. 일단 물을 충분히 챙긴 후 높은 능선에서 야영할 욕심에 힘겹게 비탈을 올랐다.

날은 이미 어두워지고 있었기 때문에 랜턴을 밝히며 힘겹게 능선에 올랐다. 평소 봉우리에서 야영하고 싶어했었기 때문에 마지막 밤을 봉우리에서 야영하기로 하고 다시 아까 내려온 삼거리 봉우리에 올랐다. 드디어 마지막 밤을 산 정상에서 보내게 된 것이다. 평소에는 물을 지고 정상까지 오르기가 힘들어 늘 고개에서 야영을 했었는데 오늘은 다행히 정상에서 멀리 전주 시내의 야경을 감상하며 야영을 한다.

일지를 쓰고 있는데 비가 내리고 있다. 큰일이다. 비가 오면 내일 운행이 쉽지 않을텐데….

오늘은 너무 많이 운행하여 평소의 두 배는 온 것 같다. 잡목이 없는 뚜렷한 등로 덕분이다. 덕분에 내일은 반나절만 운행하면 된다. 이것으로 호남정맥 종주도 끝이다.

너무 가슴이 벅차다. 이제 그동안 고생한 텐트도 새로 바꿔야겠다. 너무 낡아서 이젠 텐트의 기능을 다하지 못하고 있을 정도였다. 여기저기 때우고 묶고, 찢어지고…,

9월 24일 목요일·비
(종주 마지막 날)

새벽 일찍 일어나니 아직도 빗방울이 떨어진다. 4년 전 백두대간 종주를 할 때가 생각난다. 그때도 마지막 밤을 비와 함께 보냈었다. 그때도 9월24일 비가 내렸고 25일 백두대간 종주를 끝냈었다. 묘하게도 4년 후 그보다 하루 빠른 9월24일, 오늘 호남정맥 종주를 끝내게 된 것이다. 비오는 것도 같으니 정말 묘한 일이다.

일찍 서둘러 출발 준비를 했으나 비가 그치기를 기다리다 7시45분이 되어서 겨우 출발하게 되었다. 비가 내린 덕분에 운해가 산 아래로 낮게 깔려 있었다. 멀리 발 아래로 모든 세상이 운해 속에 가리워져 있다. 마치 구름 위에 솟아오른 산봉우리를 걷는 느낌이다. 바로 앞에 보이는 커다란 바위 봉우리는 마치 도봉산의 선인봉을 축소해 놓은 듯하다. 뚜렷하게 난 등로를 따라 바위 봉우리를 우측으로 우회하여 능선에 오르니 전망이 아주 훌륭하다. 비온 후의 운해는 너무 아름다웠다. 멋진 바위봉 뒤로 지나온 능선들이 이어지고 그 아래로 골골이 깔린 운해들, 그리고 그 운해 사이로 힘차게 솟아오른 봉우리들은 마치 나의 호남정맥 종주 그 마지막 날을 진심으로 축하해 주는듯 했다.

그동안 온몸이 잡목에 찢기고 피 흘리는 말못할 어려움을 겪으며 지나온 길. 호남정맥은 그렇게 쉽게 종주자를 탄생시키지 않았다. 혹독한 고행을 견디고 참은 자에게만 그 최후의 날을 허락한 것이다. 그래서 오늘 호남정맥은 최고의 선물을 안겨주려 했는지도 모른다. 4월 호남정맥 종주를 처음 시작하는 날에도 비가 와서 운해를 바라보았는데 마지막 날도 비가와 운해로 작별을 하게 되었다.

만덕산 정상 갈림길에서 잠시 쉬기로 했다. 만덕산 정상은 호남정맥에서 약간 비껴나 있었다. 뚜렷한 등로를 따라 20분만에 조두치에 도착하니 능선에 넓은 밭이 나왔다. 밭을 지나도 등로 상태는 계속 양호했다. 전망 좋은 암릉이 가끔 나왔지만 비는 계속 오락가락 하고 있다. 다행히 운해는 산 아래로 낮게 깔려 있어 지형을 파악하는 데는 별 문제가 없었다.

10시, 드디어 비포장 도로인 곰치재에 도착하니 고개 마루에 웅치 전적비 안내판이 서있다. 지도에는 곰치재라고 표기되어 있으나 이곳에는 웅치라고 표기되어 있다. 또한 고개에서 전적비 가는 길을 능선 따라 시멘트로 포장해 놓았다. 간식을 먹으며 부슬부슬 내리는 비를 피해 안내문 밑에 앉아 있었다. 이제는 조금도 조급하지 않으니 쉬면서 여유를 부린 후 시멘트 포장길 따라 능선을 올랐다. 곧 웅치 전적비가 나오고 묘지가 이어지니 등로가 더욱 뚜렷해진다. 호남정맥의 종착지가 가까워지니 아쉬움이 남지만 설레이는 마음으로 가을 분위기를 느끼며 낙엽 떨어진 능선을 걷는 이 기분 너무 좋다.

얼마 후 우측 아래 덕봉 마을에서 설치한 염소 농장의 철망 울타리가 이어지고 곧 능선 아래로 염소 농장이 보였다. 지도에는 563봉과

514.5봉 지나서 임도 산판로가 있는 것으로 표시되어 있는데 임도
는 나오지 않았다. 잠시 후 신보광산 윗 능선에서 흔적만 겨우 찾을 수
있을 만큼 사라져 버린 임도가 나온다. 임도를 지나 모래재 터널 가까
이 가니 군 참호시설 등이 자주 나오고 모래재 휴게소에서 사람 목소
리도 가끔 들린다. '아! 얼마 만에 와보는 곳인가.'

1996년 금남정맥 종주를 할 때 들렸던 모래재를 2년만에 다시 오게
된 것이다. 그리고 오늘에서야 그 금남정맥과 호남정맥을 있게 된 것
이다. 날은 맑게 갰으며 해가 나타나기 시작했다. 날씨도 이 순간을 축
하해 주는 듯하다. 오후 1시 모래재 터널을 통과하는 차량소리를 들으
며 완만한 능선을 따라 드디어 호남정맥 종주의 종착지인 주화산 정상
에 도착했다.

드디어 그 고행의 끝을 밟은 것이다. 아무도 반겨주지 않는 이곳, 이

곳에 드디어 홀로 섰다. 고통으로 걸어온 길, 가시에 찔리고 살이 찢어지며 걸어온 호남정맥. 민족의 정기를 회복하겠노라 외치며 출발했던 길. 인간이 아닌 짐승과도 같았던 그 순간들. 이제 그 고통의 끝을 밟은 것이다. 그러나, 지금 이 순간을 기쁨으로 받아들이기에는 가슴 한 구석이 너무도 무거웠다. 아직도 가야할 길은 멀고 해야 할 일 또한 끝없이 기다리고 있기에….

정맥종주는 그저 내 목표를 위한 한 과정일 뿐 이것이 전부는 아니다. 그리고 과정에 불과한 이 일마저 포기해야 할지 모르는 현실이 늘 마음을 무겁게 하고 있다. 이렇게 힘들고 어려운 현실을 헤쳐 나가기에는 나의 능력이 너무나 보잘 것 없기 때문이다. 하지만 나는 가고 싶다. 민족의 정기를 회복하고 훼손된 자존심을 회복하기 위하여. 현실이 아무리 힘들고 어려워도 누군가는 가야 할 길. 그 길을 바로 내가 가고 싶다. 지치고 쓰러져 이 한 몸 부서져도 민족의 정기를 찾아 나는 가고 싶다. 백두 넘어 곤륜까지

종주를 마치며…

저멀리 들려오는 발자국 소리
가까이 가까이 다가온다
무거운 소리
대지를 울린다
깊은 잠에서 일어나라고
어서 일어나라고
저 소리가 나에게
잠자는 나에게
일러준다
저 곳에…
길이 있다고

낙동정맥

등반내용

대상지 : 낙동정맥(부산:금정산~태백:매봉산 - 도상거리 약
       358km)

기 간 : 1997년 1월~2월3일(27일)

방식 : 낙동정맥 동계 단독종주

대원 : 길 춘 일

일러두기 : 계절 특성상 손과 몸이 얼어 세밀하게 기록하지 못하였
       다. 이 기록은 시기적인 문제로 인해 개인적으로 밝히
       기 곤란한 부분과 내용삭제를 원하는 이의 관련 내용
       등을 모두 뺐다. 고개 등 모르는 지명은 인근 지명을
       인용했다.

낙동정맥 : 낙동정맥이란 강원도 태백시에 위치한 백두대간의 매봉
       산에서 남쪽으로 뻗어내려 부산시에 위치한 몰운대까지
       산줄기가 끊어지지 않고 이어진 우리 고유의 산줄기 이
       름이다. 그러나 지금은 일제에 의해 산줄기가 인위적으
       로 바뀌어 실제로 이어지지 않고 여러 군데 끊어져 버린
       태백산맥이라고 하는 우리 고유의 전통지리학에서는 존
       재하지도 않는 이름으로 탈바꿈되어 오늘에 이르고 있다.
       하루빨리 되찾아야 할 소중한 우리의 문화이자 정신이기
       도 하다.

지도일람표

태백	장성

	소천	울진
	영양	병곡
	청송	영덕

	기계

영천	경주
동곡	언양

	양산

김해	부산

* 울진, 영덕, 영천, 동곡은 마루금이 지나지 않는 지도이지만 꼭 필요한 지도이다 .
* 김해, 부산은 도시 개발로 종주 산행에서조차 제외시켰다.

낙동정맥 종주등반 운행표

이 운행표는 1:50,000지도에 기준하였으며 이름 모를 고개들은 인근 지명을 인용하였다. 운행거리는 실제 운행거리가아닌 낙동정맥 능선만을 측정한 도상거리로서 약간의 오차가 있을 수 있다.

년/월/일	등 반 코 스	도상거리 (km)
97.1. 8	금정산(801m)−계명봉(601.7m)−지경고개	5.0
9	지경고개−299.4봉−534.4봉−597.2봉−원효산 (922.2m)−원효암	13.1
10	원효산 원효암−천성산(811.5m)−정족산(700.1m)− 노상산(342.7m)−통도사 지경고개	15.6
11	통도사−취서산(1,058.9m)−신불산(1,208.9m)− 간월산(1,083.1m)−966봉안부	11.5
12	966봉−능동산(983m)−가지산(1,240m)−운문령	12.7
13	운문령−894.8봉−소호고개−고헌산(1032.8m)− 백운산−소호고개	15.0
14	소호고개−652봉−당고개−어머리목장	17.0
15	어머리목장−숙재고개−경부고속도로−295봉	14.3
16	295봉−관산(393.5m)−남사재(927지방도)−어림산	13.5
17	어림산−383.8봉−시티재	7.0
18	시티재−오룡고개−570.7봉−518봉 지나 묘	9.0
19	518봉−이리재−운주산 전위봉−블랫재−한티재	14.0
20	한티재−침곡산(725.4m)−709.1봉−가사령 상옥리	17.0
21	가사령−통점재−785봉−질고개	14.0
22	질고개−피나무재−745.4봉−신술리 윗능선	12.0
23	신술리 윗능선−740봉−먹구등(846.2m)−732.6봉 지나 묘	12.0
24	732.6봉−대륙산(905m)−황장재−화매재 화매리	11.0
25	화매재−장구매기−632.1봉−명동산(812.2m)지난 능선	11.5
26	명동산−807.8봉−울치재	11.0
27	울치재−자래목이−독경산(683.2m)−삼승령−자래목이	15.0
28	삼승령−747.3봉−백암산 서봉−1,017.2−장파고개	17.5
29	장파고개−635.5봉−추령−한티재−612.1봉 지난 능선	15.5
30	612.1m−884.7봉−974.2봉−937.7봉−통고산	19.5
31	통고산−답운치−진조산(908.4m)−934.5봉− 1,136.3봉 전	17.5
2.1	1,136.3봉−1,119.1봉−석개재−광평마을	13.0
2	광평−안산(1,245.2m)−토산령−백병산 동봉−통리	15.3
3	통리−932.4봉−예낭골−930.8봉−매봉산(1303.1m)피재	8.5
총27일	금정산−매봉산 피재	358.0

234

장비목록

용도	품 명	수 량	비 고
막 영	텐트 +프라이 침낭 에어메트리스 침낭커버 헤드랜턴 건전지 AM3 　　　　AM4	1 1 1 1 1 8 2	2인용 동계용 꼭 필요 꼭 필요 꼭 필요 고개의 휴게소와 민가에서 구할 수 있음
취 사	EPI 가스버너 아답터 EPI 가스 코펠 시에라 컵 숟가락,젓가락 칼	1 1 2 2×1벌 1 1쌍 1	일반 부탄가스도 사용 할 수 있도록 연결 하는 기구 요긴하게 쓰임
의 류	오버트라우저 파일자켓(上) 긴팔셔츠 긴바지 양말 속옷 판초 바라클로버 장갑	1벌 1 2 2 3 4 1 1 2	꼭 필요함 요긴하세 쓰임 모바지, 파일바지 모양말 내복(1벌-등산용 망사내의), 팬티(2) 야영시 바닥깔개용으로 사용 머리에 쓰는 보온장비(두건) 파일장갑, 방수장갑
운 행	스패츠 스카프 등산화 배낭 지도 1:50,000 손목시계 컴파스 줄 물주머니	1 1 1 1 14장 1 2 20m 1	비브람(가죽등산화) 75L+10L 8장으로 편집하여 사용 전자시계 파손과 분실에 주의해야함(소형포함) 꼭 필요함

장비목록

품목	품 명	수량	비고
식 량	쌀	3kg	포만감 등 한국인에게 식량으로 최고임
	육포	2봉	비상식 행동식으로 훌륭함
	즉석육계장	6봉	알맹이만 가루로 만들어 무게,부피를 최소 함(산행도중 시내에서 계속 구입)
	즉석사골	6봉	
	우거지국		
	라면	3봉	
	칼로리바란스	20	요긴하게 쓰임(행동식, 비상식)
의 약 품	종합영양제	90	꼭 필요
	진통제(펜잘)	10	꼭 필요하나 실제 사용하지 않았음
	청심환	3	
	감기약	3일분	
	반창고		
	비타민C	40	
	솜		
	소독약		
	압박붕대		
	1회용 밴드		
	핀셋		
	팩거즈	2	
	마취주사약	1	비상시에 통증을 대비해 준비, 사용안함
	주사기	1	

들어가기 전에

드디어 조국의 정맥종주 두번째 계획인 낙동정맥 종주를 하게 되었다. 1996년 10월 금남정맥종주를 한 후 한달 여를 쉬면서 산악회에서 가장 친한 송명진과 함께 1996년 12월 25일 낙동정맥을 종주하기로 합의를 보았다.

명진이는 평소 판단력과 위기 대처능력, 막강한 체력 등 무식한 산행법까지 모든 면에서 나보다 한 수 뛰어난 산꾼이라고 생각했기에 꼭 한번은 같이 장기산행을 하고 싶어서였다. 결국 중장비 운전을 하는 명진이를 겨울에 한달간 휴가를 받게 하려고 송명진이 근무하는 회사에 제출할 휴가 신청용 낙동정맥 동계종주 계획서를 제출한 결과 1월 한달간 휴가 허락을 받아 놓았다.

그러나 내가 운이 없었는지 명진이가 운이 없는 것인지 12월초 쯤 송명진이 작업도중 발목을 크게 다쳐 계획에 차질이 생기기 시작했다. 얼마 전 금남정맥 종주를 위하여 동료들과 충청남도 부여를 향해 내려갈 때 평소 나와 가장 가까이 지내던 홍난숙과 송명진이 서로 눈빛이 심상치 않더니 결국 서로 결혼 약속을 하게 되었다. 평소 나와 가장 가까운 두 회원이 결혼을 한다는 것은 나에게도 큰 기쁨이었다.

그런데 문제는 명진이가 발목을 다치면서 발생한 것이다. 송명진이 발목을 다치기 전에는 명진이와 나의 낙동정맥 종주 계획을 적극 지지

하던 홍난숙이 명진이의 발목 부상으로 이제는 적극 반대를 하기 시작한 것이다.

나보다 더 무식한 명진이가 발목 부상으로 낙동정맥을 포기할 리 없었고 결국 명진이와 홍난숙 사이에 심각한 문제가 생기기 시작했으며 중간에 있는 나만 입장이 곤란한 상태가 되었다. 홍난숙의 결사 반대에 의해 결국 출발 날짜를 무기한 연기시키고 발목의 치유를 기다리기로 했다. 곧 신정 연휴가 되어 90년만에 최악의 한파가 몰아치며 40년만에 한강이 얼어 붙는 등 믿어지지 않는 최악의 이상 기온이 찾아오고 말았다. 이상기온은 외국에서도 마찬가지였으며 세계의 언론은 올해 이상기온으로 프랑스의 TGV고속전철이 얼어붙어 운행을 못하고 있다는 등 이상 기온에 대한 뉴스가 잇따르고 있었다.

당연히 동료들은 걱정이 되어 이번 낙동정맥 동계종주는 다음 기회에 하라고 권유하였지만 아직도 정신을 못 차린 나는 강행하기로 결심했고 송명진은 결국 출발 후 2, 3일간만 나와 함께 산행을 하고 서울로 올라오는 것으로 출발 직전 반나절의 설득 끝에 홍난숙과 합의를 보게 되었다. 명진이의 발목 부상이 오래갈 것이라는 진단 때문이기도 하였고 나 역시 더 이상 기다릴 수도 없었기 때문이다. 결국 억세게 운이 없는 우리는 함께 산행을 할 수 없었으며 우여곡절 끝에 1월7일 또다시 정맥 단독 종주산행을 하기 위하여 부산을 향해 나와 송명진 둘이서 내려가게 되었다.

밤늦게 부산에 도착하니 평소 눈이 안 온다는 부산시내에는 엉뚱하게 엄청난 눈보라가 휘몰아치고 있었으며 식당에 들어가니 식당주인은 10여년 만에 내리는 폭설이라며 대단하다는 듯 흥분해 있었다.

그러나 나는 걱정이 앞서기 시작했다. 신정연휴부터 한파와 폭설이 이어지고 있으며 출발 직전까지 홍난숙의 낙동정맥 종주 반대에 송명

238

진의 끈질긴 설득 등 어수선한 분위기로 산을 오르게 되었으니…. 어찌 되었든 이제 산을 타게 되었으니 어떠한 악조건 속에서도 이번 낙동정맥 동계 단독 종주를 무사히 마치고 오리라 다짐해 본다.

1997년 새해를 맞으며.

명진이와 함께 한 3일

1월8일 수요일 맑음

드디어 오늘이 낙동정맥 종주의 첫 출발일이다.

첫 출발지로 정한 금정산(801.5m)을 오르기 위해 아침 일찍 범어사 매표소 입구에 올랐으나 친구를 만나고 온다는 명진이가 너무 늦게 도착하는 바람에 시간을 허비해 결국 식당에서 점심을 하게 되었다. 범어사에서 정오를 알리는 종소리를 들으며 금정산을 향하여 출발했다. 제법 눈이 많이 쌓여 금정산성 북문 주변에는 사진을 찍는 등산객들이 많았다.

금정산장을 지나 고당샘에서 식수를 보충하며 잠시 쉬고 있는데 이곳에서 치성을 드리며 놓고 간 양초와 귤 등이 보인다. 갈증을 달래는데 그만인 귤을 집어 입으로 넣었다. 눈 덮인 암릉을 따라 조심스럽게 올라 오후 1시에 금정산 정상에 도착했다. 눈 덮인 금정산 주변의 경치는 부산의 진산답게 매우 훌륭했다. 남쪽으로 원효봉은 물론이고 산성으로 이어진 북쪽의 장군봉과 계명봉도 아름다웠으며 동쪽 아래로 흐르는 낙동강 또한 금정산의 아름다움에 한몫하려는 듯했다. 오래간만에 심설을 즐기려는 듯 등산객들도 제법 많아 붐볐다.

잠시 후 눈이 많이 쌓여 미끄럽고 위험한 절벽 지대를 지나 평탄한 능선을 따라 746.6봉에 이르니 넓은 억새밭이 황홀하다. 동행한 명진이가 발목이 아파 계속 쉬면서 어렵게 걸어 짐을 덜어 내 배낭에 넣었다. 그래도 별 효과가 없어 운행시간보다 쉬는 시간이 더 많았다. 너무 안쓰러웠다. 걷는 속도도 너무 느려 땀도 나질 않으니 동네 뒷산으로 산책을 나온 기분이다. 계명봉(601.5m)에서 하산하니 마을과 그 앞에 1077번 지방도로가 있고 도로 앞으로 고속도로가 지나가 육교를 통해 고속도로를 건널 수 있다.

4시20분쯤 명진이가 다리 통증 때문에 더 이상 운행을 할 수 없어 고개 왼쪽 아래 소승리로 내려와 도로 포장공사장 가까이 있는 빈집에 배낭을 풀고 물을 얻어다 라면을 끓였다.

명진이는 엉뚱하게 김밥을 라면에 말아먹는다. 정말 웃기는 놈이다. 그런데 생각과 달리 정말 맛이 기막히게 좋다. 이런 식으로 천천히 운행하면 봄이나 되어야 산행이 끝날 것 같다. 어차피 이번 산행은 아주 천천히 무리하지 않고 운행하기로 하여 전혀 조급하지는 않다. 서울서 홍난숙에게는 2, 3일만 운행하고 올라온다고 했지만 사실은 일단 내려오면 끝까지 운행하려고 했던 명진이는 밀양까지만 동행하고 올라가겠다고 한다. 아픈 다리 때문에 도저히 정상적인 운행이 불가능하여 나에게 너무 부담을 주는 것 같아 미안해서 그런 결정을 내린 것 같다.

첫날부터 허름한 빈집, 아니 빈 호텔에서 명진이와 자게 되어 텐트를 설치하는 수고를 덜 수 있었다.

1월9일 목요일·맑음

8시30분 출발하여 육교를 이용해 고속도로를 건넜다. 작은 봉우리를 넘어 지경고개로 내려가니 크지 않은 농장이 하나 있다. 그 앞 지경고개에는 도로 확장공사가 한참 진행되고 있다. 길 건너 낮은 야산으로 진입하여 잠시 운행하니 밤나무 단지가 나왔으며 잡목에 시야가 가려 오른쪽으로 이어진 능선을 놓치고 계속 앞으로 밀고 나가다 길을 잃었다. 다시 되짚어와 다시 운행하니 밤나무 단지사이로 비포장 고개가 나왔다.

금정산성 북문 뒤로 금정산 정상이 보인다.

　철탑이 낙동정맥을 따라 계속 나오더니 437.6봉의 철탑주변에 소
나무가 빽빽하게 자라 시야가 가려 좀처럼 길을 찾을 수 없다. 명진이
와 한참을 헤맨 끝에 철탑 나오기 전 왼쪽으로 능선이 이어진 것을 계
속 운행하는데 이번에는 소나무 벌목중인 곳을 만났다. 쓰러진 소나무
를 헤치며 가려니 무척 열 받는다. 특히 발목이 아픈 명진이는 죽을 맛
일 것이다.

　운봉산(534.4m)을 오르기 전에 비포장길이 나왔다. 곧 운봉산에
올라 잠시 쉬며 기념촬영도 하고 산악회의 막내 이재경 회원이 비상식

으로 챙겨준 육포를 먹었다. 재경이는 부족해 보이지 않는 외모만큼이나 남을 위할 줄 아는 고운 심성 때문에 선배들로부터 귀여움을 독차지하고 있는 후배다.

산악회 내에서 남녀 두 회원이 동명이인(同名二人)이었기 때문에 막내한테는 여재경이라 부르기도 했었다. 물론 남자회원에게는 남재경이라 불러 구분 했다.

운봉산에서 우리가 가야할 길을 따라 방화선이 뚫려 있었으며 멀리 원효산(922.2m)이 보였다. 그러나 방화선은 597.2봉에서 끝났으며 원효산 앞 봉우리는 군사지역이라 높은 철책이 가로막고 위험지역임을 알리는 안내판이 설치되어 있다. 할 수 없이 눈 많이 쌓인 철책주변을 이리저리 돌다 길이 없음을 확인하고 철책 오른쪽으로 길도 없는 숲길을 헤매며 힘겹게 원효산 바로 앞의 군사도로까지 올라갔다. 명진이는 발목 통증 때문에 무척 힘들어했고 자주 발이 삐끗하여 통증을 참느라 자주 쉬며 운행하는 등 매우 애처로워 보였다.

능선에서 만난 군사도로는 원효산 정상 군부대까지 연결돼 있었으며 잠시 도로를 따라 오르니 왼쪽으로 원효암 가는 갈림길이 나왔다. 원효암은 작은 절이다. 우리는 암자에서 하룻밤 신세질 요량으로 원효암에 배낭을 내려놓은 후 인기척을 살폈다. 스님이 나오자 나보다 얼굴 철판이 훨씬 두꺼운 명진이가 하는 말 "야, 네가 얼굴이 두꺼우니까 하루 재워 달라고 해봐" 그러나 사실 나는 얼굴이 얇다. 그래서 "야 내가 얼굴이 뭐가 두껍냐? 진짜 두꺼운 네가 한 번 말해봐" 그렇게 말하고는 딴청을 피우자 착하고 순진한 명진이가 스님에게 다가가서 하룻밤 재워 달라고 조른다.

스님은 들은 척도 안하고 부엌으로 들어갔는데 역시 얼굴이 두꺼운 명진이는 스님을 따라 다니며 재워 달라고 졸라댔다. 드디어 스님은 귀찮았는지 방 하나를 보여주며 예전에 사람 구경하기 힘들 때는 잘 재워주었는데 요즘은 사람이 하도 많이 와서 귀찮다고 말한다. 특히 오늘은 손님이 와서 외부인을 받을 수 없는 상황이니 방안에서 떠들거나 술, 담배를 삼가 하고 일찍 자라며 과일까지 갖다 주었다. 정말 고마운 스님이다. 물론 나는 명진이처럼 스님이 시키는 대로 잘 따르지 않았지만….

방에 들어가니 꽤 넓고 깨끗했으며 방바닥이 무지 뜨거웠다. 방안에서 밥 해먹고 과일도 먹으며 쉬고 있는데 스님이 저녁 식사하러 오란다. 진작 말씀하시지…. 이미 저녁은 해결했으니 조용히 잠이나 자겠다고 말씀드렸다. 역시 얼굴 두꺼운 명진이와 오길 잘했다. 끝까지 같이 못가는 것이 아쉽기만하다. 내일은 통도사까지 가야겠다.

울산에서 산악활동을 하는 전기찬 선배님께 연락 해봐야겠다. 전 선배님은 울산 그린 산악회에서 활동하며 평소 먼 곳에 있는 나에게 많은 관심을 주었던 고마운 분이기 때문이다. 배부르고 등이 따뜻하니 졸립다.

1월10일 금요일·맑음

원효암 덕분에 뜨끈뜨끈한 방에서 허리를 지지며 무지 잘 잤다. 6시에 일어나 방안에서 밥 해먹고 나니 스님이 오셔서 밥 먹으러 오라고 했다. 정말 돌아버리겠군. 항상 한발 늦게 그런 말씀을 하시다니,이미 아침식사는 했으니 서둘러 우리 갈 길을 가야 한다고 말씀드리고 명진이의 짐을 덜어 내 배낭에 넣었다. 그래야 명진이가 조금이라도 덜 고생 할 것 같았기 때문이다.

스님에게 인사한 후 어제 온 길을 따라 원효암 갈림길에 도착하니 군부대로 인해 더 이상 원효산 정상을 오를 수 없었으며 우회길이 나 있는 듯 길옆에 표지기가 많이 붙어 있고 등로가 보였다.

날씨는 아주 푸근하며 바람 한 점 없어 약간은 더울 것 같은 예감이 든다. 곧 해가 뜰 기색이다. 우리는 잠시 멈추어 일출을 감상했다. 정말 멋진 광경이다. 역시 부지런하면 볼거리가 많다니까! 해가 완전히 떠 오른 후 원효산 우회길로 들어섰다. 짐을 나에게 덜어낸 명진이는 무지 빨리 걸어갔으나 짐이 더욱 무거워진 나는 너무 힘들어서 명진이를 따라가느라 완전히 땡칠이가 되버렸다. "저 자식 진짜 다리 아픈 거 맞아?" 얼마 후 원효산 정상 뒷 능선에 오르니 넓고 시원한 경치를 자랑하며 멋진 억새능선이 반긴다.

그런데 바로 눈앞에 지뢰밭이라는 경고판이 보이고 지뢰가 터지면 다친다는 글이 쓰여 있다. 지뢰가 터지면 다치기만 하나? 바로 앞 천성산(811.5m) 못미처 임도가 나왔다. 곧 천성산 정상에 오르니 바위 봉우리이다. 거기에는 정상 표지석도 있다. 정상에서 바라보는 주변 경치는 정말 죽여준다. 한참 동안 주변 경치를 감상하다 계속 능선을 따라 운행하기 시작했다. 오른쪽 주남마을에서 올라오는 등산로와 만나는 지점에서 좀전에 천성산 밑에서 본 임도와 만났다. 젠장 온통 임도 천지로군.

날씨가 너무 좋다. 육포를 먹으며 한참 쉬고 있으려니 여러 명의 등산객이 올라온다. 그 분들 말에 의하면 이 임도는 능선을 따라 정족산(700.1m)까지 이어진다는 것이다. 나원 참 성한 곳이 한 군데도 없군. 능선 위 임도를 따라 산행을 하려니 정말 열 받는다.

얼마 후 오른쪽으로 작은 농장이 나오고 똥개들이 짖어댄다. 곧 532.5봉 아래로 길을 따라가다 샘터에서 라면을 끓여 먹었다.

정족산에 오르니 멀리 앞으로 솔밭산 공원 묘지가 보인다. 계속 운행하니 공원묘지는 낙동정맥의 양쪽으로 엄청나게 넓은 지역을 차지

먼곳에서도 늘 관심을 아끼지 않는 울산 그린산악회 전기찬 선배

하고 있다. 오른쪽 아래로 컨테이너 박스 앞으로 내려가 멀리 건물 쪽
으로 걸어갔다. 그 건물은 공원매점으로 동전 공중전화가 있었으며 간
식거리도 팔고 있었다.

　이 지역은 등로가 무척 애매한 곳이었으며 공원묘지를 지나 잡목을
헤치고 342.7봉에 오르니 고압 철탑을 세우기 위한 공사가 한창이다.
계속 엄청난 잡목을 헤치고 가다보니 콘크리트 포장고개가 나오고 엄
청나게 큰 골프장이 가로막고 있다. 고개 오른쪽에는 민가 몇채가 보
인다. 지나가는 사람을 만나 이곳 지형을 물으니 더 이상은 운행할 수
없다는 것이다. 골프장 안으로 배낭 메고 갈 수는 없으니까 할 수 없이
그분을 따라서 골프장 사이로 도로 따라 내려가는데 예쁜 아가씨가 골
프장에서 사용하는 작은 전동차를 몰고 올라온다. 장난기가 발동한 명
진이가 나 좀 태워 달라며 짖궂게 따라 다녔다.

　결국 골프장 때문에 잠시 정맥을 벗어난 우리는 통도사에 도착하여

246

산악회에 우리의 위치를 알렸다. 울산 전기찬 선배님에게 전화하니 부산으로 출장가셨다고 한다. 할 수 없이 모든 사람들과 연락을 취할 수 있도록 통도사 입구에서 야영하자는 명진이를 끌고 가까운 여관으로 들어갔다. 여관 전화번호를 여기저기 알리면 모든 연락이 쉬울 테니까. 스스로 귀염둥이라 우기는 철이에게서 전화가 왔다. "깊은 산 속에 있어야 할 인간들이 여관이라니 지금 뭐하는 거야"라며 완전히 똥개 짖는 소리를 한다. 나원 참, 산행에 정해진 법이 있었나? 정해진 규칙 없는 것이 등산 아닌가? 명진이도 곧 결혼할 홍난숙과 통화하여 곧 서울로 올라가겠다고 했다. 발목 부상으로 더 이상 운행할 수 없기 때문이다. 홍난숙은 좋겠다. 사랑하는 사람이 올라간다니.

잠시 후 전혀 예상치 않았던 전기찬 선배로부터 전화가 와서 당황했다. 사실은 내 연락이 있었다는 사무실 연락을 받고 서울에 전화하여 지금의 우리 위치와 연락처를 알았다는 것이다. 업무가 끝나는 대로 이곳으로 올테니 꼼짝말고 있으란다. 결국 여관까지 찾아온 전기찬 선배는 우리를 차에 태워 언양으로 달렸다. 낙동정맥 종주 중에 이게 뭡니까? 우리는 언양에 가서 선배의 단골 불고기집에서 불고기를 실컷 먹고 못하는 술이지만 한 잔 "카!" 죽인다.

이곳 언양은 불고기가 유명한 곳이라고 했다. 어쩐지 동네가 온통 불고기 집이라니. 전기찬 선배는 단골집이라 그런지 음식점 주인과 친한 듯 했으며 불고기를 따로 포장해 달라니까 잽싸게 한 봉다리 챙겨온다. 내일 산에서 구워먹으라며 주는데 정말 세심하게 신경까지 써줘서 무척 고마웠다. 우리는 가까운 커피숍에서 커피를 마신 후 명진이와 나를 통도사 입구 여관까지 태워주고는 선배는 울산으로 내려갔다. 생각하지도 못했던 일에 우리는 어찌나 고맙던지….

다음에 울산으로 내려가서 뵙겠다고 인사드리며 헤어졌다. 뜨거운 방안에 배 따뜻, 허리 지글지글, 정말 살 맛 난다.

1월 11일 토요일·흐리고 눈

우리는 여유 있게 어제 전기찬 선배가 챙겨준 불고기를 구워 아침을 먹었다. 커피까지 마시며 잠시 쉬고 10시가 되어 출발했다. 잠시 후 취서산에 오르기 전 명진이는 오후에 구포에서 친구와 홍난숙을 만나기로 했는데 늦지 않기 위해 지금 출발해야 한다고 한다. 짜식들…. 할 수 없이 아쉽지만 명진이만 홀로 보내고 나는 취서산으로 올라야 했다. 명진이와 함께 낙동정맥을 종주하려고 그렇게 우여곡절을 겪었는데 그 모든 것을 이것으로 만족해야 하다니 가슴이 저렸다.

명진이는 발목이 낫는 대로 중간에 다시 한 번 내려오기로 했다. 나는 명진이가 내 위치를 알아낼 수 있도록 큰 고갯길이 나올 때마다 길 양쪽에 표지기를 눈에 잘 띄도록 붙여놓아 표지기가 있으면 이미 지나간 것이고 표지기가 없으면 아직 안 지난 것임을 알 수 있도록 하기로 했다. 그러면 명진이는 쉽게 내 위치를 파악하고 반대로 내려오면 결국 나와 낙동정맥의 능선에서 만날테니까. 정말 괜찮은 방법인 것 같았다. 이런 방법은 서로의 믿음이 있어야 하며 그 믿음은 서로 성격과 능력을 잘 파악하고 있을 때 가능한 것이다. 우리는 그 모든 것이 완벽했기 때문에 간단한 대화만으로도 그 정도는 가능한 일이었다.

홀로 떠나는 명진이의 뒷모습을 보고 있으려니 기분이 우울하다. 그러나 어쩔 수 없지 않은가. 나는 아쉬움을 뒤로 하고 취서산(1058.9m)을 향해 오르기 시작했다. 취서산 길은 임도가 지그재그 형식으로 정상 조금 못미친 곳의 산불감시초소까지 이어져 있다. 임도 사이로 등산로는 곧장 뚫려 있어 임도를 따라오르자니 이리저리 빙빙 돌며 많은 시간을 허비할 것 같고 곧장 뻗은 등산로를 따르자니 너무 가파르

취서산(1,058.9m)에서 신불산(1,208.9m)으로 이어진 넓은 억새능선

고 배낭이 무거워 젖 먹던 힘까지 써야하니 정말 돌아버릴 지경이다. 거의 다 올라왔다고 생각할 때쯤 대피소같은 큰 산불감시 초소가 나와서 잠시 쉬며 간식을 했다. 주변 등산객 말에 노인 한 분이 이곳을 관리하는데 기분 좋을 땐 가끔 올라와서 커피도 판다고 했다.

산불감시초소부터는 임도가 없으며 등산로를 따라 올라야 하는데 서서히 눈발이 날리기 시작했다. 오후 1시쯤 취서산에 오르니 눈보라가 치기 시작했다. 산 정상부터는 주변이 온통 넓은 억새 초원이었으나 날이 좋지 않아 시야가 짧아 주변 경관을 제대로 감상할 수 없어 아쉬웠다.

날씨는 점점 악화되어 엄청난 눈이 강풍과 함께 몰아치고 있다. 신불산(1208.9m) 직전 고개에서는 엄청난 눈보라를 피하기 위하여 우측에 희미하게 눈보라 사이로 보이는 빈 건물 같은 곳으로 대피하러 갔더니 관리인 있는 임시 대피소였다. 대피소 안에서 젊은 관리인이 빨래하기에는 부족해 보이는 적은 양의 물로 궁상맞게 빨래를 하며 홀아

운봉산(534.4m) 정상에서 송명진과 필자

비 냄새를 풀풀 풍기고 있었다.

또 판자 등으로 엉성하게 지은 무허가 건물 지붕에 쌓인 눈이 녹으며 물이 건물 안 이곳저곳으로 뚝뚝 떨어지고 있다. 흐린 날씨에 꾀죄죄한 얼굴 등 궁상맞은 모습의 젊은 관리인의 모습이 왠지 내 모습과 비슷하다고 느껴지며 또 다른 나를 보고 있다는 생각에 측은함과 친근감이 엇갈려 온다. 잠시 쉬며 커피 한 잔을 한 후 다시 눈보라치는 능선을 향해 올랐다. 곧 신불산 정상에 오르니 표지석만이 반긴다. 취서산을 오를 때는 등산객들이 꽤 여러 명 있었는데 오늘은 날씨가 나빠서 그런지 신불산 주변에는 사람 구경하기가 쉽지 않다. 잠시 후 간월재에 도착하니 왼쪽 아래로 조립식 건물이 보이고 임도가 어지럽게 뚫려 있다.

바로 가파른 오름길을 올라 표지석이 있는 간월산(1083.1m) 정상 돌탑에 기대어 잠시 쉬며 간식을 먹은 후 무릎까지 빠지는 눈 쌓인 능선을 힘겹게 지났다. 오후 4시 조금 넘어 966봉 직전에서 계속 눈보라가 몰아쳐 날씨마저 안 좋아 더 이상 운행을 중단하고 텐트를 치고 저녁을 해 먹었다. 원래 오늘은 석남고개까지 가려 했으나 무식하게 강행하기보다 자주 쉬기도 했다. 흐린 날씨 덕에 형편없는 경관을 바라보며 운행하여 일정이 엉망이 되었다.

명진이가 잘 갔는지 궁금하지만 걱정은 안된다. 나와 명진이 사이에는 믿음이라는 것이 있기 때문이다. 그것은 서로의 능력에 대한 믿음이었다. 만약 그런 믿음이 없는 사이였다면 애초에 같이 낙동정맥 종주를 하려고 계획하지도 않았을 것이다. 비록 지금은 발목 부상으로 인해 끝까지 산행을 함께 하지 못하지만 평소 명진이가 모든면에서 나보다 더 뛰어났다고 생각하고 있었으며 그런 친구가 얼마나 자랑스러웠는지 모른다.

내일은 날씨가 좋아지길 빌어 본다.

눈발은 날리고

1월12일 일요일·흐리고 눈

오늘은 반나절 거리밖에 되지 않는 운문령까지 갈 예정이기 때문에 여유를 부려 10시 30분이나 되서야 출발했다. 그러나 날씨가 꾸물거리고 있어 눈이 올 것 같은 예감이다. 11시 쯤 시멘트 포장이 된 배내고개에 도착하니 고개 왼쪽은 식당과 민박집도 있었으며 배내고개 공터에서는 산불감시원이 추워서 밖으로 나오지도 않고 차 안에서 고개를 내밀며 신분증을 보이고 올라가라고 했다. 나원 참 이렇게 눈이 쌓여 있는데 무슨 산불감시를 하겠다는 건지….

예상 대로 서서히 눈발이 날리기 시작해 그 속을 11시40분 능동산(983m)을 지나 석남고개에 도착할 때까지 눈이 무릎까지 쌓였다. 바람에 눈이 능선 주변으로 몰리는 바람에 벌써부터 심설산행을 하게 되었다. 이 놈의 눈은 가지산(1,240m)까지 계속 많이 쌓여 있어 정말 지치게 했다. 일요일이라 그런지 등산객들이 꽤 많이 올라온 가지산 정상에는 표지석이 있고 초라한 움막에서 차도 팔고 있다. 잠시 쉬며 사람들 구경을 하다 계속 눈밭을 헤쳐가며 3시30분쯤 쌀바위 대피소에 도착했다. 이곳은 매점을 운영하고 눈보라 속에서도 등산객이 꽤 여럿 보였다.

잠시 간식을 먹으며 쉰 후 쌀바위 대피소에서 임도를 따라 한없이 날리는 눈 속을 걸어 4시50분쯤 운문령에 도착했다. 고개를 포장하다 겨울이라 작업을 중단한 상태로 주변 임시매점에서는 내가 무척 좋아

252

하는 호떡을 팔고 있었다. 우선 고픈 배를 달래기 위해 호떡을 정신없이 주워 삼켰다. 길 건너에 아직 공사중인 빈 건물 창문을 통해 안으로 들어가 텐트를 친 후 호떡을 사먹었던 임시매점에서 식수를 얻어다 밥을 했다. 얼마 후 날은 어두워지고 별로 할 일도 없어 무료함에 밖으로 나가보니 멀리 산 아래 민가의 불빛이 보였다. 너무 아름답다. 빨강, 노랑, 파랑 불빛이 어울려 너무 환상적인 분위기를 연출하고 있어 혼자 보기 아깝다.

1월 13일 월요일·흐림

건조식품인 즉석 사골우거지국을 끓여 아침을 잘 먹고 9시 40분에 운문령을 출발했다. 894.8봉까지 지겹게 오르니 지나온 산들과 앞으로 가야 할 산들이 어울려 전망이 끝내준다. 멀리 아래로 와항마을이 멋지게 펼쳐졌으나 마을 주변의 능선이 뚜렷한 것 같지는 않아보인다. 한참 동안 경치를 감상하고 하산길의 그늘진 와항재마을로 내려가는 비탈은 눈이 무릎까지 쌓였다. 매우 가파르며 미끄러워 몹시 힘들게 마을까지 내려와 목장을 지나 와항재에 도착하니 불고기 식당 등이 즐비하고 가끔 버스도 지나간다. 이렇게 외진 곳에 식당촌이 왜 있는지 어리둥절하다.

와항재를 출발하여 2시 10분쯤 고헌산에 오르니 억새밭을 이룬 평탄한 능선이 마치 소백산 능선과 비슷하다. 정상에 돌탑과 그 뒤에 깨진 표지석만 외로이 나를 기다리고 있었다.

고헌산(1032.8m)에서 잠시 내려오니 비포장 고개가 나오고 주변에 작은 밭이 있다. 비포장 길을 따라 능선을 잠시 따르다 방화선 흔적이 있는 능선으로 잠시 이어지고 곧 잡목 사이로 뚜렷한 길을 따라 4시쯤 백운산 정산에 오르니 정상에는 표지목과 표지석이 있었으나 서로

백운산 정상의 표지석과 표지목. 서로 높이가 다르게 표시되어 있다

백운산의 높이 표기가 907미터와 901미터로 서로 다르게 표기되어
있었다.

　잠시 후 무릎까지 차는 눈을 헤치며 잡목숲을 헤치고 진행하려니 정
말 질리겠다. 곧 바람이 매서운 소호고개 직전에서 눈을 헤치고 눈 속
의 낙엽을 긁어모아 수북히 쌓은 후 그 위에 텐트를 설치하니 텐트 바
닥이 푹신푹신 하여 정말 훌륭한 집이 만들어졌다. 역시 건축은 기초
가 튼튼해야 한다니까. 코펠 가득 눈을 담아서 녹여봐야 물의 양은 얼
마 안되기 때문에 주변의 깨끗한 눈을 찾아 큰 비닐봉투에 눈을 가득
담아 왔다.

　동계등반인데도 소형 가스버너를 가지고 왔는데 날이 추우면 가스
버너는 기능을 제대로 발휘하지 못해 화력이 약해지기 때문에 약간
머리를 썼다. 우선 하나의 코펠 속에 눈을 가득 담아 버너로 녹인 후 눈
녹은 물을 끓인다. 아무리 겨울이라도 한 번은 눈을 녹여 물을 끓일 수

있기 때문이다. 끓는 물이 담긴 뜨거운 코펠을 바닥에 놓고 뚜껑을 덮은 후 그 위에 가스버너를 올려놓고 다른 코펠에 눈을 담아 그 버너 위에 올려놓으면 뜨거운 코펠 위에 놓인 가스버너는 끝까지 화력이 좋다. 그러면 국을 먼저 끓이고 국이 담긴 코펠을 바닥에 놓고 그 위에 버너를 올려놓아 밥을 하게 되면 휘발유 버너가 아니라도 전혀 불편함 없이 가스버너로도 겨울 산행을 충분히 할 수 있게 된다.

대부분의 산꾼들은 겨울에는 추운 날씨 덕에 화력이 약한 가스버너는 별로 사용하지 않고 아무리 추워도 화력이 좋은 휘발유 버너를 사용하지만 나는 이런 방법으로 산행을 하기 때문에 1년 내내 오로지 가벼운 소형 가스버너 하나만 가지고 다닌다.

밥을 하다 문득 와항재에서 점심을 먹던 식당에 파일장갑을 놓고 온 것을 알았다. 젠장….

저녁식사 후 앞으로 가야할 구간을 지도로 살펴본 후 눈밭에 푹 젖은 양말과 비브람(겨울용 가죽 등산화)을 말리려 했으나 잘 마르지 않는다. 계속 젖은 상태로 산행해야 할 것 같다. 특히 물에 푹 담은 것처럼 젖은 비브람 등산화는 며칠 지나야 마르기 때문에 걱정이 되었다. 모든 일이 끝나고 조용하니 쓸쓸한 기운이 감도는 것을 느껴야 했다. 하지만 어쩔 수 없이 견뎌야 한다.

1월 14일 화요일·흐리고 갬

일찍 눈을 떴으나 너무 게을러서 날이 훤히 밝을 때까지 누워 있다가 8시가 다 되어 천천히 밥을 해먹었다. 젖은 비브람은 밤새 얼어서 완전히 돌덩어리가 되었다. 버너 불에 녹이려 했지만 잘 녹지 않아 개 패듯 마구 두들겨 패 약간 부드러워진 느낌이다. 한참 걸어가다보면 발의 체온에 의해 등산화가 완전히 녹기 때문에 그때는 완전히 물걸레

수의동 옥방목장 주변의 엄청나게 넓은 잔디밭 공원

처럼 질퍽거릴 것이다. 발과 양말이 젖는 것을 막기 위해 새 양말을 신
고 그 위에 비닐 봉투를 씌워서 비브람을 신었다.

곧 나의 작은 집을 헐어 배낭에 쑤셔 넣고 9시30분에 출발했다. 소
호고개에 도착하니 고갯길이 선명하다. 700.1봉 지나며 눈이 무릎까
지 쌓였으나 등로는 확실하게 구별할 수 있어 다행이다.

한 시간 쯤 운행하자 잡목이 심하게 나오더니 납석광산 주변에서 임
도가 나왔으며 봉우리 하나를 넘으니 온통 밭과 논이 나오더니 비포장
고개가 나왔다. 또다시 작은 봉우리 하나를 넘어가니 넓은 능선 자체
가 밭과 농장으로 민가도 한 채 보인다. 곧 임도가 뒤엉킨 능선을 잠시
지나니 능선과 주변이 엄청나게 큰 잔디밭 공원으로 주변 곳곳에 조각
품이 전시되어 있고 왼쪽으로 눈썰매장도 보인다. 하지만 양지 바른
곳이라 눈이 녹아 썰매장 운영은 못하고 있는 듯하다.

1시쯤 넓은 잔디밭을 지나 바로 앞 봉우리에 커다란 삼각형 모양의
상가 건물이 있는데 아직 공사가 끝나지 않아 영업은 못하고 있다. 삼

각 건물을 지나 뚜렷한 등로를 따라 곧 단석산(827.2m) 주변 공원에서 설치한 초라한 등로 안내판을 지나 단석산 정상을 우측에 두고 정맥은 좌측으로 이어져 내려갔다. 당고개 가까이서 잡목이 많아 길을 잃고 헤매느라 진땀을 뺐다.

3시20분, 당고개에 도착하니 임시 휴게소조차 없어 무척 썰렁한 느낌이 든다. 원래 오늘은 이곳에서 1박 하려 했으나 아직은 시간이 넉넉하여 조금 더 운행하기로 하고 길 건너 조금 들어가니 곧 묘지가 나온다. 그러나 이곳부터는 엄청난 소나무 잡목 등으로 온몸을 내던져 빠져나가야 하는 곳이다. 소나무와 잡목숲이 너무 빽빽하여 그냥 당고개에서 일찍 운행을 마치고 쉴걸 괜히 욕심을 부렸다고 후회했다. 잠시 후 비포장 도로가 나오고부터는 길은 희미하지만 나를 괴롭히는 잡목이 심하지 않아 다행이다.

얼마 후 넓은 목초지가 나오고 우측으로 민가 한 채가 보였으며 좌측으로는 반갑게도 빈 목장건물이 있다. 주변에서 똥개가 짖어 댔다. 생각할 필요도 없이 빈 목장건물로 들어가 온통 닭똥이 널려 있는 바닥을 자루가 부러진 낡은 빗자루를 주워 자리를 깨끗이 쓸고 텐트를 설치했다. 물을 구하기 위해 주변을 살펴보니 가까이 수도가 있었으나 오랫동안 사용을 하지 않아 계속 녹물만 나온다. 할 수 없이 녹물이 다 나오고 깨끗한 물이 나올 때까지 틀어놓고 짐 정리를 했다. 다행히 깨끗한 물이 나오기 시작하여 눈 녹이는 수고를 덜 수 있었다.
주변 울타리 안에서는 아까부터 발발이 똥개가 죽어라고 짖어댄다. 짜식, 되게 시끄럽네. 저걸 그냥 된장이나 발라버려?

오늘은 생각보다 엄청나게 많이 걸어왔다. 내일 아화까지 가려고 생각했지만 잘하면 아화에서 점심을 먹을 수 있을 것 같다. 아화에 도착하면 서울에 전화를 한 후 쌀도 사고 담배도 사야지.

명진이가 시간 내어 한번 내려온다고 했는데 언제쯤 내려올지 궁금하다. 어찌되었든 빨리 내일이 오면 좋겠다. 저놈의 똥개는 아직도 목이 안 터진 모양이다.

1월15일 수요일·맑음

빈목장 덕분에 잘 잤다.

아침에도 똥개는 변함없이 계속 목이 터져라 짖어댄다. "얌마! 그 정도면 밥값했다, 그만해!" 가만히 살펴보니 그 근처에는 살이 통통하게 찐 닭이 여러 마리 있네. 오! 하늘이시여 나를 시험에 들게 하지 마소서….

모든 정리를 끝내고 수도 옆에 오래 묵은 빨래비누 쪼가리로 세수를 하고 머리에 물도 묻혀 거울을 보며 외모에 신경을 써본다. 곧 9시쯤 드디어 훌륭한(?) 외모를 뽐내며 돌덩어리처럼 딱딱하게 얼어버린 등산화에 발을 구겨 넣고 산으로 올랐다. 바로 앞 봉우리까지 잡목을 헤치며 오르니 잡목 사이에 철조망이 나왔다. 철조망을 넘어 계속 철쭉나무 등 숲을 헤치면서 오르니 넓은 억새밭이 나온다. 오른쪽으로 억새가 자란 방화선이 보이고 앞으로 나가야 할 곳을 멀리 바라보니 더욱 넓은 억새밭이 보였다. 방화선을 따라 가니 성터가 나오는데 흔적만 있을 뿐이다. 얼었던 등산화도 서서히 녹아 부드러워 지긴 했지만 완전히 물주머니다.

10시쯤 곧 능선으로 오르니 완만한 능선은 온통 채소밭으로 얼었다 말라 비틀어진 무들이 여기저기 나뒹굴고 주변은 억새능선이 멋지게 펼쳐져 있다. 능선 오른쪽은 채소밭이고 왼쪽은 억새밭과 숲이었으며 능선이 뚜렷하지 않아 이리저리 헤매야 했다. 잠시 잡목을 헤치고 가니 고개로 이어진 비포장도로가 나오고 바로 숙제고개다.

사룡산(685m)주변의 시루미기 생식마을. 종교단체인 듯 보인다.

　11시10분쯤 좁은길 따라 잠시 오르니 마치 종교집단 같은 분위기
의 마을이 나오는데 시루미기라는 생식마을이다. 마을 입구에는 낡
은 경고판이 있는데 너무 낡아서 글씨가 제대로 보이지 않았으나 고
성방가 등을 금지한다는 내용이 들어 있었다.

　사람도 전혀 안보이고 분위기가 약간 썰렁하여 기분이 별로 좋지 않
았다. 마을회관에서 사룡산(685m) 정상을 왼쪽에 두고 길도 없는 능
선을 오르니 표지기와 마을에서 설치한 안테나가 있었다. 움직이지 않
으면 등산화가 얼기 때문에 잠시 쉬고 계속 내리막길을 따라 아화고
개를 향하여 진행하니 등로는 분명하나 눈이 쌓여 매우 미끄럽다.

　한참 내려오니 잡목숲이 이어지고 곧 지겨운 소나무 숲이 앞을 가로
막아 완선히 놀아버릴 지경이다. 소나무 숲에 갇혀 독도를 할 수 없고
주변이 온통 야산 지형이라 어디가 어딘지 구별하기도 힘들었다. 잠시
후 묘지를 만들기 위해 닦은 임도를 따라가다 지겨운 아까시 숲을 지

259

나 비포장 고개를 건너고 과수원을 넘어 2시 쯤 경부 고속도로가 앞에 나왔다.

고속도로 오른쪽으로 진행하니 굴다리가 나와서 다행이다. 이 주변은 등로가 전혀 없는 지역이라 무지 힘이 든다. 다시 능선으로 오르니 온통 과수원 투성이다. 이리저리 헤매며 과수원 사이로 운행하여 드디어 4번 국도 아화고개가 나왔는데 농장 지나서 철길을 건너야 했다. 정말 지긋지긋한 구간이다. 아화고개 일대는 도로 확장 공사 중이었다.

시간이 아직 3시도 안됐지만 지겨운 잡목을 헤치느라 너무 지쳐서 고개 오른쪽 아래로 아화까지 오래동안 걸어서 갔다. 잠시 필요한 것을 구입하고 서울에 전화를 하기 위해서다. 아화는 읍소재지라 쌀과 연료 등 식량구입이 쉬울 것 같다. 아화농협 앞에서 서울로 전화해 내 위치를 산악회에 알렸다.

근처 가게에서 음료수 2개를 사서 마시고 담배와 쌀, 그리고 부탄가스, 귤 등을 구입하여 다시 아화고개로 왔다. 공사 중인 고개 위로 오르니 등로는 희미하고 잠시 후 능선에는 밭과 공장이 나타났다. 공장 뒤로 잡목을 헤치고 봉우리 하나를 넘어가니 비포장고개가 나타나고 능선 따라 길이 나 있다. 비포장에 포장이 부분적으로 되어 있으며 바로 목장이 나왔다. 목장 주변은 온통 밭이었으며 능선이 선명하지 않아 이리저리 헤매며 진행하다 우측능선으로 잘못 내려섰다. 정말 열받는다. 시간이 4시 30분을 넘어서며 너무 지치고 열 받아서 그냥 이곳에서 야영하기로 했다. 계곡을 찾아 잠시 무지막지한 잡목을 헤치고 내려서니 계곡에 물이 약간 흐르고 있다. 아이고 힘들다, 취침….

1월16일 목요일·맑음

아침 9시에 짐을 꾸리고 능선을 향해 올랐다. 의외로 쉽게 능선에 올

관산(393.5m) 정상의 묘지에 삼각점이 있다.

라서니 엉뚱하게도 능선에 등로가 뚜렷하다. 이렇게 좋은 길을 두고
어제는 엉뚱하게 헤매고 있었으니…. 젠장! 관산(393.5m)을 향하여
오르는 비탈은 양지쪽이라서 눈이 녹았으나 낙엽이 수북히 쌓여 무척
미끄러워 힘들다. 관산 정상에 도착하니 묘지가 있는데 황당하게도 묘
지에 삼각점을 설치해 놓았다, 나원 참, 뭐 이런 게 다 있어….

관산에서 잠시 앞으로 산행하다 실수로 오른쪽으로 이어진 능선을
지나쳤다. 그러나 곧 잘못 진행하고 있다는 것을 알고 다시 되돌아와
길도 없는 잡목을 헤치고 정맥을 이어갔다.

이 지역은 백두대간의 상주 구간인 큰재에서 속리산 전에 있는 화
령재 사이의 잡목구간처럼 엄청난 소나무 잡목지대였다. 또한 잡목사
이로 낮은 포복 높은 포복 등 완전히 똥개 훈련받는 느낌이다. 독도도
하기 힘들고 여기가 어디인지 위치 파악이 힘들었지만 그래도 등로가
희미하게 흔적을 남기고 있어 겨우 더듬어 찾아 나갔다.

결국 새 옷인데 바지 무릎 근처가 잡목에 찢겨지고 말았다. 12시 50분. 드디어 시멘트 포장이 된 청석재가 나왔다. 처음부터 터널이 아닌 산을 자르며 만든 고갯마루에 나중에 터널구조물을 설치한 한심한 고개였다. 터널 구조물을 설치하여 터널고개를 만들었으면 터널 위에 흙을 메우고 양쪽 능선을 이어 동물이 이동할 수 있도록 해야 하는데 이놈의 고개는 터널 구조물 설치만 하고 능선은 아무 변화 없이 그대로 방치하고 있어 양쪽 능선을 서로 오갈 수 없게 만들었다. 고개 왼쪽 아래로 내려와 길 건너로 계단을 오르니 묘지가 나오고 또다시 지겨운 잡목이 이어진다.

길을 잃어가며 한참을 헤매다 왼쪽에 건물이 약간 내려다보이는데 지도에 황수탕이라 표시되어 있다. 황수탕? 보신탕은 내가 좀 아는데 황수탕은 잘 모르겠다. 잠시 후 포장된 고개인 남사재 927번 지방도로 나오는데 옆에 텐트치기 좋은 공터도 있다. 그러나 차가 지나 다녀 시끄럽다. 의외로 진행이 빠르다. 물론 길을 잃고 헤매며 왔지만….

2시40분쯤, 고개를 지나 길도 전혀 없는 잡목을 헤치며 어림산을 향하여 올랐다. 어차피 시간이 넉넉하여 쉬엄쉬엄 천천히 갔다. 완만한 능선까지 오르니 의외로 길이 좋다. 그러나 바로 앞 작은 봉우리를 넘으면 또 봉우리가 기다리고 또 봉우리…. 4시쯤 텐트치기 좋은 묘지가 있어 야영하기 위해 배낭을 풀고 나무 숲 사이로 또 봉우리가 보여 잠시 가보니 그곳이 어림산(510m) 정상으로 낡은 삼각점이 있다.

다시 되돌아와 묘지 옆에 텐트를 치고 밥하고…. 아직 해도 지지 않았는데 일찍 텐트를 치니 너무 한가하다.

강풍에 잠이 깨다

1월 17일 금요일·맑음

밤새 강풍이 불어 새벽에 시끄러운 바람소리에 깨었다. 다시 침낭 속에 쏙 들어가 자다가 8시 일어나 9시40분 느긋하게 출발했다. 이놈의 등산화는 완전히 얼어 로봇 신발이 되었다.

오늘은 가까운 시티재까지만 갈 예정이기 때문에 최대한 천천히 가야 하는데 너무 속도가 빠른 느낌이다. 잡목이 심하지만 곧 산판길과 철탑이 나온다. 철탑을 세우기 위해 뚫은 길이다.

302봉우리에 도착하니 능선이 두 갈래로 갈라지며 양쪽 능선이 모두 약 500미터 전방까지 방화선이 넓게 뚫려 있고 관리가 잘 되어있다. 잠시 쉬고 왼쪽 능선으로 가니 능선 따라 철조망이 이어지고 안내판인지 경고판인지 무척 낡은 안내판에 무어라 글씨가 써있는데 읽지 못하겠다. 잠시 철조망 따라가다 작은 봉우리에 올라서니 철조망은 오른쪽으로 나가고 나는 고경저수지가 보이는 왼쪽 능선으로 심한 잡목을 헤치며 나갔다.

일부러 천천히 갔는데 12시10분경 383봉에 도착했다. 잠시 후 서울 이동통신 기지가 나오고 기지국 건물 뒤로 돌아 12시40분에 드디어 시티재에 도착했다. 시티재는 28번 국도로 경상북도 영천시와 포항시를 연결하는 도로이며 이 고개에는 안강휴게소가 있다. 시티재는 고속도로처럼 넓어 어디로 건너야 할지 몰라 할 수 없이 무단 횡단하고 말았다.

안강휴게소에서 공중전화로 산악회에 내 위치를 알렸다. 휴게소 주변에서 영천시내로 가는 버스를 타고 식량을 구입하기 위해 영천으로 갔다. 영천시내를 돌며 쌀과 즉석찌개, 그리고 연료 등을 구입하고 제대로 된 밥을 사먹었다. 간식은 안강휴게소에서 구입해도 되기 때문에 굳이 여기서 구입할 필요는 없다. 다시 버스를 타고 안강휴게소까지 와서 휴게소 좌측으로 내일 올라야 할 등로 초입에 있는 넓은 공터에 자리잡고 텐트를 설치했다.

휴게소 옆에서 파는 호떡을 샀다. 나는 왜 그리 촌티나게 호떡이 맛있는지 모르겠다. 산악회로 전화하여 현재 위치와 상황을 설명하고 텐트로 들어갔다. 휴게소에서 사람들이 떠드는데 춥고 외롭다.

1월18일 토요일·맑고 바람 강함

너무 추워서 게으름을 피우다 11시30분이 되어서야 시티재를 출발했다. 바로 앞 355.7봉까지 왼쪽 능선은 모두 벌목지대였고 355.7봉에 오르니 묘지와 수신용 안테나가 설치되어 있다. 길 흔적만 희미한 잡목숲을 헤치고 521.5 봉에 도착했다.

오른쪽으로 삼성산(578.2m)이 있고 건너편 동쪽으로 자옥산(562m), 그리고 자옥산에서 북쪽으로 도덕산(702.6m)이 보였다. 이곳에서 일부 낙동정맥 종주자들은 마루금을 잘못 짚어 521.5 봉에서 삼성산, 자옥산, 도덕산으로 연결하는 실수를 하기도 한다. 그러나 이곳에서의 낙동정맥은 521.5봉에서 바로 앞 북쪽으로 보이는 봉우리를 지나 오른쪽 고개인 오룡리와 삼포리 사이의 고개를 지나 도덕산과 570.7봉 사이로 마루금을 긋고 그 마루금을 따라 운행해야 한다.

건너편 도덕산을 오르는 비탈이 무척 가파르게 보여 다리에 힘이 쭉 빠지는 느낌이다. 엄청난 잡목을 헤치고 오후 3시에 오룡리 윗 고개에 도착하니 지도와 달리 이미 도로는 포장이 되어 있다. 찬바람이 하도 세차게 불어서 도로 옆에서 바람을 피해 잠시 쉬며 간식을 먹는다.

길거리에서 쭈그리고 앉아 추위에 떨며 간식을 먹으려니 거지가 따로 없다. 잠시 후 도로를 건너서 임도를 따라 도덕산을 향해 오르기 시작했다.

임도를 지나 농사를 짓지 않는 묵은 밭과 과수원을 지나니 본격적인 소나무 잡목지대가 시작된다. 얼굴을 긁히고 눈을 찔려가며 엄청난 잡목을 헤치고 힘들게 운행하다 보니 본격적인 오르막에서 예전에 이용했을 거라는 짐작이 갈 만한 배티재가 뚜렷하게 나타났다. 그러나 배티재는 다른 등로처럼 지그재그로 오르는 것이 아니라 도덕산 정상 주변까지 그 가파른 오르막을 직선으로 오르게 되어 있다.

가파른 비탈에 낙엽까지 쌓이니 미끄럽고 힘이 들어 정말 죽을 맛이다. 왼쪽 너덜지대로 올라보지만 그것 역시 쉬운 일은 아니었다. 누가 고갯길을 이따위로 냈는지 정말 열 받는 고개다. 죽을 고생하여 드디어 4시쯤 도덕산 능선에 도착했다. 도덕산 정상을 오른쪽에 두고 정맥은 왼쪽 즉 북쪽 570.7 봉을 지나간다.

570.7봉 주변의 무덤에서 경치를 감상한다. 드디어 먼 동해가 보였다. 한동안 말없이 바다만 바라보았다. 잠시 후 이리재를 향해 정신없이 서둘러 운행하다 비탈진 오르막에서 무덤을 본다. 시간도 이미 5시 20분이나 되어 무덤 옆에 텐트를 치기로 했다.

주변의 눈을 모두 걷어내고 눈 밑에 쌓인 낙엽을 텐트칠 자리에 수북하게 쌓은 후 텐트를 설치하니 텐트 바닥이 푹신푹신 하여 포근한 느낌이 든다.

주변의 눈을 모아 코펠에 담아 녹인 후 저녁식사를 끝냈다. 오늘은 너무 놀면서 운행하여 별로 많이 운행하지는 못했다. 그러나 그런 건 별로 중요하지 않다. 손이 얼어서 일지 쓰기도 힘들다.

1월19일·맑고 바람 강함

오늘도 늑장을 부리다 보니 11시30분이나 되어 출발하게 되었다. 이곳 역시 지겨운 잡목을 헤치며 1시간만에 이리재에 도착했다. 고개 오른쪽 경주군 방향은 비포장이었고 왼쪽 영천군은 포장이 되었으며 넓은 공터가 있고 바람이 몹시 강하게 불었다. 공터 오른쪽 절개지 위로 올라 621봉에 도착하여 잠시 쉬어가며 간식을 먹은 후 조금 운행하니 등로가 선명해지기 시작했다. 이곳은 많은 등산객이 찾는 운주산 주변이라 등로는 더욱 뚜렷했고 표지기도 많이 달렸으며 눈도 많이 쌓였다.

운주산(806.2m) 정상 직전 전위봉이라 불리는 작은 돌탑이 있는 봉우리에서 정맥은 오른쪽 아래로 이어져 운주산 정상은 지나지 않게 되어 있다. 이곳은 사방으로 등로가 나 있고 표지기도 사방으로 붙어 있어 독도에 주의해야 한다. 이곳에서도 멀리 동해가 보였다. 전위봉에서 잠시 쉬며 노닥이다가 바람이 강하게 불고 너무 추워 바로 계속 운행을 했다. 블랫재 도착하기 전 눈이 많아 미끄러지지 않으려고 신경 쓰다보니 우측능선으로 잘못 내려서고 말았다. 젠장….

5시가 넘어 다시 블랫재로 오르니 비포장 임도인 이 고개는 능선을 깊이 절단하여 길 건너 가파른 절개지를 힘겹게 올라야 했다. 서서히 왼쪽 발목과 오른쪽 무릎의 뒤쪽이 무척 아프다. 아무 일 없어야 할텐데 걱정이다. 곧 등로가 뚜렷하지 않은 능선을 헤매어 7시쯤 한티재 주변에 이르니 시멘트 포장된 고갯길과 밭이 나오고 곧 한티재에 도착했다. 한티재는 능선을 자르지 않고 터널을 뚫어 능선을 그대로 살린 고개였다. 왼쪽 아래로 내려와 주변에 사용하지 않는 도로에 텐트를 치고 주변 민가에서 물을 얻어다 저녁식사를 했다. 오늘은 길을 잃고 헤매느라 무척 힘들었으며 그늘진 곳에 눈이 많이 쌓여 신발 속으로 눈이 들어가지만 귀찮아서 스패츠도 착용하지 않았다. 어차피 푹 젖은 등산화에 젖은 양말인데 뭐….

1월20일 월요일·맑음

9시30분쯤 쓸쓸히 산으로 올랐다. 처음부터 잡목이 심하고 힘겨운 오르막이니 정말 죽을 맛이다. 422봉을 지나면서 등로가 뚜렷하게 나왔다. 11시에 671봉에 오르니 산불감시 초소가 있다. 산불감시원이 이곳에 올라와 낮잠을 자는지 이불과 낡은 라디오가 있다. 주변은 나무를 베어내 전망이 매우 좋았으며 사방에 두릅나무가 엄청나게 많다. 봄에 이곳에 왔으면 두릅나물을 원 없이 먹을텐데….

잠시 쉬다가 다시 출발했다. 비탈진 곳에 눈이 많이 쌓여 미끄러지지 않으려 조심하며 확실한 등로를 따라 12시 30분쯤 침곡산(725.4m)에 올랐다. 낡은 헬기장과 묘지가 있었으며 주변에 잡목 등 나무가 많아서 전망은 형편없다. 침곡산에서 잠시 쉬며 간식을 먹은 후 뚜렷한 등로 따라 배실재를 지났다. 사관령을 지나면서부터는 점점 눈이 많아져 진행이 무척 힘들었다. 물론 모든 능선에 눈이 많은 것은 아니다. 그늘진 부분과 바람에 눈이 능선으로 몰린 곳에 눈이 많아 고생이고 양지 바른 곳은 눈이 녹아 낙엽이 드러나니 낙엽 때문에 역시 미끄러워 이래도 탈 저래도 탈이다.

709.1봉에 도착하니 헬기장이 시멘트 포장으로 잘 정돈되어 있었고 오른쪽으로는 이곳에 오며 부분적으로 보이던 성법령으로 이어진 등로가 분명했다. 또한 왼쪽으로는 복잡해 보이는 임도가 보였으며 낙

상옥리 고천마을 고개. 소나무가 능선에만 자라고 있다.

동정맥은 헬기장을 곧장 지나 엄청난 잡목숲을 헤치고 가야 했다. 599.7봉을 지나 가사령에 도착하니 원래 있었던 가사령 전에 또 하나의 고개를 만드는 공사가 한참 진행 중이다. 가사령에서 오른쪽 상옥리로 내려가니 마을 전체가 도로 공사를 하는지 재개발 지역 공사 중인 듯했고 마을회관과 매점이 두 곳이나 있다.

이미 6시 10분. 50대 초반으로 보이는 인상 좋은 매점 아주머니에게 마을 노인회 회장님 댁을 물어 찾아가 등산중인데 늦어서 마을회관에서 하룻밤만 재워 달라고 하자 50대 후반으로 보이는 노인회 회장님은 고생한다며 하루 쉬고 가라고 친절하게 안내해 주신다. 정말 째지는 일이다.

가게 공중전화로 서울로 전화하여 이곳 위치를 알리고 마을회관으로 들어가니 텅빈 넓은 방에 보일러를 켜놓아 방이 뜨끈뜨끈 하다. 겨울에 보일러 배수관이 얼어·터질까봐 켜놓은 듯하다. 부엌에는 수도와 가스렌지도 있어 여유있게 저녁식사를 하고 이 기쁜 소식을 알리기 위해 또 다시 바로 앞 가게에 있는 공중전화로 서울에 전화하여 회원들에게 자랑했다. 아무리 산꾼이 단순하다지만 이런 걸 가지고 자랑까지 하게 되다니 정말 순진한 건지 단순한 건지….

회관 안에는 이불도 있어 배낭을 안 풀고 편히 따뜻하게 잘 수 있었다. 그러나 낮에 산행 때부터 오른쪽 무릎 뒤쪽이 너무 아파 무척 고생했는데 아직도 통증이 심해 절룩거리며 움직이려니 정말 죽을 맛이다. 다리가 빨리 나아야 할텐데 걱정이다.

1월21일 화요일·맑고 바람 강함

마을회관의 방이 너무 뜨거워 밤새 깨었다 잠들었다 하느라 예상했던 것과 달리 잘 자지 못했다. 야영을 안 했으니 내 수준에는 이른 시각인 8시30분에 출발할 수 있었다.

아침부터 가사령 도로공사장의 포크레인 소리가 주변을 시끄럽게 한다. 9시에 가사령에 올라 능선을 오르기 시작했다. 처음부터 죽은 나무들이 많이 쓰러져 운행을 방해했지만 소나무 숲과 길도 없는 잡목 숲을 지나니 곧 등로가 양호한 편이었다. 다리에 통증이 심해 천천히 운행한다. 776.1봉에 오르기 전 왼쪽 아래로 임도가 보이더니 곧 776.1봉을 지나 비포장고개인 통점재에 도착했다.

통점재에서 바람이 얼마나 세고 추운지 도저히 견딜 수가 없다. 또 오른쪽 다리 통증도 심해 마냥 쉴 수밖에 없었다. 찬바람을 피하기위해 배낭을 세워 놓고 뒤에 쪼그리고 앉아 바람을 피하려 안간힘을 써 본다. 우모복을 준비하지 못한 내 형편이 한심스러울 뿐이다. 젠장 내 꼴이 왜이리 불쌍한지 모르겠다.

얼마 후, 바람이 지독하게 불지만 어쩔 수 없이 다시 배낭을 메고 소나무가 산 능선으로만 줄지어 자라는 능선길에 올랐다. 멀리 왼쪽 아래로 간장치 저수지가 보이고 곧 묘지와 뚜렷한 간장치를 지나 헬기장이 가까이 3개나 있는 785봉우리에 도착할 때까지 아픈 다리를 이끌며 겨우겨우 오를 수 있었다. 다행히 이곳은 등로가 좋아 그런 대로 견딜만 했다. 조금이라도 덜 고달프게 하려고 보행법을 변형해가며 진행하는데 갈수록 독도가 어렵고 부분적으로 눈이 많이 쌓여 운행이 생각같이 쉽지 않다.

또한 너무 추워서 내복과 파일재킷을 꺼내 입은 후 왼쪽으로 온통 벌목지대와 산판로 투성이인 정맥능선을 이리저리 헤매며 진행하다 질고개 직전 산불감시초소를 만났다. 초소에서 멀리 주왕산의 745.4 암봉이 보이고 그 옆으로 주산재도 시야에 들어온다. 5시쯤 이미 포장된 질고개에 겨우겨우 도착하여 왼쪽 아래로 내려가니 구멍가게 맞은 편에 노인회 마을회관 등이 있다. 이곳은 이현리로 폐교된 이현분교의 운동장은 모두 묘목을 심어 놓았다. 또한 교문 앞에는 폐교를 알리는 폐교비가 세워져 있다.

이 마을은 두 개의 가게가 있었으나 이미 공중전화는 고장이 났었다. 이현마을회관 안에는 마을 노인들이 너무 많아 어쩔 수 없이 가게에서 물을 얻어 폐허가 된 학교 안으로 들어갔다. 학교 건물은 1층과 2층 교실 2개인 작은 건물로 유리창이 깨지고 칠판이 부서져 있으며 바닥에 쓰레기가 널려 있어 꼭 귀신이 나올 것 같은 분위기다. 또한 걸음을 옮길 때마다 마루바닥에서 '삐그덕' 소리가 나니 더욱 음침한 분위기다.

1층 교실에 텐트를 치고 저녁을 해먹고 자려는데 바람이 하도 세게 불어서 깨진 유리창 등이 시끄럽게 흔들렸으며 바람소리도 크게 들려 마치 제트기가 머리 위로 지나가는 것 같다. 어찌되었든 내일은 빨리 다리가 회복되어 좀더 편하게 운행해야 될텐데 걱정이다.

　오늘은 헬기장이 있는 785봉을 지나며 아픈 다리를 끌고 이리저리 길을 잃어 헤매며 오느라 너무 힘들었다. 내일은 다리뿐만 아니라 등로상태도 좋아야 덜 고생할텐데. 계속 걱정만 앞선다.

또다른종주자들

1월 22일 수요일·맑음

　이현분교 덕분에 잘(?) 자고 9시30분에 출발했다. 이 학교는 바람에 모든 것이 시끄럽게 흔들려 정말 짜증나게 했었다.

질고개에서 곧바로 소나무 잡목 등이 심했으나 잡목 밑으로 잠시 헤매고 나니 작은 임도를 지나며 등로는 쉽게 찾을 수 있었다. 갈 수록 길이 뚜렷하더니 611.6봉 못미처 안부에 임도가 나오더니 주변에 벌목을 하고 소나무 묘목을 심었다.

　611.6봉에 오르니 헬기장이 있고 조금 더 진행하니 또 임도와 벌목지역이고 얼마 후 지도에 표시되지 않은 임도 고개가 나왔다.

　12시20분쯤 피나무재에 도착하니 능선을 자르고 포장된 고개를 만든 후 낙석방지용 철망 울타리를 설치해 놓아 도로에 내려설 곳을 찾아 주변을 살폈다. 바로 옆에 낙석방지용 철망 울타리 아래로 기어서 빠져나갈 수 있게 밑으로 내려서는 길이 있다. 철망 역시 작은 공간을 개구멍같이 남겨놓은 정말 웃기는 고개다. 이곳에서도 앞으로 가야할 745.4 암봉과 주산재가 어제보다 좀더 가까이 보였다. 피나무재는 이미 포장이 되어 있고 길 건너 조금 오르다보니 주왕산국립공원 구역을 표시하는 표지석이 보였다. 이곳은 국립공원인데도 잡목도 심하고 등로는 아주 엉망이다.

　얼마 후 헬기장을 지나 계속 진행하니 745.4봉 못미처 주변이 온통 암봉으로 되어 있으며 멀리 바다가 보인다. 이 암봉은 바위 앞뒤로 터널이 뚫려 있었는데 그것도 모르고 무거운 배낭을 메고 릿지로 조심스럽게 암봉을 기어올라 넘어가서야 옆으로 터널이 뚫려 있는 것을 알았다. 젠장 괜히 고생했네. 일반등산로 같으면 굴 이름을 붙여 이곳의 명물이 되었을 텐데….

그런데 저놈의 매는 왜 아까부터 머리 위를 빙빙 도는지 모르겠다. 내가 벼랑으로 떨어지길 기다리나? 곧 작은 돌멩이로 이루어진 가파른 너덜을 오르려니 정말 죽을 맛이다. 드디어 2시40분쯤 745.4봉에 도착했는데 멀리 바다가 시원스럽게 보이고 주변 전망도 끝내준다. 잠시 주위를 살핀 후 눈을 헤치며 신술리 윗 능선에서 신술리로 내려가는 길이 있으면 지도상에 상당히 깊은 계곡으로 보이는 신술리로 내려가려 길을 찾아보았다. 지도에는 표시되어 있지 않지만 어쩌면 오래 전에 버려진 민가 한 두 채쯤은 있을지 모르는 폐가를 찾아 하룻밤 신세지려 했으나 도무지 하산로가 나오지 않고 시간도 너무 일러 할 수 없이 계속 진행했다.

4시30분 쯤 798봉 전 안부에서 비석과 깊이 묻힌 작은 돌장승이 보였으며 주변엔 큰 고인돌 같은 것도 발견할 수 있었다. 이곳은 특이한 지형으로 계곡이 능선 옆으로 가까이 있었으나 지금은 물이 흐르지 않았고 눈만 수북하게 쌓여 있다. 내가 좋아하는 특이한 지형이다. 이곳에서 야영하기로 하고 주변의 눈을 걷어내고 텐트를 친 후 주변을 살펴보았다. 이곳은 마치 백두대간 점봉산 주변의 북암령 주변과 비슷한 지형으로 봄에 오면 각종 희귀식물을 꽤 많이 구경할 수 있을 것 같은 느낌이다. 다음에 기회가 있으면 신술리와 이 주변으로 산행을 해보고 싶은 욕심이 생기는 곳이다.

1월 23일 목요일·눈보라

밤새 무지막지하게 부는 바람소리에 몇 번이나 잠을 깼다. 꼭 초음속 비행기가 머리 위로 지나가는 것 같이 엄청나게 시끄러웠다. 그러나 움푹 꺼진 지형에 텐트를 설치하여 다행히 텐트는 별 지장을 받지 않았다. 오늘 역시 돌덩이 같은 등산화를 두들겨 팬 후 겨우 발을 구겨 넣고 느긋하게 10시에 출발하였다. 하늘은 먹구름이 가득 메워 곧 눈이 내릴 것 같다.

바람이 엄청나게 세차게 불어서 옷을 더 껴입고 출발했다. 강한 바람을 견디며 진행하려니 제대로 진척이 안되고 주변을 자세히 살피기도 힘들다. 어디 쯤인지도 알 수 없는 곳에서 드디어 눈발이 날리기 시작했다. 세찬 강풍에 눈까지 날리니 앞을 분간할 수가 없고 어디가 어딘지 막막하지만 표지기를 찾으며 어렵게 진행하였다. 또한 등로가 이리저리 갈라져 더욱 헷갈리게 하고 눈이 많이 쌓여 있어 그나마 희미하게 보이던 길도 모두 사라져서 더욱 곤혹스럽게 만들었다.

오후 2시쯤 눈보라 때문에 실수로 먹구등에서 지도를 확인하지 않고 계속 진행하는 바람에 그만 두 고개 지나 두수람 쪽으로 나아가다 이상하다는 느낌이 들어 지도를 확인하니 진행방향이 틀린 것 같아 다시 뒤로 되돌아갔다. 1시간이나 헤매고 오후 3시에 겨우겨우 두 고개까지 되돌아 와서 지도를 확인하니 먹구등에서 실수로 두 고개 쪽으로 온 것을 알고 다시 길을 찾아 나섰다. 주왕산은 국립공원인데도 이정표하나 보이지 않았다. 관리를 제대로 하는 건지 모르겠다. 1시간이나 헤매다 보니 지겹고 체력도 떨어졌으며 눈이 계속 내리니 이제 그만 운행해야겠다고 생각하고 야영지를 찾아 계속 전진해 4시쯤 732.6봉 지나 묘지를 발견하여 묘 옆에 텐트를 설치하기로 했다.

주변의 눈을 헤친 후 눈 속에 수북하게 파묻힌 낙엽을 긁어모아 바

274

주왕산 745.4 암봉 앞뒤로 터널이 뚫려있다.

닦에 두껍게 깔고 그 위에 텐트를 설치했다. 오늘은 하루종일 눈과 바람가 싸워 추워 죽을 고생을 했다. 물론 늦은 시간인 지금도 계속 눈과 바람이 귀찮게 하고 있으며, 손이 얼어 일지도 쓰기 힘들다. 겨드랑 속에 언 손을 녹이며 기록하고 있지만 너무 힘들다.

내일은 오전 중으로 황장재에 도착할 수 있을 것 같다. 춥고 배고프니 빨리 밥 먹고 자야겠다.

1월 24일 금요일·맑음

무덤 옆에서 푹신한 낙엽 더에 잘 잤으나 새벽 강한 바람 소리에 깼다. 눈은 그쳤는지 모르겠다. 귀찮아서 텐트 밖의 날씨를 확인하지도 않고 포근한 침낭 속에서 조금 더 눈을 붙인 후 천천히 다시 떠날 준비

275

를 했다. 밤새 눈이 그친 모양이다.

9시30분, 하룻밤 신세를 진 무덤을 뒤로 하고 뚜렷한 등로를 따라 10시가 조금 넘어 대륙산(905m)을 지나 여유를 부리며 천천히 운행하다 갈평저수지 윗능선 쯤에서 맞은 편에서 마주오는 두 사람을 만났다. 가까이 다가오는 그들을 자세히 보니 등산복 차림에 큰 배낭…. 한눈에 낙동정맥 종주자들인 것을 알 수 있었다. 시커먼 얼굴에 그간 고생이 얼마나 심했는지를 짐작할 수 있는 남루한 행색….

우리는 너무 반가워 서로를 반기며 악수를 나눈 후 배낭을 바닥에 내팽개치고 서로 담배 불을 붙여주며 그간 지나온 낙동정맥 등로 상황 등 정보를 교환하며 즐거운 얘기와 시간을 보내게 되었다. 이들은 낙동정맥을 태백의 매봉에서 부산 금정산을 향하여 나와 반대방향으로 종주하는 산악인으로 대구의 호산등고회 소속의 박재모 씨와 이용호 씨였다.

그들 말에 의하면 강원도 구간에서 눈이 너무 많아 고생을 엄청나게 했다는 것이다. 대부분의 고개도 눈이 많아 차량이 올라오지 못해 지원받는 것조차 어려움이 많았다고 한다. 그러나 이곳부터 금정산까지는 눈이 많아도 고생하는 곳은 많지 않다는 것을 알려주었다. 우리는 서로 가야할 길이 있기에 얼마 후 몸조심하고 건강하라는 인사와 함께 아쉬운 이별을 해야 했다.

같은 목표를 향해 고행의 그 길을 가고 있는 그들은 바로 나의 동료일 수도 또 나의 모습일 수도 있다. 아무 사고없이 그들이 이 고행의 끝에서 건강한 모습으로 성공하길 빌며 그들과 반대 방향으로 또다시 외로운 고행의 그 길을 걷는다. 계속 선명한 등로를 따라 12시쯤 황장재에 도착하니 휴게소와 공중전화가 있다. 서울로 전화하여 내 위치를

나와는 반대방향으로 낙동정맥 종주를 하는 호산등고회 박재모씨와 이용호씨

알렸다.

　휴게소에 들어가기 전 간첩으로 오인 받을까봐 화장실에서 세수를 하고 조금이라도 외모를 자신있게 만든 후 휴게소 식당에서 밥을 사먹었다. 오랜만에 제대로 된 음식을 먹으니 꽤 많은 양이었는데도 몇 수저 안돼는 것 같이 꿀맛이다.

　2시쯤 황장재휴게소를 뒤로 하고 길 건너 가파른 능선을 잠시 오르니 바로 앞 532봉 정상은 텐트 한 동 칠 수 있을 만큼의 작은 공터가 있다. 잠시 등로 상태가 좋았으나 운행할수록 서서히 소나무 잡목 숲이 운행을 방해한다.

　지겨운 잡목을 헤치며 힘겹게 우행하다 얼마 후 밭이 나오고 또 한 번 밭이 나오더니 3시 25분 드디어 포장된 화매재가 나왔다. 왼쪽 아래로 10여분 내려서니 화매리에는 집이 꽤 많았으며 주변에는 농지개

량을 하는지 공사가 한창이고 마을회관과 빈집도 있다. 구멍가게에서 음료수를 사먹으며 마을사람들로부터 이곳에도 버스가 들어온다는 것을 알았다.

버스가 들어오기를 기다리며 바람을 피해 담 밑에 기대고 있었다. 얼마 후 버스가 들어와서 영천 시내까지 나가니 사람들이 많다. 지나가는 여자들도 모두 예뻐 보였다. 서둘러 쌀과 즉석찌개 그리고 담배와 간식, 부탄가스 등을 구입하여 배낭에 넣고 식당에서 비빔밥을 뚝딱 해치우고 다시 화매리로 서둘러 왔다. 이미 날은 어두워졌으나 주변의 비닐하우스 안에 들어가 텐트를 설치하니 한결 아늑하다. 며칠이나 산 속을 헤매고 돌아다녀 잘 모르겠지만 꽤 오래된 것 같다. 옷과 몸에서 악취가 난다.

1월 25일 토요일·바람세고 맑음

바쁠 것이 없으니까 늦잠을 자고 느긋하게 출발했다. 땅만 내려다보며 이 생각 저 생각 별 쓸 데없는 생각만 하며걷다 실수로 어제 내려온 화매재가 아닌 홀무골 마을 쪽으로 잘못 올라갔다. 갈림길에서 생각 없이 멍청한 짓을 한 것이다. 다시 되돌아와 점심대용으로 간식을 먹으며 화매재로 올라오니 11시30분이나 되었다.

어제 내려온 도로 하나 제대로 못 찾아오다니…. 약간의 잡목을 헤치다 12시50분, 철탑을 세우기 위해 작업로를 낸 곳까지 왔다. 잠시 길을 따라가니 철탑이 나오고 또다시 잡목과 임도를 지나니 포산마을로 가는 시멘트 포장길이 나온다. 포산마을부터는 지형이 특이하여 정신이 없고 길이 이리저리 돌아 다녀서 무척 헷갈렸다. 임도는 주로 능선을 따르고 있어 길 따라 장구메기 마을까지 왔으나 이미 마을은 오래 전에 없어진 듯 그 흔적만 겨우 찾아볼 수 있을 정도로 온통 풀이 무

낙동정맥의 삼관리 능선 왼쪽은 고랭지 채소밭이다.

성하다.

632.1봉을 지나며 그런 대로 양호한 등로를 따라 진행하여 4시40분 명동산(812.2m) 정상에서 주변 경치를 본 후 바람이 너무 세게 불어 바람과 추위를 피해 야영지를 찾아 주변을 살피며 진행했으나 바람이 약한 지역이 나오지 않아 걱정이 되었다. 엄청난 강풍을 뚫고 진행하다 결국 5시40분 날이 어두워지기 시작한다. 할 수 없이 바람이 약간 덜 부는 능선에 텐트를 설치한 후 버너를 켜 몸을 녹였다. 주변의 눈을 녹여 물통에 채우고 저녁식사 후 일지를 쓰려 하지만 손이 얼어 일지고 뭐고 모두 귀찮다. 좀 일찍 운행을 끝내고 아늑한 야영지를 찾았어야 했는데 욕심에 좋은 곳을 찾아 좀 더 가서 야영하려다 엄청나게 깅한 바람을 만나 무척 고생했다.

1월26일 일요일·강풍, 맑음

밤새 거친 바람소리에 잠을 설쳤다. 엄청난 강풍에 기가 죽어 일부러 꿈지럭거리며 늦장을 부린다. 결국 오늘도 11시30분이나 되어서 출발했다. 733봉을 지나 오후 1시쯤 길도 전혀 없이 우측능선으로 잘못 빠지기 쉬운 곳에서 가깝게 보이는 도로를 향해 무조건 잡목을 헤치고 내려갔다. 능선으로 임도가 나오고 능선 왼쪽은 삼의리로 넓은 고랭지 채소밭이 있었다. 지도상에는 이곳부터 한참 임도를 따라 정맥의 능선을 따르게 되어 있다.

무슨 이유로 능선에 차량이 다닐 정도의 넓은 임도를 냈는지 알 수 없지만 바람이 너무 세게 불어 몸을 최대한 움츠리고 앞으로 앞으로 나간다. 807.8봉을 지나 엄청난 바람이 부는 맹동산(756m) 주변에 이르니 낡은 철탑 산불감시 초소가 나오고 곧 왼쪽 아래로 농장이 보이며 똥개가 목이 터져라 짖어댄다.

이곳 주변은 넓은 목초지로 봄이나 여름이면 분위기가 그만일 텐데 겨울에 오니 오히려 썰렁하기만 하다. 계속 임도를 따르다보니 얼마 후 고랭지 채소밭이 나온다. 능선과 임도가 서로 헤어지는 부근에서 실수로 계속 임도를 따라가다 다시 되돌아온다. 젠장 따분한 임도 위를 걷는 것도 힘든 일인데 헤매기까지 했다.

임도보다는 차라리 일반 등산로가 편하다. 이곳은 임도와 채소단지로 정맥능선을 이어가기가 까다로운 곳이다. 2시50분쯤 채소단지가 끝나는 주변에서 무조건 높은 곳으로 올라 길을 찾았다. 그러나 이곳부터는 눈이 점점 많이 쌓여 무릎 이상 차 오르는 눈을 헤치고 가야만 했다. 얼마 후 울치재 바로 직전에 있는 고개에서 A급 산신각을 만났다. 제법 큰 것으로 그냥 지나칠 수가 없는 나는 산신각 문을 열고 수색하니 큰 상 위에 과일과 사탕, 쌀 등 먹을 것이 푸짐하게 있다. 아이고 맙소사 이럴 줄 알았으면 어제 식량 구입을 하지 않고 빈 배낭만 들고

울치재 직전에서 만난 산신각. 먹을 것이 굉장히 많았다.

다니는 건데. 또 여기서 하룻밤 신세도 지고…. 이미 배낭 안에는 식량
이 넉넉하니 정말 아까운 보물창고다.   할 수 없이 호텔급 식량창고를
뒤로 하고 4시쯤 유치재에 도착했다. 비포장 도로였으나 오른쪽 창수
리 쪽으로는 부분 시멘트 포장이 되어 있다. 원래 자래목이까지 가려
했으나 오늘은 이것으로 운행을 끝내고 왼쪽 아래 양구리로 내려가 일
찍 쉬고 지금까지 놀면서 왔으니 내일 아침부터는 본격적인 산행을 해
야겠다. 이제 눈이 많아 태백까지의 일정을 예측할 수 없기 때문에 장
비 점검도 철저히 하고 긴장도 해야겠다.

　양구리에는 몇 채 안되는 민가가 있으며 버스도 하루에 두세 대 정
도 들어온다고 하는데 마을 노인들은 정확한 시간과 횟수 등을 잘 모
르고 있다. 이런 시골에 버스가 들어온다니 이상하기만 하다. 계곡이
제법 쓸만하여 주변에 텐트를 설치했다. 남은 식량과 연료를 보니 쌀
은 어느 정도 여유가 있었고 가스 3통, 칼로리바란스 15개, 육포 1봉,

즉석찌개도 넉넉하다. 설 연휴에 산악회에서 2박 3일간 태백산 종주 산행을 하기로 계획이 짜 있으니 나도 빨리 끝내고 참가해야겠다.

지도의 빈 공간에 펜으로 숫자와 요일을 표시하여 임시 달력을 만들어 앞으로의 운행날짜를 점검했다. 달력이 없으니 답답하다.

눈 덮인 겨울산

1월27일 월요일·맑고 흐림

천천히 준비하여 10시에 울치재에 올라 홀로 산 속을 헤매기 시작
했다. 해는 있지만 날이 흐려 전망이고 뭐고 볼 것도 없이 무조건 잡목
숲을 헤치고 12시 넘어 자래목이에 도착하니 고개는 포장이 되어 있
다. 하지만 고개 아래는 아직도 포장공사를 하느라 기계소리가 주변을
울린다. 주변은 베어낸 나무를 다듬어 수없이 쌓아놓았고 가끔 승용차
도 지나간다.

길 건너 절개지 왼쪽으로 무조건 오르니 희미한 등로가 나오고 독
경산 (638.2m)에 오르니 정상은 헬기장으로 A급의 철탑 산불감시초
소가 있다. 초소 위에 올라가 보니 안에는 이불 등이 있다. 날이 흐려
바다도 안 보여 전망은 형편없고 바람이 얼마나 세차게 부는지 산불감
시초소가 버티는 게 용하다.

능선 왼쪽 바로 아래로 임도가 보이더니 곧 민가도 한 채 보였다. 임
도 건너 왼쪽 능선으로 가야 하는걸 실수로 지나쳐 무척 고생하며 헤
매다 다시 되돌아와 길을 찾는다. 젠장!, 백청리 윗능선을 지나며 계속
오른쪽 멀리 능선 밑으로 길게 누운 임도가 꽤 길게 이어진 것이 보인
다. 오른쪽 아래는 급경사로 멀리 마을이 보인다. 4시 20분, 삼승령에
도착하니 비포장 길이다. 삼승령에서 야영을 하려 했으나 갑자기 외로
움이 밀려온다. 외롭지만 참고 그냥 이곳에서 야영을 할 것인지 아니

면 마을로 내려가 사람 냄새나는 민가 근처에서 야영을 할 것인지를 고개 주변을 이리저리 거닐며 한참 고민했다. 망설이다 지산리 쪽으로 조금 내려가보니 마을이 보였다. 사람이 사는 집을 보고 나니 도저히 인간이 그리워 견딜 수가 없어 배낭을 메고 외로움을 이기지 못해 지산리를 향해 15분 쯤 내려갔다.

쾌 여러 가구가 사는 마을에서 빈집을 찾다가 한 부부가 집밖에 나온 것을 보고 다가가서 등산을 왔는데 이곳에 빈집이 있느냐고 물어 바로 옆집으로 물을 얻어 가지고 들어 갔다. 담은 없으며 대문을 열면 부엌이고 오른쪽은 방, 왼쪽은 광이 있는 구조였다. 멀쩡한데도 빈집으로 남아 있으니 나에게는 거의 호텔과도 같다.

이런 빈집을 두고 떠난 집주인의 속사정은 알 수 없지만 전기도 들어오는 훌륭한 시설에 사람 냄새나는 이곳에 오길 잘했다고 생각하며 아궁이에 불을 지폈다. 저녁식사를 하고 쓰레기가 굴러다니는 방을 깔끔하게 정리하고 나니 방이 뜨끈뜨끈해진다.

늦은 시간 포근한 침낭에 들어가 잠을 자는데 갑자기 밖에서 시끄러운 소리와 함께 누군가 웅성웅성 거리더니 바깥문을 열려는 소리가 요란하게 났다. 아니 이 밤중에 집주인이 빈집을 찾아 다시 이사올리도 없는데 무슨 일이람. 방문을 열고 나가보니 10여명의 마을사람들이 렌턴과 지게작대기 그리고 낫과 삽, 괭이 등을 들고 몰려온 것이다. 이런 세상에….

아까 밥을 해 먹을 때 전기불을 켠 것을 누군가 보고 수상하게 여겼던 모양이다. 마을 사람들은 무슨 일로 왔느냐고 묻고 주민증을 보여달라며 신분을 확인하더니 안심이 되었는지 이런 깊은 마을에 와서 빈집을 이용하려면 마을 이장에게 미리 허락을 받아야 한다며 주의를 주고 모두 돌아갔다. 하마터면 낙동정맥 종주하다가 몰매 맞아 죽는놈

독경산(683.2m) 직전에 도로포장 공사 중인 자래목이.

나올 뻔했다. 어찌 되었든 난리를 치룬 후에야 맘 편히 잠자리에 들 수
있었다.

휴…, 정말 힘든 하루다.

1월28일 화요일·눈

우여곡절 끝에 다행히 잠은 잘 잤다.

밖에는 눈이 내리고 있지만 오늘도 어김없이 밥 먹고 빈집을 나선
다. 삼승령에서 가벼운 잡목에 길이 없어 대충 간다. 눈이 약간씩 내리
기 때문에 거의 무시하며 가다보니 9시 쯤 지산리에서 올라오는 비포
장 길이 나오고 고개라서 그런지 눈보라가 무척 세차게 분다. 등로는
뚜렷했으나 철쭉나무 등의 방해를 받으며 오르는데 수북하게 쌓인 낙
엽 위로 눈이 쌓이니 가당치 않게 미끄럽다. 발이 눈 속에 빠지고 그 눈

속의 낙엽 속으로 빠져 들어가니 정말 무척 힘들고 황당하다.

10시 넘어 눈발이 약해지며 백암산이 가까워 보인다. 백암산 전에 왼쪽에서 올라온 임도를 만나더니 바로 헤어졌다. 잠시 후 백암산 정상을 우측에 두고 정맥은 좌측으로 내려간다. 눈은 계속 내리고 다행히 등로는 희미하게나마 있으며 서서히 눈보라가 강하게 불지만 고개 숙여 하염없이 나아간다. 바람이 하도 세게 불어서 너무 쉽게 지친다. 임도는 왜 자주 나오는지, 임도가 나오고 나면 이상하게 더 지치고 더 운행하기가 싫어진다. 소나무가 많이 나오며 길이 좋아지는 듯 하더니 서서히 눈발이 약해진다.

5시30분쯤 600.5봉을 지나 좌측 장파마을에서 우측 오리곡마을로 넘어가는 고개에 도착했다. 오늘은 더 이상의 운행을 포기하고 이곳에서 야영하기로 했다. 그러나 이놈의 고개는 바람이 하도 강하게 불어서 장파마을로 내려서서 민가에서 1박하기 위해 마을 주변을 돌아다니다 빈 조립식 건물을 발견했다. 마을엔 날씨가 나빠서인지 사람 인기척조차 느낄 수 없어 분위기가 너무 썰렁하다.

이곳 조립식 건물은 도로공사 하려고 만든 모양으로 안은 텅 비어 있어 너무 다행이다. 겨울이라 철수한 것인지도 모른다. 바로 앞 계곡의 얼음을 깨고 얼음 속 계곡 물로 밥을 해 요기를 하고 너무 힘들어 침낭 속에 들어간다. 아직도 눈은 그치지 않고 약간씩 날리고 있다.

1월29일 수요일·맑음

너무 추워 침낭 속에서 뒤척였지만 빈 건물 덕에 잘 잤다. 건물을 빠져 나와 8시 40분 장파고개로 올라서서 다시 잡목숲으로 들어간다. 등로가 희미하게 있었지만 잡목이 서서히 나오기 시작하더니 곧 소나무가 많이 자라는 곳에서 벌목한 지역이 나오고 우측으로 가까이 민가도 보인다. 이 주변은 야산이 많아 잡목이 심하고 한술 더 떠 토끼와 멧돼지 등을 잡기 위한 올가미도 무척 많아 몇 번을 올가미에 걸려 넘어지곤 했다. 젠장 내가 멧돼지인가?

넘어질 때 잘못하면 크게 다치기 때문에 조심하려고 하지만 잡목숲에서 독도를 하려니 계속 발밑을 살필 수가 없어 정말 무지 열 받는다.

'어떤 빌어먹을 자식이 이런데다 올가미를 설치하는 거야. 잡목 때문에 독도하기도 힘들어 죽겠는데'

10시 20분쯤 비포장 고개인 추령을 지나자 등로가 잠시 뚜렷하더니 363.4봉을 지나 지도에는 있는 마을이 실제로 보이지 않는다. 온통 잡목지대로 예전에 마을이 있었던 곳인데 이미 오래 전에 없어진 모양이다. 오히려 이곳에서 잡목이 더욱 심해지며 올가미가 많아 더욱 조심스럽게 지나가야 했다. 올가미에 신경을 쓰며 걷다보니 길도 여러 번 잃어 다시 되돌아가기를 여러 번, 문득 너무 열 받는다는 생각이 들어 사방을 헤매며 모든 올가미를 마구 밟아 버렸다. 귀여운 토끼와 노루 등이 이런 올가미에 걸릴 것을 생각하니 너무 불쌍하기도 하고 그동안 내가 올가미에 걸려 자주 넘어져 약이 오르고 화가났다. 지금은 농사짓지 않는 오래 묵은 밭들도 보였다. 어렵게 이런 야산을 지나는데 능선 우측 아래 우천마을 민가가 가까이 있다.

마을주변이라 잡목도 없고 시야가 트였으나 잠시 후 또 다시 잡목이 시작되고 얼마 후 924번 지방도로와 한티재도 보이는 곳에 도착하니 주유소도 시야에 들어온다. 한티재에는 휴게소가 있는 곳으로 착각하고 열심히 내려서니 한티재 우측 아래 약 300미터 지점의 주유소로 잘못 내려온 것이다. '이런 젠장! 오늘은 하루종일 왜 이 모양이지? 정말 열 받네!'

이왕지사 할 수 없이 이참에 수비면 가까이 온 김에 마을로 내려가 전화도 하고 간식도 사기로 했다. 일단 마을에서 산악회로 전화하니 홍난숙이 받는다. 홍난숙과 통화하여 내 위치를 알리고 가까운 식당에서 칼국수로 고픈 배를 채운 후 빵 등을 사고 3시30분 다시 고개로 올라갔다.

다시 한티재로 올라 능선으로 오르자 이놈의 올가미가 계속 나온다. 나는 계속 밟아 망가뜨리고 열을 올리다보니 비포장고개를 거쳐 612.1봉을 지나 화랑곡 윗능선 쯤에서는 완전히 지쳐 야영하기로 했다. 오늘은 온통 잡목숲에 시달리고 짐승잡는 올가미에 혼쭐이 나 너무 지쳤다. 그래도 오늘 하루는 지나가고 있다. 다행이다.

1월30일·목요일 맑음

오늘은 최대한 많이 운행하려고 한다. 깨어보니 텐트 밖이 밝아 이미 날이 밝은 줄 알고 일어나서 시계를 보니 새벽 2시30분이다. 밖을 보니 둥근 달도 아닌데 날이 너무 맑아서인가 달이 밝아 그만 착각한 것이다. 할 일 없이 다시 자고 아침에 일어나니 벌써 7시가 훨씬 넘어버렸다. 오늘은 일찍 일어나 출발하려고 했는데 결국 9시에 움직이기 시작했다.

등로는 뚜렷하여 10시35분, 884.7봉에 도착하니 헬기장이다. 오늘은 날씨도 무척 맑고 등로 역시 분명하다. 약간의 잡목을 헤치며 계속 토끼 올가미를 밟아 부순다. 가끔은 오른쪽 아래 신암리 민가가 멀리 보이고 낡은 헬기장과 확실한 고갯길을 지나며 약간의 잡목을 헤치려 한눈파는 사이 발이 올가미에 또 걸려 넘어졌다.

삼각점도 없고 온통 나무숲으로 전망도 형편없는 974.2봉 지나 잡목을 헤치고 1시30분 비포장 고개인 남회령에 도착했다. 역시 날이

추령 지나서 우천마을의 채소밭으로 정맥을 따라간다.

좋으니 진행이 빠르다. 예전에는 최소한 경운기나 차량도 넘어 다녔을 법한 남회령은 최근까지 차량이 다닌 흔적은 없고 버려진 듯한 고갯길 같다. 이곳부터는 주민들이 많이 다니는지 등로가 뚜렷하다. 3시 30분쯤 937.7봉에 도착했다. 937.7봉이 헬기장이라 힘드니 좀 쉬었다 가기로 했는데 30분이나 쉬어버렸다. 아무리 생각해도 너무 지쳐서 그냥 이곳에서 운행을 중단하고 야영을 해야겠다고 생각하는데 멀리 앞에 보이는 봉우리에 철탑 산불감시 초소가 보였다. 지도를 보니 통고산(1066.5m)인 듯하다. '힘들어 죽겠는데 하필 이런 때 저런 훌륭한 시설이 보일게 뭐람'. 저런 훌륭한 시설을 두고 이런 데서 야영할 수는 없었다. 철탑 산불감시 초소에서 자면 텐트를 사용하지 않아도 되고 특히 전망이 죽여주기 때문이다.

다시 배낭을 메고 철탑 산불감시 초소를 향해 마지막 힘을 써본다. 엉뚱하게 통고산 가까이 갈수록 등로는 희미하다. 통고산 주변은 등로가 더욱 좋을 줄 알았는데. 4시50분 드디어 통고산 정상이다. 정말 기분 째진다. 이곳은 전망도 좋고 넓은 헬기장이 있으며 통고산이라는 안내판과 일반적인 산불감시 초소 그리고 전망 좋은 철탑 산불감시 초소가 있다.

헬기장에서 기념촬영을 하고 철탑 산불감시 초소에 올라가서 짐을 풀었다. 정말 전망이 끝내준다. 오늘 같은 등로상태라면 이번 주 일요일 통리까지 갈 수 있을 것 같다.
땅바닥에 텐트치고 자는 것보다 철탑 산불감시 초소에서 자는 게 더 춥다. 하지만 전망이 좋으니 참아야지….

1월31일 금요일 눈

아침에 철탑 산불감시 초소에서 동쪽을 바라보니 바다인 듯한 것이 보이는데 너무 멀어서 그런지, 날이 약간 흐려서인지 뿌옇게 보여 확인이 안된다. 초소 안이 너무 추워 움직이는 것조차 힘들다. 준비를 끝내고 9시 통고산을 뒤로 한 채 눈이 무릎까지 빠지는 능선을 걷는다. 일반등로는 있지만 낙동정맥 주능선이 아닌 능선 오른쪽 아래로 나 있고 등산객들이 지나다닌 흔적이 뚜렷하다. 희미한 등로를 따라 잠시 후 비포장 고개가 나타나 가파른 절개지를 조심스럽게 뛰어 내렸다. 눈만 없으면 차량통행이 가능해 보인다.

비포장도로 건너 능선에서 왼쪽 사면으로 벌목을 하여 지나가기가 꽤 힘들다. 벌목을 했으면 나무를 치워놓든가 하지 아무렇게나 내버려 두면 난 어쩌라고. 쓰러진 나무들 때문에 발을 잘못 디뎌 발목이 약간 삐끗했으나 별 문제는 없었다.
'정말 돌아버리겠군'. 서서히 잡목이 성가시게 굵고 나뭇가지에 뺨을 한 대 맞으니 정말 무지 열 받는다. 홍이동 윗능선 쯤에서 조림지역

통고산 정상에서의 하얀 겨울산 전경

이 나오고 등로는 매우 희미하다. 눈도 점점 많아져서 허벅지까지 차오르는 곳이 많았다. 얼마 후 다행히 자동차 소리가 멀리 들렸다. 답운치가 가까워 졌다는 증거다. 곧 헬기장이 나오고 임도 따라 잠시 내려섰다.

드디어 12시 쯤 답운치에 도착할 수 있었다. 서울로 전화하기 위해 지나가는 차를 얻어 타고 왼쪽 아래에 있는 옥방마을로 내려갔다. 다행히 매섬과 공중전화가 있었다. 산악회로 전화하여 일요일 통리에 도착할 수 있을 거라고 말했다. 다시 지나는 차를 얻어 타고 12시40분 답운치로 올라가 거의 야산에 가까운 지역을 지나니 또다시 벌목한 지

역이 나온다. 차라리 다행이다. 이곳은 온통 잡목지역 같은 데 조림 지역을 만드느라 벌목을 해서 쉽게 지나갈 수 있었다.

　진조산(908.4m)가기 전부터 임도가 이리저리 돌아다니더니 2시 쯤 진조산을 지나 한나무재는 차량도 통행할 정도의 비포장 고개를 만들어 길 건너 절개지 위로 오를 수가 없었다. 부득이 오른쪽으로 잠시 내려가니 다행히 능선으로 오를 수 있었으며 주변은 온통 벌목 공사 중이었고 베어낸 소나무 등을 잘 다듬어 길 옆에 많이 쌓아 두었다. 그런데 '이런 맙소사!' 드디어 눈이 내리기 시작했다. 아직은 시간이 일러 조금이라도 더 가려고 계속 진행했으나 눈이 너무 많이 와서 도저히 더 이상은 진행 할 수가 없었다. 사방이 보이지도 않고 한치 앞도 구분을 할 수 없으니 어디로 가야할지 난감했다. 할 수 없이 빨리 텐트

안에 들어가 눈을 피하려고 934.5봉을 지나 어디쯤인지도 모르는 곳에서 폭설이 내리는 가운데 텐트를 치고 짐을 풀었다. 그런데 뭐 이런 날씨가 다 있어? 기껏 텐트 치고 나니 서서히 눈이 그치기 시작한다. 기왕 이렇게 된 거 일찌감치 쉬기로 했다.

다시는 산에 오르지 않으련다

2월 1일 토요일·맑음

　아침에 눈을 뜨니 바람이 매섭게 불고 있다. 춥고 피곤하여 일어나기가 싫다. 하지만 일어나야 한다. 날이 추워 온몸이 떨린다. 버너에 불을 켜니 곧 텐트 안이 따뜻해졌다. 이제야 좀 살 것 같다. 하지만 텐트 벽에 습기가 너무 많이 생겨 아예 물이 흐르고 있다. 침낭이 습기가 차서 눅눅하다. 이렇게 추운 산 속에서 왜 이런 고생을 하는지 모르겠다. 내가 이런다고 과연 달라지는 것이 무엇일까?

　잃어버린 산줄기를 찾는 일에 내가 도움이 될까? 왜 이 엄청난 일을 겁도 없이 덤벼들었을까. 주변을 둘러보아도 아무도 관심없는 것 같은데 왜 그런 생각을 했을까. 당장 먹고살기도 힘겨운데 어쩌자고 이러고 있나. 계속 담배만 피워댔다. 머리가 복잡하고 한숨만 나온다. 이왕 이곳까지 왔으니 서둘러 끝내고 돌아가자. 그리고 내 갈 길을 찾아 열심히 살자. 이런다고 누가 내 살길을 걱정해 주는 것도 아닐테니.

　착잡한 심정으로 짐을 꾸리고 눈밭을 헤치고 나아가기 시작했다. 계속 머리 속은 복잡한 여러 생각이 떠나질 않았다. 얼마 후 임도를 지나 조릿대숲을 헤치려니 너무 지겹고 짜증이 났다. 그러나 계속 밀고 나가야 했다. 길도 없는 눈덮힌 조릿대숲을 지긋지긋하게 헤치고 가려니 더욱 이 짓을 후회하게 된다.

　얼마나 지났을까, 임도가 나오고 곧 또다른 임도를 따라 가다보니 언제 1,119.1봉을 지나쳤는지도 모르고 진행한다. 임도와 헤어지고 계속 잡념 속에 나아가고 있지만 산세의 흐름과 원리를 알고 있으니

산짐승을 잡기 위해 설치한 덫이 입을 벌리고 있다.

그런 대로 길을 잘 찾아가는 것 같다. 산판로 지나 석개재에 도착하니 비포장 도로다. 일단 바람을 피해 해가 잘드는 곳에서 간식을 먹고 담배를 피워 물었다. 담배를 너무 많이 피우는 것 같다. 어찌 되었든 이곳에서 빨리 내려가고 싶다. 너무 추워서 그런 것인지 아니면 이번 산행을 끝으로 모든 것을 포기 하려해서 그런 것인지 자꾸 따뜻한 내방이 그리워진다.

또다시 잡념이 생기기 시작해 서둘러 출발했다. 잡념이 생기면 이상하게 기운이 빠지기 때문이다. 어찌되었든 이곳까지 왔으니 끝을 보고 가야겠다. 어차피 이짓도 이틀이면 끝날테니. 이미 시간도 3시를 넘어가고 있다. 아무 생각없이 그냥 등로를 찾아 걷는다.

얼마나 시간이 흘렀을까. 가파른 비탈을 한참 올라 면산(1,245.2m)이 가까워진 것 같은데 온통 조릿대숲이 앞을 가로막고 있다. 지긋지긋한 곳이다. 곧 날도 어두워지기 시작하여 에라 모르겠다 하고 야영지를 찾아 다시 되돌아 섰다. 젠장 뭐 이런 곳이 다 있어. 바람이 덜 부는 곳을 이리저리 찾아다니다 적당한 곳에 텐트를 설치했다.

　텐트를 설치할 때는 몹시 춥고 귀찮다. 운동량이 적기 때문이다. 물론 제일 춥고 지겨울 때는 아침에 일어나고 출발준비를 하는 것이지만 운행을 마치고 자리를 잡는 일도 무척 귀찮다. 기계적으로 밥은 해먹지만 밥맛은 없다. 그저 본능적인 행위일 뿐이다. 내일은 드디어 통리에 도착한다. 이제 다 끝난 기분이다. 마음에 위로가 되는 느낌이다. 빨리 내일이 가고 모레가 오면 좋겠다.

2월2일 일요일·맑음

　오늘은 드디어 통리에 도착한다는 기분 때문일까? 조금 설레는 느낌이다. 날은 춥지만 이제 더 이상 연료가 필요없을 테니 버너에 불을 켜 화력을 최대로 높였다. 어차피 통리에 도착하면 가게도 많고 식당도 있으니 가스 연료가 없어도 될 테니까. 가스 불로 돌덩이처럼 얼어붙은 등산화를 녹이려다 가죽이 약간 쪼그라들었다. 할 수 없이 등산화를 두들겨 패서 발을 구겨 넣었다. 아침도 굶고 그냥 출발했다. 커피와 담배가 아침식사다. 통리에 가서 제대로 된 밥을 사먹을 판이다.

　지긋지긋한 조릿대숲을 헤치려니 모든 것이 엉망이다. 하지만 한 걸음, 한 걸음 조금씩 운행하면 빨리 지치지는 않는다. 마치 조릿대숲을 살피 듯….

　길도 없는 조릿대숲에 눈이 쌓여 쓰러진 조릿대를 헤치고 가려니 힘들다. 이렇게 추운 지역에서 왜 이리 크게 자랐는지 모르겠다. 그래도 내일이면 모든 것을 잊을 수 있다는 희망이 힘을 보태주는 것 같다.

　면산을 지나 한참을 진행하니 뚜렷한 고개인 토산령이 나왔다. 마지막 남은 라면을 부셔서 날로 먹었다. 스스로 불쌍하게 느껴진다. 바람은 매섭고, 배는 고프고 한심한 노릇이다. 바람에 눈이 날아가 버렸는지 능선에 눈이 생각보다 많지 않다. 등로도 선명하니 속도가 빨라진다. 그러나 백병산이 가까워질수록 또다시 조릿대숲이 지겹게 방해한다. 키를 넘지 않아 시야를 가리지 않으니 행운이다. 어찌되었든 곧 모든 것이 끝난다. 이 지겨운 순간이 아무리 힘들어도 이 순간만은 참고 견디자. 그리고 내 기억 속에 이 모두를 지워버리자. 힘을 내어 한 순간이라도 빨리 끝내자. 어딘가에 있을 진짜 내 인생을 찾아가기 위해….

능선이 분명하지도 않고 널찍한 조릿대숲을 여러 번 지나니 백병산 갈림길인 듯한 곳이 희미하게 나왔다. 백병산에 오르고 싶지는 않았다. 이젠 산이고 뭐고 다 귀찮다. 빨리 내려가서 집으로 가고 싶은 생각뿐이다. 잠시 쉬고 확실하지 않은 우측능선으로 진행하니 어디가 어딘지 알 수가 없다. 주변이 넓은 지형을 이루고 있어 할 수 없이 나침반 방향을 따라 이러저리 헤매며 진행할 뿐이다. 잠시 후 안부에서 오래된 밭인지 헬기장인지 모를 눈덮인 넓은 지역이 나왔다. 이제 통리가 가까워졌으니 계속 진행하기로 했다. 가파른 등로따라 설레이는 마음을 진정시키며 부지런히 진행했다. 이제 끝난다 생각하니 벌써부터 기분이 들뜨는 느낌이다.

한참 진행하다보니 갑자기 표지기가 우측으로 많이 붙어있는 곳이 나왔다. 표지기 따라 조금 내려서니 드디어 통리가 보인다. 너무 반갑다. 내일 매봉산까지 가야 모든 것이 끝나지만 통리를 보니 이미 끝난 기분이다. 그러나 조금 이상한 느낌이 든다. 통리 전에 위쪽으로 더욱 뚜렷한 능선이 연결되고 있기 때문이다. 지도로 확인하니 앞에 보이는 능선이 정맥 주능선 같다. 한참 동안 주변 산세를 살피다 다시 표지기가 많이 달린 봉우리로 올라가서 표지기도 없고 등로 역시 엉망인 능

드디어 통리가 보이고 그 뒤로 우보산(932.4m)이 이어진다.

선을 따라 갔다. 어차피 이 짓을 모두 포기하겠다고 한 놈이 왜 이러는지 모르겠다. 그냥 아무 데로나 내려가면 될 것이지.

얼마 후 광산지역에서 우측 마을로 내려서니 도로가 나오고 바로 앞에 통리역과 철로가 보인다. 철로를 어디로 건너야 할지 두리번거리다 도로 따라 좌측으로 조금 가서 철로를 건너 통리역에 도착했다.

사람들이 많다. 여행중인 듯한 옷차림의 젊은 학생들이 보인다. 부럽다. 나도 여럿이 어울려 여행이나 하고 싶다. 산이 아닌 사람 냄새 짙은 다른 곳으로…. 통리역은 작은 건물이라 그런지 정겹게 느껴진다. 길 건너 가까운 식당에서 밥을 사먹고 역 안에서 커피를 마시며 사람들을 구경했다. 마치 다른 세상에 버려진 인간처럼 가까이도 아닌 조금 떨어진 위치에 서서….

간혹 누군가 내가 있는 쪽을 바라보기라도 하면 마치 미친놈으로 취급할까봐 애써 다른 곳으로 몸을 돌리곤 했다. 내 몰골이 말이 아니기 때문이다. 한참동안 사람들을 구경하다 마을 뒷산으로 올랐다. 넓은 조림지역에 눈을 치우고 텐트를 쳤다. 내일이면 모든 것이 끝난다. 그동안 지나온 일들이 주마등같이 지나간다.

2월3일 월요일·눈(종주 마지막날)

통리역으로 나가 아침을 먹었다. 역사안 자판기에서 커피를 뽑아들고 서서히 내리는 눈을 바라보며 커피를 마신다. 옷깃을 세우고 담배 끝에 불을 붙이니 그런 대로 운치가 있다. 담배연기를 뿜으면 뽀얀 연기가 눈발 사이로 급히 사라진다. 마치 이 짓을 계속하려 했으면 어느 깊은 산중에서 연기처럼 사라졌을 내 인생처럼….

이제 다시는 이 짓을 안 하기로 했으니 오늘이 마지막이 될 것이다. 민족의 정기를 회복하는 작업은 나 같은 존재가 할 일이 아닌 듯하다. 그런 일을 하기엔 너무 부족한 인간이라 생각된다. 어찌 되었든 오늘로서 모든 것을 잊어버리자. 그리고 내가 가야할 길을 찾아 나서자.

커피를 마신 후 능선으로 올랐다. 예상 외로 눈이 많이 쌓이지는 않았지만 바로 앞 봉우리 넘어 내려서는 비탈은 눈 덮인 암릉으로 매우 조심해야 했다.

얼마 후 멀리 앞으로 민가인 듯한 물체가 보인다. 잠시 후 비포장 고개가 나오고 아까 보았던 건물은 커다란 산신각이었다. 지금까지 보아온 산신각으로는 제일 큰 산신각이었다. 추위를 피해 안으로 들어가려 했으나 문은 묵직한 자물쇠로 굳게 잠겨 있었다. 정말 도움이 안 되는 산신각이다. 잠시 주변을 둘러보며 간식을 먹은 후 출발했다.

932.4봉을 지나니 더욱 많은 눈이 내리고 있다. 그러나 오늘은 마지막 산행이고 짧은 구간이기에 별 걱정은 없었다. 눈밭을 헤치고 잡목을 헤치며 마냥 걷다보니 예냥골이라는 곳에서 비포장 고개가 나왔다.

잠시 쉬고 다시 출발했다. 갈수록 잡목이 심하여 어려움이 많다.

924봉을 지나며 능선 왼쪽으로 임도를 만나고부터 눈이 너무 많이 내려 앞을 분간 할 수가 없다. 도저히 이런 상태로는 독도고 뭐고 아무것도 할 수가 없다. 곧 작은 채석장인 듯한 곳에 도착했는데 눈이 너무 많이 내려 작업은 하지 않고 있으나 누군가 장비 점검을 하기 위해 왔다 갔다 하는 것이 눈보라 속으로 희미하게 보인다. 가까이 다가가서 이곳으로 등산하는 사람을 본적이 있는지 물어도 전혀 도움이 되질 않았다.

할 수 없이 오던 길을 되돌아가며 찾기로 하고 잠시 되돌아가니 아까 만났던 임도 주변에서 급하게 오른쪽으로 진행했어야 하는 것을 알았다. 눈보라 속에 눈 덮인 잡목을 헤치며 힘겹게 진행했다.

930.8봉을 오를 때 눈이 허벅지까지 차오르는 빽빽한 잡목을 헤치고 오르려니 정말 죽을 맛이다. 힘겹게 930.8봉을 오르니 삼각점 위에 긴 나무 막대를 고정시켜 놓아 쉽게 930.8봉인 줄 알았다. 곧 아래로 내려서니 임도가 이리저리 돌아 다녔고 주변은 넓은 목장지역인 듯하다. 목장길 따라 35번 국도까지 왔으나 길건너 매봉산 능선으로 오르는 지역은 목장으로 철조망이 설치되어 더 이상 오를 수 없었다.

할 수 없이 오른쪽으로 길 따라 피재(삼수령)로 올라갔다. 1994년 백두대간 종주를 하며 지나갔던 바로 그곳이다. 잠시 예전의 그 힘겨 웠던 산행을 떠올리며 감회에 젖어본다. 실제 낙동정맥 종주의 종착지는 피재에서 매봉산을 오르는 능선 중간에서 끝이 나지만 기왕 이곳까지 왔으니 매봉산 정상까지 올라가기로 했다. 잠시 쉬고 세차게 몰아치는 눈보라를 헤치고 온통 고랭지 채소밭으로 이루어진 매봉산을 오른 후 곧 피재로 내려왔다. 이제 낙동정맥 종주가 끝났다.

　　　　　　　이　　　로 끝났다. 이제 더 이상 이 짓을 하지 않으련다. 이

미련한 짓을….

멀고도 험한 눈밭을 헤치고 살을 파고드는 추위와 외로움을 견디며 걸어온 길, 그 고행의 끝에 선 종주자의 마음을 저 하늘은 아는지 모르는지…. 하염없이 눈만 내리고 있다.

종주를 마치며…

바람이었나
그토록 모질게 몰아치던
그것이 바람이었나
지독한 눈보라에 기대어 일어서게 했던
그것이 바람이었나
악을 키워 그 악으로 버티게 했던
그것이 바람이었나

겨울 깊은 낙동정맥
바람에 얼어붙은 손과 발 움켜싸고
살을 에이는 추위에 몸서리 쳤다.
홀로 지샌 밤, 혼을 빼버릴 듯 무서운 바람에 시달리며
멀리 민가의 불빛에 외로워 눈물 흘렸다.
날이 밝아, 얼어 붙은 몸 힘겹게 일으켜 걸어야 했다.
나는….
나는 무엇인가
민족의 정기를 회복하겠다던 나는 무엇인가
이 길이 아니었나
나에게 주어진 길이 이 길이 아니었나
바람에 버려진 한낱 들개 같은 존재가….
내가 아니길.

드디어 낙동정맥의 끝이며 시작인 매봉산 피재에 도착하다

찾아보기

313

길춘일

1966년 경기도 가평출생
1994년 덕유산악회 활동
       한국등산학교 40기 수료
       백두대간 단독종주
1995년 <우이령보존회>입회
1996년 「71일간의 백두대간」출간
1999년 남한의 9개 정맥종주 최초 달성
2000년 한국등산중앙연합회 입회
       서울 대간(大幹)산악회 등반대장으로 활동
       북한의 백두대간종주 계획중

백두대간에서 정맥 속으로

글쓴이 · 길춘일
펴낸이 · 이수용
펴낸곳 · 秀文出版社

2001년 5월 25일 초판 인쇄
2001년 5월 31일 초판 발행

출판등록 1988. 2. 15 제 7-35호
132-864 서울 도봉구 쌍문3동 103-1
전화 994-2626, 904-4774 Fax 906-0707
e-mail smmount@chollian.net

산악인의 필독산서

알프스에서 카프카스로
알버트 머메리 지음/오정환 옮김/4*6판 양장/416쪽
　정상에 오르는 그 자체가 목적이 아니라 산의 위험과 곤란에 직면하여 이에 맞서는 참된 정신이야말로 등산이라는 머메리즘으로 파문을 일으키는 책이다.

티베트에서의 7년
하인리히 하러 지음/한영탁 옮김/4*6판 양장/376쪽
　아이거 북벽의 초등자인 하러가 제2차세계대전 중 영국군의 포로로 인도수용소를 탈출, 티베트로 들어가 7년동안 금단의 도시 라사에 달라이 라마의 스승으로 머물면서 경험한 생활기.

최초의 8,000미터 안나푸르나
모리스 에르족 지음/최은숙 옮김/4*6판 양장/464쪽
　인류 최초로 장엄과 신비에 싸인 8,000미터의 첫 봉우리 안나푸르나, 불가능의 신화를 깨고 올라 처절하게 귀향하는 진한 휴먼스토리. 산과 산사나이들에 대한 애정이 가슴에서 샘솟을 것이다.

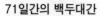

71일간의 백두대간
길춘일 지음/신국판/304쪽
　백두대간 종주를 꿈꾸는 산악인의 완벽한 체험 길라잡이이다. 기상천외한? 그 누구나 시도해 보고 싶으나 감히 도전하지 못하는 백두대간 단독종주를 그것도 무지원으로 멋지게 해낸 젊은이의 끈끈한 기록.

하얀능선에 서면
남난희 지음/신국판/304쪽
　76일간의 동계 여성 단독 태백산맥 종주기. '병적인 모험' 이기까지 한 체험이 적나라하게 그려져 있다. 단순한 등반기의 차원을 넘어 애정 어린 국토순례 체험기라는 평을 받고 있기도 한데 그것은 태백산맥을 둘러싸고 있는 인근 주민들의 이야기도 생생히 담겨있기 때문이다.

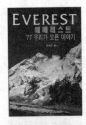

에베레스트 ' 77우리가 오른 이야기

김영도 엮음/신국판/368쪽

에베레스트는 단순히 눈과 얼음과 바위산이 아니라 상징이자 비유며 궁극의 목표다. 1977년에 한국 에베레스트 등정 20주년을 맞아 새롭게 조명한 한국등반사의 쾌거. 한국인 최초로 세계의 지붕 히말라야에 오른 원정팀의 구성, 뼈아픈 아픔을 딛고 정상에 올라선 한국 남아 고상돈 이야기, 등반대장 김영도, 그 주역들이 써내려간 숨가쁜 등정기이다.

8,000미터 위와 아래

헤르만 불 지음/김영도 옮김/신국판/496쪽

히말라야의 거봉 '낭가 파르바트'를 인류 최초로 단독 등정한, 17시간의 사투끝에 인간의 놀라운 의지를 보여준 헤르만 불의 불굴의 투혼. 28세의 젊은이가 하룻밤 사이에 노인으로 돌아왔다. 산악고전의 정수로 꼽히는 명작이다.

길이 아니면 가지마라

강희산지음/신국판/452쪽

시인이자 가정주부인 저자가 3년에 걸쳐 백두대간의 마루금을 맨발로 걸어 순간순간을 특유의 필체로 풀어나간 한폭의 아름다운 그림이다. 적지 않은 시간동안 저자는 기도하는 마음으로 백두대간의 줄기 하나하나를 밟았으며, 그곳의 땅과 흙, 풀과 나무, 꽃, 새, 곤충들이 경이로운 생명으로 숨쉬고 있음을 건

눈속에 피는 에델바이스

박상열지음/신국판/391쪽

정말이지 어려운 세상이다. 이제 사느냐 죽어야 하느냐 기로에 선 나, 너 그리고 모두가 아닌가? 여기 절실한 한 인간의 삶이 그 해답을 말해준다. 우리 경제가 어려웠을 때 77에베레스트를 오르게 하여 국민에게 희망을 주고 8,700미터 고지에서의 환은 인간의 기적을 말해준다.

한국비경 촬영여행

김종권저/4*6배판/304쪽/본문 올칼라

한반도 비경지대를 아름답게 담아낸 촬영 여행 안내서이다. 사진에 넋을 잃다가 소갯말에 유혹돼 진짜 그곳을 찾아갈 만하다. 이 책은 사진을 찍은 장소, 날짜와 시간, 촬영포인트를 자세한 그림과 함께 설명했다. 풍경 사진에 관심이 있는 사람에게 좋은 지침서가 될 듯하다.